新潮文庫

狂気の科学者たち

アレックス・バーザ
プレシ南日子訳

新潮社版

11086

まえがき

LSD（幻覚剤）を打たれたゾウに頭が2つあるイヌ、生き返った子ネコやゴキブリのレースなど、本書には数々の奇想天外な実験が読者を待ち受けている。なかにはショッキングな実験もあれば、楽しい実験、「そんなまさか」といぶかしがらずにはいられない実験もあるが、特に断り書きがないかぎり、ここに紹介したのはどれも正真正銘、本当に行われた実験ばかり。本書はまぎれもないノンフィクションである。

今挙げた不可思議な事象すべてに共通することがある。LSDを打たれたゾウにしても、双頭のイヌにしても、科学実験で中心的役割を果たした点だ。皆さんが手に取っているこの本は、史上最もとっぴな実験のコレクションである。とはいっても科学知識は必要ない。好奇心と奇想天外なものを楽しむ気持ちさえあれば、誰でも十分理解できるはずだ。

では、どんな基準で収録する実験を選んだのかというと、私自身が思わずクスッと笑ってしまったり、まゆをひそめたり、薄気味悪さに顔をしかめたり、目を白黒させたり、あっと驚かされたり、一体全体どんなひねくれた発想もしくは卓越した想像力によって、こんな実験を思いついたのだろうと不思議に思った実験を「要収録」の山に追加していった。科学的価値としては、素晴らしい手法と言える実験もあれば、そうでないものもあるが、本書では、マッドサイエンティストも天才も英雄も悪役もただのバカな人も、仲よく肩を寄せ合っている。

私が奇想天外な実験というジャンルと出合ったのは、1990年代半ば、カリフォルニア大学サンディエゴ校の大学院で科学史を学んでいたときだった。表向き私は、ダーウィンやガリレオ、ニュートン、コペルニクス、アインシュタインといった科学史の常連を研究していたのだが、教授たちが紹介してくれた資料のあちこちに、ほとんど無名ながら好奇心をかき立てる、正気とは思えないような実験についての記載があった。私にとっては、こうしたマイナーな実験のほうが、本来私が研究すべきメジャーな科学者の話よりもずっとおもしろかった。そして気づけば、図書館でこれらの話を読みあさっていたのだ。

時は変わって2005年、私は7年間の大学院時代に出合ったもうひとつの変わったテーマをもとに、それなりのキャリアを築いていた。「それなり」というのは、私がやっていることは楽しすぎて、家族も友人たちもまともな仕事として認めてくれなかったからだ。そのテーマとは、いかさまやいたずらなどの「ウソ」だった。たとえば1938年にオーソン・ウェルズによるラジオドラマ『宇宙戦争』を聴いた人々が、本当に火星人が攻めてきたと勘違いした事件や、ピルトダウン人という化石人類を捏造《ねつぞう》した事件などを扱っている。私はウソに関するウェブサイト(museumofhoaxes.com)を立ち上げ、ウソをテーマに本も2冊出版した。

そんなある日、一緒に昼食をとりながら、ハーコート社の編集担当者ステーシア・デッカーが、変わった実験の話を聞かせてくれた。ある科学者がゴキブリにレースをさせたというのだ。ステーシアは女きょうだいからその話を聞いたとのことだったが、なんでもこの科学者は、ほかのゴキブリがレースを見られるように観客席を備えた小型のスタジアムまで作ったのだとか(このゴキブリレースについては第5章で詳しく紹介する)。こういう変わった実験の話で本が書けるのではないかと、ステーシアが提案してくれたのだ。そして、大学院時代に出合った数々の奇想天外な実験について思いだし、私もうまくまとめられるのではないかと思った。こうして誕生したのが本書である。

風変わりなものに対する私の好奇心は、いかさまやいたずらから奇想天外な実験へ方向転換したが、私は両者には数々の共通点があることに気づいた。

研究者がある状況を観察して、「ちょっと手を加えたらどうなるだろう?」と考えたときから実験は始まる。研究者は実験的操作を加え、その結果を観察する。基本的にいかさまやいたずらもこれと同じ道筋をたどるが、途中でとんでもないウソが加わる点だけが異なる。もちろん、本書でも紹介するように、研究者が実験の過程でズルをすることも少なくはない。被験者が疑いを抱かずにうまく信じ込むよう巧妙な策略を練り、それをぬかりなく実行するために、何日もかけて実験のリハーサルをすることもある。こうなるともう実験はいかさまと紙一重だ。

しかし奇想天外な実験は、研究者たちが科学の権威をまとっているという点で、いかさまとは大きく異なる。いたずらやいかさまをする人たちは、人を笑わせたりだましたりするためにウソをつくが、研究者たちに言わせれば、実験を行う動機はあくまでも知の探求だ。このように実験者が大まじめでやっているからこそ、これらの実験には現実を超越した独特のおもしろさがある。未知の領域に挑戦すべく冷静に実験に精を出す白衣を着た科学者のひたむきさと、それとは対照的ないたずら心や奇抜さ、とても正気とは思えないアイデアという奇妙な組み合わせには、ゾクゾクするような魅力がある。この感覚を読者にも伝えたかったため、本書には奇をてらっただけの実験は取り上げていない。これから登場する実験はいずれもきわめて真剣に行われたものだ。これらの実験は、研究者が本気でやっているからこそなおさら魅力的なのだと思う。

まえがきの最後に、この本を読み進めるなかで読者の皆さんが疑問に思いそうなことに、あらかじめ回答しておきたい。

ナチスドイツが行った実験はどこ？

わざわざこの話題に触れるのは、「変わった実験」と聞くと、たいていの人はまずナチスドイツが強制収容所で行った人体実験を思い浮かべると思われるからだ。実際、私が変わった実験について本を書いていると言うと、「ナチスがやったみたいな実験？」と聞き返されることが最も多かった。だが、この本にはナチスが行った実験は一切載せていない。何よりもまず、この本を残酷な実験のカタログのようにはしたくなかった。私に言わせれば、ナチスの「実験」は科学の名をかたったサディスト的拷《ごう》問《もん》に過ぎないが、私はそのような拷問ではなく、本物の科学研究の世界を探求したかったのだ。

ではどうやって両者を区別すればよいのだろうか？　次の2つの基準が目安になるように思われる。第一に、人を殺すこと自体が目的である実験は本物の実験とは呼べないだろう。第二に、純粋な科学者なら、その多くが研究結果を正式に発表するはずだ。研究者が論文を発表するために学術誌に投稿すると、その論文は科学界の厳しい目にさらされる。もし権威のある学術誌が論文の掲載を許可したなら、その論文は広く世間に知らしめ、認められる価値があると、ほかの科学者たちも認めた証拠だ。とはいえ、特にこんにちの基準に照らした場合、必ずしもそれがいい論文だとか、倫理的に正しいということにはならないが、少なくともその研究は科学史に名を残すことを許されたと言える。時にはやむを得ない事情で研究者が論文を発表できないこともあるが、99パーセントのケースでは、論文が掲載されたかどうかという基準は、本物の科学研究を見分けるうえで有効な目安と言えるだろう。

私の好きな実験はどこ？

あなたが特に気に入っている実験が、この本のどこにも見あたらないということもあるだろう。本である以上、紙幅に限界があるので、さまざまな分野の数ある候補のなかから取捨選択しなければならず、結局10個のテーマに絞り、そのテーマに沿った実験を各章で取り上げることにした。そのため、これらのテーマに当てはまらない実験は収録をあきらめることにした。

実験のことをもっとよく知りたくなったら、どうすればいい？

私はどの題材についても特段多くのページを割いてはいない。こちらの意図がすべてうまくいけば、わかりやすくてさらっと読める本に仕上がるだろう。普段は科学系の本を読まない人たちにも、ぜひ楽しんでもらいたいと思う。私は冗談でこの本を、「トイレの読書愛好家のための科学ガイド」と呼んでおり、特に第8章は彼らを意識して書いた。

こうした形式を採用したため、とても複雑な題材についても濃縮して解説し、それぞれの最後にひとつずつ参考文献を記載した。これを見れば、その話が私の考えた作り話ではなく、実話だということを思いだしてもらえるだろう。さらに本書の終わりにも参考文献を追加したので、興味があれば、その実験についてより詳しく知ることもできる。

あとひと言だけ付け加えさせてもらってから、本書のおいしいところ、つまり実験の話に移りたいと思う。

ＬＳＤを打たれたゾウも登場するだけに、この本は奇抜な出し物を集めたサーカスのパレードのような印象を与えるかもしれないが、私はこれから登場する科学研究や研究者たちを、決しておもしろおかしく紹介しようとしているわけではない。むしろその逆で、私に言わせれば、これらの話は飽くなき好奇心に突き動かされた人々の物語なのだ。これから登場する研究者たちは、どんなに恐ろしく、また常軌を逸した人物でも、尊敬すべき要素をひとつ共有している。それは、彼らが世界を観察し、目に映るものを当然視せず、疑問を投げかけた点だ。彼らの疑問は常識外れだったかもしれないし、愚かですらあったかもしれないが、時には一見くだらない疑問を持った人が世紀の発見をすることもある。

好奇心の危険なところは、それが世紀の発見に導いてくれるのか、狂気の沙汰《さた》に終わるのか、そのあいだのどこかへたどり着くのか、あとになってみなければわからないことだ。しかしいったん好奇心に取りつかれてしまえば、ジェットコースターに乗ったようなもので、どこへ向かっていようともついて行くしかない。

これから紹介する研究者たちと同じように、この本を書きながら、私自身も好奇心に突き動かされる経験をした。何カ月も図書館に通い、棚からほこりをかぶった古い学術誌を引っ張りだしては、のめり込むようにページをめくり、目を皿のようにして「変わった実験」を探しつづけた。図書館に居合わせたほかの利用者たちは、何十年も前の社会心理学系学術誌「*Journal of Personality and Social Psychology*」を読みながらくすくす笑っている、この奇妙な男は何者なのかと怪訝《けげん》に思ったことだろう。本書を執筆しながら私自身もこの奇想天外な実験の世界に引き込まれていったように、読者の皆さんにもぜひ興味を持っていただければと思う。

狂気の科学者たち＊目次

2　味覚

ワインの専門家は赤く染めた白ワインを見抜けるか　コカ・コーラ好きはペプシを見抜けるか

3　嗅覚

共同生活する女性の生理の周期がそろう？　「お金を使いたくなる香水」が実在する？　チーズの香りと体臭がかぎ分けられない

4　視覚

目に見えないゴリラ　ネコの視覚を解析する

5　聴覚

モーツァルトを聴くと知能が上がる？　パーティーで客が声を張り上げるのはいつ？

狂気の科学者たち

第1章　フランケンシュタインの実験室

ビーカーから液体が吹きこぼれ、電気がバチバチと音を立てる。気がふれたような目をした男が、背中を丸めて実験台の上に身を乗りだしている。典型的なマッドサイエンティストのイメージは、へんてこな機械に囲まれながら、こうして自然界で最も恐ろしい禁断の謎《なぞ》を解き明かすべく、寝る間も惜しんで実験に精を出す青白い顔をした男といった感じだろう。一般によく知られているという意味で、1818年にメアリー・シェリーが発表した小説『フランケンシュタイン』の主人公、ヴィクター・フランケンシュタイン以上にこのイメージを体現している人物はいない。遺体安置所や墓場から材料を集め、フランケンシュタインは死体の各部位をつなぎ合わせて、世にも恐ろしい生身の怪物を作りだした。

しかしフランケンシュタインは架空の人物であり、実際にこんなことをした人はいない。もっとも、挑戦はしたものの、誰も生きた怪物作りに成功していないだけかもしれないが。科学史を振り返れば、フランケンシュタインの実験のように、倫理の境界線を越え、不健全で猟奇的な実験を行った科学者は山ほどいる。この章で紹介するのは、こうした男たちだ(実際、なぜかいずれも男性である)。生き返った子ネコや双頭のイヌなど、実験室で作られた奇怪な生き物が登場するので、心の準備をしてほしい。

死体に電気を流すとどうなるか

「カエルのスープを」と息も絶えだえにガルバーニ夫人は言った。「カエルのスープを作ってちょうだい」。夫人は1週間床についたままで、痛みを訴え、発熱し、激しく咳《せき》をしていた。医師は肺結核と診断し、カエルのスープを飲めば快方に向かうと太鼓判を押した。夫人にカエルのスープを作るように言われた使用人たちは、あちこち走りまわって材料をかき集めた。様子を見るため、夫人は痛みをこらえながらなんとかベッドからはい出たのだが、これが思わぬ幸運を招いた。カエルを置く場所を探して使用人たちが右往左往しているのに気づいた夫人は、「主人の実験室の机に置きなさい」と指示し、使用人は皮をむいたカエルの入ったトレーを博士の発電機のそばに置いた。そして包丁をカエルの体に当てたまさにそのとき、発電機から火花が飛び散り、包丁に当たった。すると、カエルの脚がけいれんし、ピクッと動いた。使用人の後ろにいたガルバーニ夫人は、その光景に思わず息をのんだ。「ルイージ、すぐここに来て。たった今、とんでもないことが起こったの」

1780年にイタリアの解剖学者ルイージ・ガルバーニ教授は、電気の火花が死んだカエルの脚を動かすことを発見した。19世紀になって科学が一般に広まったとき、この発見はガルバーニ夫人がカエルのスープを飲みたがったおかげだと言われたが、それは単なる言い伝えに過ぎない。実際のところガルバーニは、火花がカエルの脚をけいれんさせたとき、カエルの筋肉が収縮する仕組みを調べている真っ最中だったのだ。いずれにせよ、夫人は科学者一家の出身で高学歴だったことから、実際にこの名誉に値する貢献をしていたのかもしれないが。なお、夫人が肺結核を患《わずら》っていたことは事実であり、治療のために本当にカエルのスープを飲んでいた可能性もあるが、残念ながらカエルのスープは彼女を救えず、1790年に帰らぬ人となった。

夫人が亡《な》くなった1年後、ガルバーニはこの実験に関する論文を発表した。この論文はヨーロッパ中にセンセーションを巻き起こし、多くの人々が、ガルバーニは生命の秘密を発見したと信じて疑わなかった。ほかの科学者たちもこぞってガルバーニと同じ実験を行い、まもなくカエルでは飽き足らなくなって、より興味深い動物へと注意を向けるようになった。彼らは「人間の死体に電流を通したらどうなるだろう?」と考えるようになったのだ。

ガルバーニの甥《おい》のジョバンニ・アルディーニは、率先してこの死体蘇生術《そせいじゅつ》をアピールした。目立つことが嫌いなガルバーニに代わってヨーロッパ各地を回り、人体に電流を通すという、これまで誰も見たことのなかった最高の(もしくは最も気持ちの悪い)ショーを見せてまわったのだ。

そのなかでも特によく知られているのは、1803年1月13日にロンドンで行った実演で、英国外科医師会の会員たちが見学していた。妻と子どもを殺害した罪で死刑になった26歳のジョージ・フォースターの遺体が絞首台《こうしゅだい》から下ろされると、待ちかまえる観衆とアルディーニのもとへ速やかに運び込まれた。そしてアルディーニは、120枚の銅板と亜鉛板を用いた電池の電極をフォースターの体の各部位に当てていった。

最初は顔だった。アルディーニが針金で口と耳に触れると、あごの筋肉がけいれんし、フォースターの顔は痛みで引きつったような表情になり、まるで拷問者《ごうもんしゃ》をにらみ

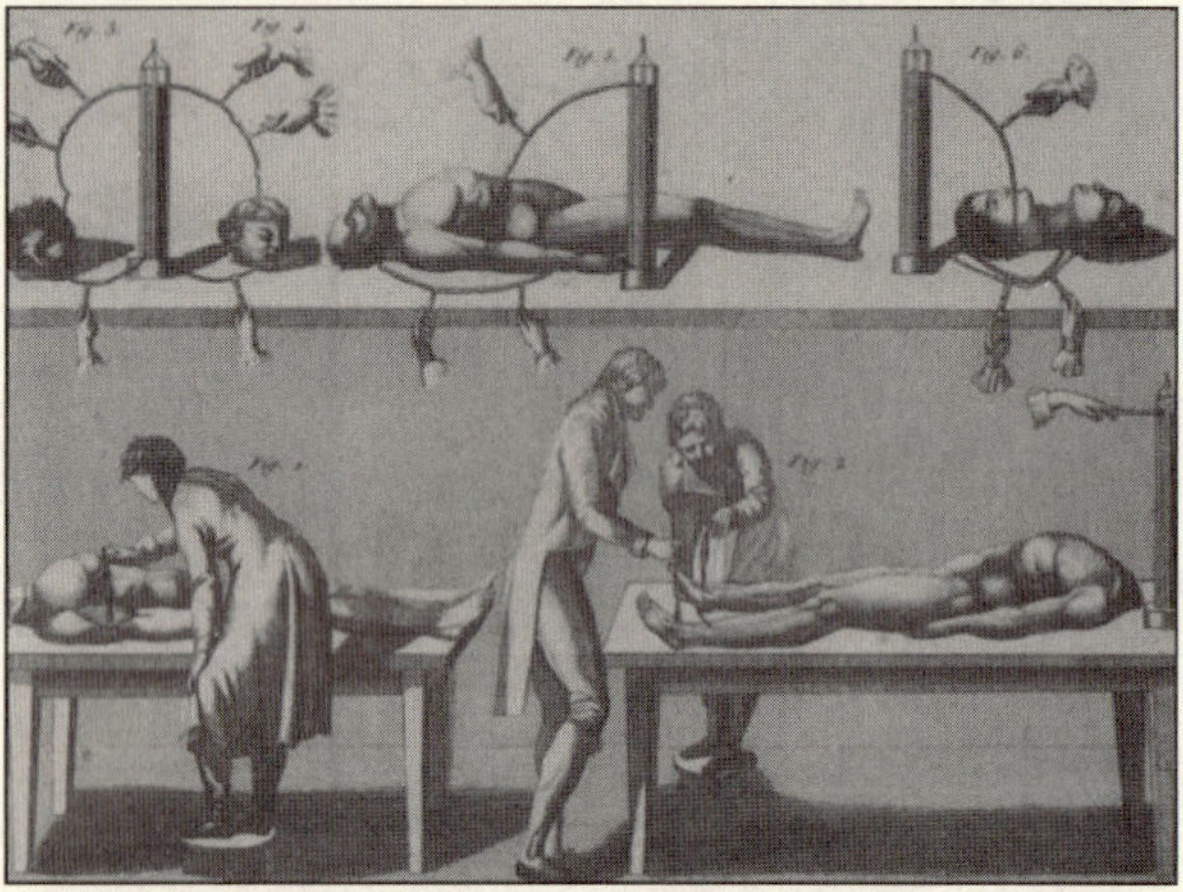

死刑執行直後の犯罪者の遺体に電気を通す様子。1804年発表のジョバンニ・アルディーニの著書『*Essai théorique et expérimental sur le galvanisme*』に収められた版画

つけるように左目が開いた。アルディーニは針金をあちこちに移動させ、のけぞらせたり、手で机をたたかせたり、肺で呼吸させたりして、遺体を操り人形のように動かした。そしてフィナーレにアルディーニが片方の針金を耳につけ、もう片方を直腸に差し込むと、フォースターの体は突然激しく踊りだした。「ロンドン・タイムズ」紙はこの場面をこう伝えている。「右手の拳《こぶし》を突き上げ、両脚をばたつかせた。詳しい知識のない一部の見物人には、この哀れな男が今にも生き返ろうとしているように見えた」

アルディーニはロンドンツアーを続け、数日後、ピアソン博士の講義室でショーを行った。アルディーニは切断された雄牛の頭を取り出すと、フックを使って口から舌を引っ張りだし、電流を通した。すると、舌は一瞬にして引っ込み、勢いのあまりフックで裂けてしまった。それと同時に「空気を吸い込んだために口から大きな音がし、頭全体と目が激しくゆがんだ」という。科学はついに、電気でゲップをする牛の頭を作りだしたのだ。

1818年11月4日には、スコットランドのグラスゴーでさらに大がかりな実演が行われ、スコットランド人の化学者で後年産業資本家になるアンドリュー・ユア博士が、270枚もの電極板を使った電池を死刑が執行された殺人犯マシュー・クライズデールにつなげた。パワーを2倍にすれば、実験も2倍おもしろくなると思ったのだろう。ユアが脊髄《せきずい》と座骨神経に電流を通すと、「遺体のあらゆる筋肉が即座にけいれんを起こし、大きく動いた。まるで寒気がしてガタガタと震えているかのようだった」という。また、横隔神経と横隔膜につなげたところ、「深呼吸というよりも、かなり苦労して呼吸している感じだった……横隔膜の弛《し》緩《かん》と収縮に合わせて、胸部が上下し、腹部も膨らんではへこんだ」。最後にユアは、露出した前頭部の神経とかかとに電極を当てた。すると「顔の全筋肉がいっせいに恐ろしい変化を見せた。激情、恐

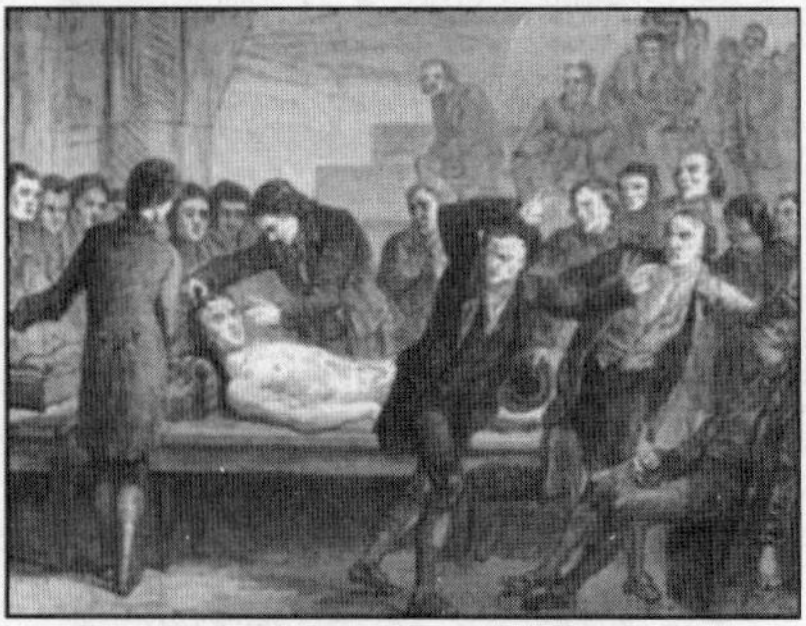

殺人犯クライズデールの遺体に電気を通すアンドリュー・ユア博士

怖、絶望、苦悶《くもん》、そして不気味な微笑がこの殺人者の顔面に表れ、フュースリーやキーンが描いたどの絵よりもはるかにワイルドだった」。見学者のなかには失神した者もいれば、恐怖のあまり講義室から逃げだした者もいたという。

アルディーニやユアのような科学者たちは、動電気を用いて、この気味の悪い人形劇以上のことができると確信していた。そして条件さえ整えば、命をよみがえらせることができると請け合った。ユアは殺人犯クライズデールでの実験についてこう記している。「生命を復活させられた可能性もある。蘇生に成功していた場合、殺人犯をよみがえらせることになったうえに、法律に反していた恐れもあるが、科学の観点から見れば最高の名誉であり、かつ有効であることから、その場合は許容されてしかるべきだったろう」

１８４０年代になっても実験は続き、電磁石を発明したイギリスの物理学者ウィリアム・スタージョンは、水死した４人の若者を生き返らせるために遺体に電気を通した。蘇生には失敗したものの、スタージョンは現場にもっと早く到着していれば成功していたはずだと確信を持った。

誰をモデルにヴィクター・フランケンシュタインのキャラクターを生みだしたのか、メアリー・シェリーは明らかにしていないが、死体を感電させる実験からインスピレーションを得たことは間違いないだろう。1831年に出版された改訂版の『フランケンシュタイン』の序文によれば、この小説のアイデアが浮かんだのは1816年6月で、詩人のバイロン卿《きょう》とパーシー・シェリーが当時の電気実験および電気で死体を生き返らせられる可能性について語り合っているのを小耳にはさんだあとだったという。その夜見た悪夢について、メアリー・シェリーはこう語っている。「青白い顔の学生が神の摂理に反する技術の研究をしていて、彼の横にはつぎはぎだらけの物体がありました。そして世にも恐ろしい男性の幽霊が手足を伸ばすところを見たのです。何か強いエネルギーを加えたために精気が戻ったようで、半分生きているかのようにぎこちなく動いていました」。こうしてカエルのけいれんから始まった発見の旅は、ヴィクター・フランケンシュタインとその怪物までたどり着いたのだった。

Aldini, G. (1803). *An account of the galvanic experiments performed by John Aldini . . . on the body of a malefactor executed at Newgate, Jan. 17, 1803: With a short view of some experiments which will be described in the author's new work now in press.* London: Cuthell and Martin.

死んだ子ネコをよみがえらせる

19世紀前半、多くの研究者が死体に電気を通す動電気実験を盛んに行った。しかし、この技術によって生命をよみがえらせるのに成功したと主張したのは、カール・アウグスト・ヴァインホルトだけだった。

ヴァインホルトは論文「Experiments on Life and its Primary Forces through the Use of Experimental Physiology（実験生理学的手法による生命およびその主たる力に関する実験）」（邦題訳者、以下同）のなかで首を切断した子ネコを蘇生する実験に（恐らく）成功したことを発表し、実験の詳細を記載した。

この実験は次の手順で行われた。まず、ヴァインホルトは生後3週間の子ネコの頭部を切断し、次に脊髄を摘出して、スポンジを取り付けたスクリュー式のプローブ（訳注　手術などに用いる探針）で脊柱を完全に空洞にし、最後にこの空洞を銀と亜鉛の混合物で満たした。これらの金属が電池の役割を果たして電流を発生させ、即座に子ネコをよみがえらせたのだとヴァインホルトは説明している。心臓もふたたび動きだし、子ネコは数分間室内を元気に歩いたり、跳ねまわったりしたという。ヴァインホルトは「脊柱の開いた部分を閉じると、また盛んに動きまわるようになった。そして力強くジャンプしたあと、まったく動かなくなった」と記している。

歴史学者たちも、ヴァインホルトがこの実験を行った事実は認めているが、結果は捏造《ねつぞう》だという意見で一致している。結局のところ、どんなに大量に電気を送り込もうと、脳も脊髄もない子ネコが部屋を跳ねまわることなどあり得ない。ちなみに医学史家のマックス・ノイブルガーは控え目に、「ヴァインホルトの実験は彼が思い描き、観察した幻想を描写したものだ」と表現した。

ヴァインホルトは本当は子ネコではなく人間の遺体で実験したかったのだろうが、1804年にドイツ当局は人体を用いた電気実験を禁止していた。もはや一般大衆も、死体を使ったグロテスクな実験に関心をなくしていた。こうした制約があったため、ヴァインホルトは動物を使った実験に精力を注いだ。自然の法則を覆《くつがえ》そうとはしていたが、国の法律まで破る気はなかったのだ。

ヴァインホルトの私生活は、彼の実験に負けず劣らず変わっていた。当時の人々は、ヴァインホルトについて、不思議なほど魅力のない人物だったと言っている。長い手足が頭の小ささを際立《きわだ》たせ、声は女性のようで、ヒゲは生やしていなかったという。また、貧困対策として貧しい男性の陰門封鎖を奨励し、たくさんの人々を敵に回した。陰門封鎖とは、陰茎包皮を縫い合わせることである。ヴァインホルトが亡くなったとき、彼の生殖器が変形していたことを監察医が発見したが、そのために陰門封鎖を奨励したのかどうかはわかっていない。なお、ヴァインホルトの伝記を書いた現代の伝記作家は、「ヴァインホルトは他人が自分をどう思っているか、ほとんど気にしていなかったようです。大半の人々に軽蔑《けいべつ》されたり嫌われたりするようなアイデアでも、恐れることなく提案しました」と述べている。

もしフランケンシュタインが実在したとしたら、それはヴァインホルトのような人物だったに違いない。しかしどうやらその可能性は低い。ヴァインホルトが論文を発表したのは1817年だが、メアリー・シェリーが『フランケンシュタイン』を書きはじめたのは、その前の年だったのだから。

ホラー小説のファンは、シェリーがヴァインホルトの存在に気づいていなかったことに感謝すべきだろう。もし知っていたら、ヴァインホルトの話に影響を受けて、話が変わっていたかもしれない。大勢の村人が熊手《くまで》やたいまつを手に、頭のない子ネコの化け物を追いかけるところを想像してみるとわかるが、『フランケンシュタイン』とは似ても似つかない作品になっていたことだろう。

Weinhold, C. A. (1817). *Versuche über das Leben und seine Grundkräfte, auf dem Wege der Experimental-Physiologie.* Magdeburg: Creutz.

電気から生命を創《つく》る

「生き物だ！ 生き物を作りだしたぞ！」アンドリュー・クロスは液体の入ったボウルをのぞき込み、そのなかで泳ぐ小さな白い虫を凝視していた。そして頭をのけぞらせると、気がふれたように笑いだした。

ハリウッド風に史実を描写すると、1836年に驚異的な発見をしたときのクロスの反応は、きっとこんな感じになるだろう。しかし実際には、「大きな驚きを覚えた」という程度の反応だったかもしれない。

クロスはビクトリア朝の紳士で、英国サマセット地方の人里離れた屋敷に住んでいた。幼少期から電気現象に魅せられていたクロスは、家庭が裕福だったおかげで、電気実験に没頭することができた。クロスは家中でありとあらゆる電気実験を行い、さらには敷地内の木々に1マイル（約1・6キロ）に及ぶ銅線を張りめぐらせて落雷の電気をとらえようとした。雷がバチバチと音を立てながら針金を伝わる様子を目にしたり、電池が放電するときの「バチッ」とか「ドン」という音を聞いたりしていた迷信深い近所の人々は、クロスは正気を失っているに違いないと思った。

クロスは地質学とガルバーニ電流の融合を試み、電流を使って石英の結晶を成長させる実験も行った。彼は自宅の音楽室に、電気を流した石の上に酸性溶液が滴《したた》りつづける装置をこしらえ、石の上に結晶を作ろうとしたのだ。結晶は一向にできなかったものの、その代わりにずっと奇妙なことが起こった。クロス自身の言葉が事のてんまつをよく物語っている。

本実験開始後14日目、電気を通した石の中央部から白っぽい乳首のような突起物が出ているのを発見した。18日目になると、これらの突起が大きくなっており、各突起の土台の半円よりも長い繊維状のものが7〜8本突き出していた。26日目、これらはどこから見ても昆虫のような形となり、まるで尾のような数本の剛毛の上に直立しているようだった。この時期まで、これらの突起物は鉱物形成の初期段階であるという認識しか持っていなかったが、28日目には、これらの小さい形成物が脚を動かしはじめた。こうなると私も少なからず驚いたと認めねばならない。その数日後、これらの突起物は石から分離し、好き勝手に動きはじめた。

これらの虫が増殖し、実験器具の周辺を動きまわるのを、クロスは困惑しながら数週間にわたり観察していた。そしてついに、その数は数百匹に達した。実験をやり直しても結果は同じで、さらに多くの虫が誕生した。しかし、れっきとしたイギリス紳士だったクロスは、早計な結論を出そうとはせず、実験によってどういうわけか新たな生物が誕生したことを発表するのをためらっていた。ところが、たまたま訪ねてきた出版業者がこの話を耳にし、クロスに代わって地元紙に「常軌を逸した実験」と題する記事を発表してしまった。マスコミはクロスに敬意を表して、この虫をアカラス・クロシ（クロス・ダニ）と命名した。

いったん実験の話が公《おおやけ》になると、隣人たちは、クロスは単に気がふれているだけでなく、悪魔を信奉しているに違いないと考えるようになった。その後数カ月にわたり、クロスは何度も殺害の脅しを受け、「フランケンシュタイン」「神聖なる信仰の敵」などと呼ばれるようになった。さらに地元の農民はクロスの作りだしたダニが逃げて作

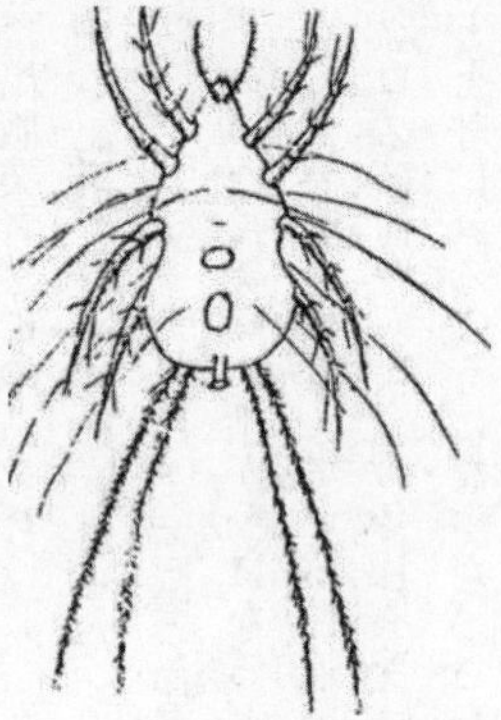

アンドリュー・クロスがスケッチしたアカラス・クロシ

物を荒らしていると苦情を寄せ、クロスの家を見下ろす丘の上で司祭が悪魔払いをした。

　クロスの電気昆虫実験が行われたのは、メアリー・シェリーが『フランケンシュタイン』を発表したずっとあとだったが、クロスがヴィクター・フランケンシュタインのモデルだった可能性もある。この22年前の1814年、クロスはロンドンで「電気と元素」と題した講演を行った際に、自邸の敷地内に針金を張りめぐらせて、雷の電力を何ボルトも屋内に引き入れられるようになった話をしたのだが、このとき観客のなかに、若き日のシェリーもいたというのだ。クロスの講演は、シェリーに強い印象を残したと伝えられている。

　ところで1836年当時のイギリス科学界は、クロスの発見をどう解釈すべきか決めかねていた。ケンブリッジ大学の地質学者アダム・セジウィック教授など、一部の人々は憤慨し、公然と非難したが、多くの人々は興味津々《しんしん》だった。外科医のウィリアム・ヘンリー・ウィークスはクロスと同じ実験を行い、1年後に「5匹の完全なる虫」ができたと発表した。しかし、ジョン・ジョージ・チルドレン、ゴールディング・バード、ヘンリー・ノード、アルフレッド・スミーの４人の科学者が行った実験では、何も発生しなかった。さらに生物学の権威、リチャード・オーウェンがこれらの虫を調べ、単なるアシブトコナダニであったと発表。この調査結果をもって、電気アカラス・クロシ論争はほぼ幕を閉じた。驚くべき発見から、どこにでもいる害虫に格下げされたのだった。

その後１００年以上たった１９５３年、シカゴ大学の研究者、スタンリー・ミラーとハロルド・ユーリーが同じような実験を行った。２人はフラスコのなかで水とメタンとアンモニアと水素を混ぜ、これを熱して蒸気を発生させ、あわせて定期的に放電現象も起こし、この蒸気が電気に触れるようにした。原始の地球に存在していたと考えられる大気の状態を再現し、生物のもとになるようなものが発生するかどうか確認しようとしたのだ。１週間後、ミラーとユーリーは高濃度の有機化合物を発見し、２人の目標は達成された。そのなかには生体細胞を形作るアミノ酸もたくさん含まれていた。しかしながら、コナダニが発生する兆候はまったく見られなかったという。これを聞いたら、アンドリュー・クロスはさぞがっかりしたことだろう。

Crosse, A. (1841). "Description of some experiments made with the voltaic battery . . for the purpose of producing crystals; in the process of which experiments certain insects constantly appeared." *Transactions and Proceedings of the London Electrical Society* 1:10-16.

ギロチン後の頭部に意識はあるか

おもりのついた刃が勢いよく落下し、大きな衝撃とともに首を切り落とす。死刑執行人のバスケットのなかに、またひとつ頭が放り込まれた。

フランス革命以降数十年間、ギロチンが大活躍した。そして切断された頭が山積みにされていくのを見ながら、傍観者たちはある疑問を持つようになった。受刑者の頭部は、切断後もしばらく意識を持ちつづけるのだろうか？　何が起こったか、わかっているのだろうか？　探求心旺盛《おうせい》な人々は、切断された頭部に大声で話しかけ、反応を見ようとしたが、努力は無駄に終わった。しかしながら、彼らに触発された科学者たちは、さらに踏み込んで「頭部は体と切り離された状態でも生きつづけられるのだろうか？」という疑問を持つようになり、彼らはその答えを求めずにはいられなくなった。

1812年にフランスの生理学者ジュリアン・ジャン・セザール・ルガロワが、酸素を含む血液を供給すれば切断された頭部も生存しつづける可能性があると予測したが、実際にこの理論が試されたのは1857年のことだった。シャルル・エドゥアール・ブラウンセカール博士がイヌの首を切断して血液を抜き取り、10分後に新鮮な血液を動脈に送り込んだのだ。ブラウンセカールの報告によれば、頭部はすぐに生き返り、目と顔面に自発的と思われる運動が確認されたという。この運動は数分間続き、その後、頭部は「震えおののきながら」ふたたび動かなくなった。

切断した頭部の研究は、脳の重さがちょうど1234グラムだったジャンバティスト・ヴァンサン・ラボルド博士が継続した。なぜその重さがわかっているかというと、それはラボルドが「相互死体解剖の会」というなんとも華やかな名称の会に所属していたからだ。この会は社交クラブで、お互いの脳を解剖し合うことを目的とした集まりだった。幸い解剖は、会員の誰かが亡くなるのを待って行われた。ラボルドの脳は、ちょっとしたゴシップになった。やや軽めだったからだ（人間の脳の重さは平均約1360グラム）。ラボルドは長年、科学界の重鎮のフリをしていただけだったのだろうか？　友人たちはラボルドの名誉を守ろうと、彼の脳は加齢によりしぼんだのだと主張した。

脳が摘出されるずっと前の1884年、ラボルドは世界で初めて、切断された人間の頭に血液を灌流《かんりゅう》させた。この頭部は殺人犯キャンピのもので、フランス当局から提供された（ちなみに19世紀の新聞は、現代のポップスター、マドンナやビヨンセのように、犯罪者をフルネームでは呼ばなかった）。結果は期待外れで、大したことは起こらなかったが、ラボルドは、死刑執行後、頭部が実験室に運び込まれるまでに時間がかかりすぎたせいだと主張した。

その後ラボルドは殺人犯ギャニイでも実験を行い、よりよい結果を得た。ギャニイの頭部は死刑執行からわずか7分後に切断され、18分後にはギャニイの頸動脈《けいどうみゃく》と生きたイヌの頸動脈が接合されてギャニイの頭部に血液が送り込まれた。ギャニイの顔面の筋肉はまだ生きているかのように収縮し、あごは勢いよく閉じたとラボルドは報告している。しかし残念ながら、（ギャニイにとっては幸いなことに）意識があるような様子はまったく認められなかった。

同じころラボルドの同業者ポール・ロワは、ギロチン後の意識の有無に関する論争に決着をつけるべく、ソルボンヌ大学の研究室にギロチンを設置し、それを使って数百匹のイヌの首を切断した。ロワは突然頭部を失ったイヌの反応を1秒1秒克明に記録し、実験結果を蓄積した。その後、このテーマについて、これほど徹底した研究が行われることはなかった。ギロチンを行ったあとも、鼻孔の拡張やあくびに似た口の開閉など、表情の変化が最長2分にわたり確認されたが、意識は瞬時に失われたとロワは結論づけた。

ラボルド以降も切断された頭部の研究は細々と続けられたが、世界が飛躍的進歩を目《ま》の当《あ》たりにしたのは1920年代後半になってからのことだった。ソ連の医師セルゲイ・ブルコネンコが、切断したイヌの頭部を3時間以上生かしておくことに成功したのだ。これを可能にしたのは、抗凝血剤とブルコネンコが開発した初歩的な人工心肺装置で、ブルコネンコはこれをオートジェクターと呼んだ。

1928年、第3回ソ連生理学会議でブルコネンコは、各国から参加した科学者たちに生きたイヌの頭部を見せた。そして、近くの机をハンマーでたたいて大きな音を立てるとイヌがたじろぎ、光を当てると瞳孔《どうこう》が閉じ、唇にクエン酸をつけるとそれをなめ、チーズのかけらをあげるとそれを飲み込むなど、イヌの頭部がさまざまな刺激に反応する様子も紹介した。ちなみに、このチーズはすぐに食道管の反対側から飛びだした。

ブルコネンコの切断したイヌの頭部の話は、あっという間にヨーロッパ中に広まっ

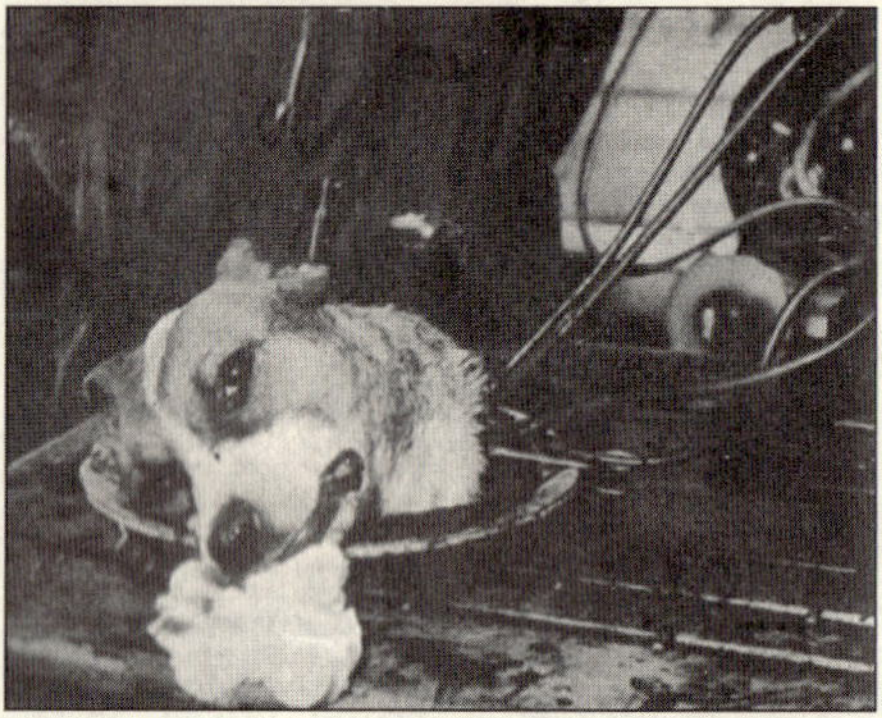

ブルコネンコの実験により、切断されても生きつづけるイヌの頭部

た。劇作家のジョージ・バーナード・ショーは「ベルリナー・ターゲブラット」紙に手紙を書き、ブルコネンコの技術を使って不治の病を患う科学者を救うべきだとかなり本気で提案した。「私は自分の頭を切断したいとさえ思う。そうすれば、病気に煩《わずら》わされたり、着替えや食事など、演劇や文学に関係のないことを一切せずに、芝居や本を書きつづけられるからだ」とショーは思いを巡らせた。さらには手術によって衰えた教授たちの体を切り離し、純粋な知性として脳だけを生き永らえさせることもできるようになるのではないかと想像し、大学を体のない頭だけで運営することを提案した。

ショーのアイデアは興味深い。そんな大学ができれば、教授陣の住居の心配はいらなくなるだろう。「クラスのヘッド（学級委員）になる」という言葉の意味も微妙に変わってくるかもしれない。それに、スチューデントボディー（生徒会）に立候補するのをためらう生徒も出てくるだろう。

Brukhonenko, S. S., & S. Tchetchuline (1929). "Expériences avec la tête isolée du chien." *Journal de Physiologie et de Pathologie Générale* 27(1): 31-45.

ヒトとサルは交配可能か

イリヤ・イワノフ博士は苛立《いらだ》っていた。イワノフは自分の実験には世界を震撼《しんかん》させるほどの重要性があると確信していた。もし成功すれば、世界一有名になれるだろう。ところが実際には、ヨーロッパの文明社会から何千キロも離れた西アフリカの研究施設で、疑り深い地元の職員に研究目的を知られぬよう、犯罪者のようにコソコソと研究しなければならなかった。彼の本当の目的を知っていたのは息子だけだった。２人は新しい生物――ヒトとサルの混血種を誕生させようとしていたのだ。

１９２７年２月28日早朝、イワノフ親子は治療のため2頭の雌のチンパンジー、バベットとシベットを検査すると職員に伝えた。あまり時間がないことはわかっていた。もし２人が本当は何をしようとしているのか職員がかぎつけたら、「非常に不愉快な結果」を招くだろうとイワノフは手帳に記している。したがって不本意ながら、授精は早急に終わらせなければならない。チンパンジーが抵抗した場合に備えて、息子はポケットに拳銃《けんじゅう》を忍ばせていた。

2人はチンパンジーを力ずくで押さえつけ、その子宮内に人間の精子を入れる準備をした。彼らは、イワノフがソ連で開発した人工授精用器具を用いた。ソ連で長年にわたりイワノフが行った研究は、動物の生殖生物学の分野で革命を起こし、種付けによる大規模な牧畜を可能にした。しかし、2人は首尾よく手術を済ませることができなかった。焦《あせ》っていたイワノフは、精子を十分膣《ちつ》の奥まで挿入することができなかったのだ。彼は成功の可能性が低いことを悟っていた。

イワノフのおぞましい交配実験について、西側諸国では何十年間もほとんど知られていなかった。噂《うわさ》はあったが、具体的な情報はなかったのだ。イワノフは研究結果を発表せず、詳細が明らかになったのは、ソ連が崩壊し、ロシアのアーカイブが公開されてからだった。

全宗教を弾圧するほど反宗教的だったソ連政府は、もしヒトとサルの交配に成功すれば非常に大きな象徴的意味があると考え、イワノフに研究資金を提供した。これはアメリカのキリスト教原理主義者が、人類とサルとの進化上の関係を示唆《しさ》するものにのキリスト教原理主義者たちに〝サル人間〟を見せつけるというアイデアに飛びついた。

ダーウィンの進化論を支持するマルクス主義者だったソ連の指導者たちは、アメリカの敵意をむきだしにした「スコープス裁判（サル裁判）」（訳注　1925年、公立高校で進化論を教えることを禁止したテネシー州の法律に違反した教師、ジョン・スコープスに対して行われた宗教と科学を巡る裁判）が起きてから、まだ2年もたっていないころのことだった。

さらにイワノフは、ほかの機関からも援助を受けていた。イワノフの計画を完全に把握したうえで、彼の研究が人類の起源の科学的解明に貢献することを期待して、フランスのパスツール研究所がギニア西部にある研究施設の利用を許可したのだ。

1927年後半にイワノフはふたたびチンパンジーに人間の精子を授精する実験を行うが、この3頭目の挑戦も芳《かんば》しい結果は得られなかった。イワノフは家畜での経験から、1頭に対し5～6回授精を行えばかなりの確率で成功すると考えていたが、研究所が置かれた状況から、そのようなぜいたくは許されなかった。結局、妊娠の兆候を見せたチンパンジーはいなかった。

実験が失敗に終わり、イワノフは計画を変更した。サルの精子で人間の女性を妊娠させようと考えたのだ。イワノフはコンゴの病院に打診した。彼は女性に知られないよう慎重に行うと提案したが、病院は彼の依頼を断った。落胆したイワノフはアフリ

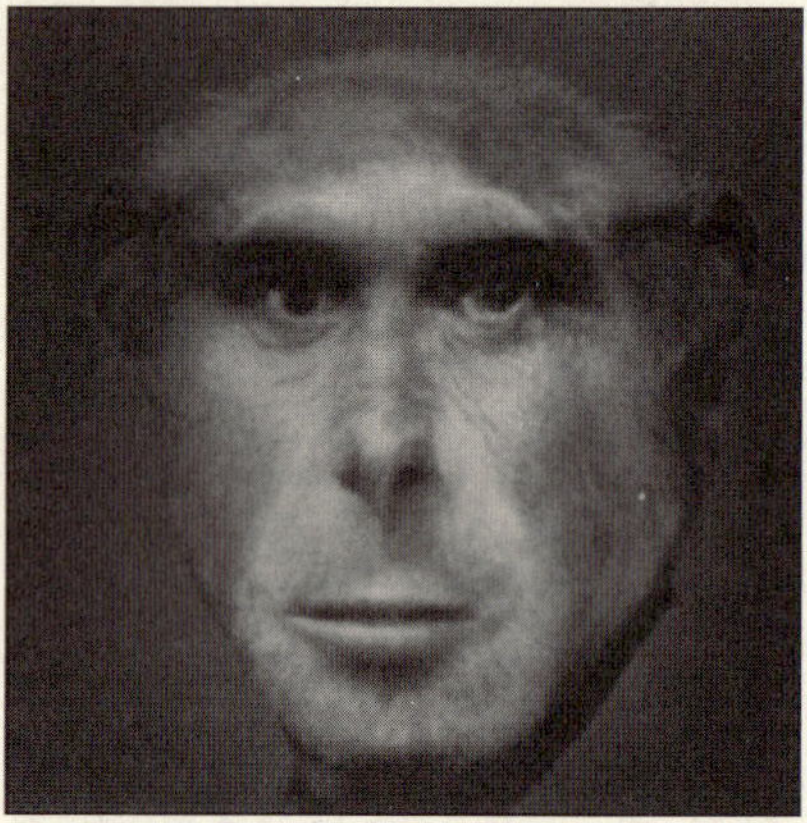

「エボリューションⅡ」コンピュータ・グラフィックスによるチンパンジーと人間の子の予想イメージ。ニューヨーク在住のアーティスト、ナンシー・バーソン制作

カの〝遅れた〟文化を批判しながら、実験を続けられるよう祈りつつソ連に戻った。

精子の提供者として、ターザンと名付けたオランウータンを連れ帰ったイワノフは、計画を練り直し、今度は女性のボランティアを募ることにした。すると驚いたことに、何人かが名乗りを上げた。そのうちの1人はイワノフに「これ以上生きつづけることに何の意味も見いだせないので」科学のために体を提供したいと記した、なんとも後ろ向きな手紙を送った。しかし、またしてもイワノフはツキに見放された。1929年、実験の準備が整う前にターザンが脳出血で死んでしまったのだ。こうしてイワノフはサルも希望も失った。翌年、イワノフはスターリンによる粛清のため政敵として強制収容所に送られ、2年後に釈放されたが、まもなく他界した。現在わかっている限りでは、イワノフの死とともに、彼の研究計画も葬《ほうむ》られたらしい。

イワノフの実験は生物学史上、重要な位置を占めているわけではないが、興味深い疑問を提起している。彼の実験には成功の可能性があったのだろうか？ ヒトとサルの交配は可能なのだろうか？

人類はほかの霊長類、特にチンパンジーととても近い関係にある。人間のDNAの99・4パーセントはチンパンジーと同じなのだ。実のところ人類はアフリカ類人猿の一種であるため、そもそも「ヒトとサルの混血」という表現自体、正確ではない。2006年5月に科学雑誌「ネイチャー」に掲載されたある論文は、500万〜700万年前に人類がチンパンジーから枝分かれしたあともチンパンジーとの異種交配が続き、それが人類の進化に影響を及ぼした可能性を検証している。人間とチンパンジーをかけ合わせれば問題になるだろうが、交配自体は今でも可能だと考える生物学者も多い。

気になっている人がいるかもしれないので付け加えると、1927年の実験でイワノフが使った精子は、彼のものではなかった。栄《は》えある父親候補の身元は明らかにされておらず、イワノフは「年齢もはっきりとはわかっていないが、少なくとも30歳以下の男性」とだけ公表している。

Rossiianov, K. (2002). "Beyond species: Il'ya Ivanov and his experiments on cross-breeding humans with anthropoid apes." *Science in Context* 15(2): 277-316.

人工的に血液を循環させれば死人をよみがえらせることができる？

「私には勝算がある。血液の流れを回復すれば、息を吹き返し、生命がよみがえるはずだ」

これは１９３０年代のB級映画『Life Returns』のなかのジョン・ケンドリック博士のせりふだ。ケンドリックは架空の人物だが、実在の人物をモデルにしていた。そのモデルとは、カリフォルニア大学バークレー校の科学者ロバート・E・コーニッシュで、彼は死に打ち勝てると主張し有名になった。

当初、コーニッシュのキャリアは前途洋々だった。天才児だったコーニッシュは、18歳にしてカリフォルニア大学を首席で卒業し、22歳で博士号を取得した。その後、カリフォルニア大学の実験生物学の研究室に入り、水中で新聞が読めるレンズの開発などのプロジェクトに携わったが、どういうわけかこのレンズが流行することはなかった。そして１９３２年、コーニッシュはまだ27歳という若さだったが、死んだ人の命をよみがえらせられるという考えに取りつかれた。

コーニッシュの計画の中核をなしていたのは「ティーターボード」で、これは言ってしまえばシーソーのようなものだった。「遺体をティーターボードに乗せ、上下させることで、人工的に血液の循環をかなり回復できるはずだ」とコーニッシュは記している。彼の理論によれば、臓器に大きな損傷のない、亡くなったばかりの患者であれば、血流を復活させ、生き返らせることができるというのだ。

１９３３年、コーニッシュは心臓発作や水死、電気椅子《いす》による処刑で亡くなった人たちをティーターボードで生き返らせようとしたが、ひとつも成功しなかった。カリフォルニア大学に提出した非公開の報告書で、コーニッシュは、心臓発作で亡くなった男性の遺体を１時間以上「ティーター」したところ、「突然顔面に体温が戻ったように見え、目に輝きが戻り、気管部分の柔らかい組織に脈が確認された」と記しているが、この男性が生き返ることはなかった。

コーニッシュはふたたび人間で実験する前に、動物でこの方法を試すことにした。

１９３４年、彼はイヌを使った一連の蘇生実験の結果を公表した。そこでは合計４匹のフォックステリアの実験結果が報告され、それぞれラザラス２号、３号、４号、５

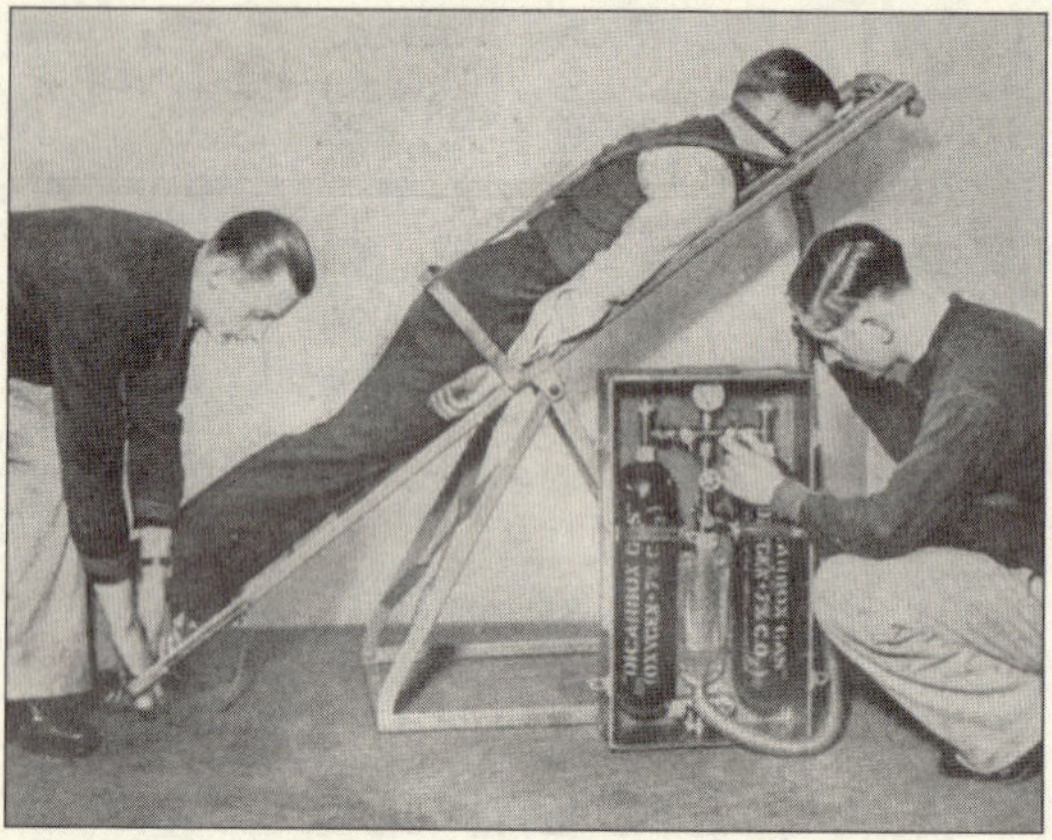

ロンドンで行われたティーターボードの実演の様子

号と名付けられていた。聖書のなかでイエス・キリストが生き返らせたラザラス（ラザロ）にそれとなくあやかったのだろう。なお、ラザラス1号がどうなったのかは記録されていない。

まずコーニッシュはイヌたちを窒素とエーテルの混合物で窒息させ、心臓が停止し、呼吸が止まるのを待った。そのあとでティーターと口鼻式蘇生法、アドレナリンとヘパリン（抗凝血剤）の注射を組み合わせて、蘇生を試みた。

驚いたことに、コーニッシュは一応成功した。イヌたちが生き返ったのだ。問題は、イヌたちがかろうじて生きているに過ぎなかったことだろう。ラザラス2号と3号は意識を回復することなく、数時間後に（ふたたび）死んだ。ラザラス4号と5号は数カ月生き延びたが、失明し、脳にも重大な障害を負っていた。伝えられているところによると、ラザラス4号と5号を見たほかのイヌたちは、恐れおののいていたという。

マスコミはコーニッシュの研究のニュースに飛びつき、各実験について逐一報道した。ある記者はラザラス2号の実験についてこう伝えている。「動かなくなった体がふたたび呼吸しはじめる音を聞いた。最初はゆっくりだったが、やがて、まるでイヌが走っているかのように速くなった。四肢もピクピク動いていた。その後、イヌがクンクン鼻を鳴らし、弱々しく吠《ほ》える声が聞こえた」。思索にふけるような目つきと血色の悪そうな肌、黒っぽい髪をしたコーニッシュの写真を見ると、さながらマッドサイエンティストのようだ。

コーニッシュはハリウッドにも気に入られ、1935年にはユニバーサルが、冒頭で引用した『Life Returns』を制作した。もっとも、『フランケンシュタイン』とアメリカの短編コメディー映画『Our Gang』を無理やり組み合わせたようなこの映画は、コーニッシュが本当に実験を行っている様子が5分ほど挿入されているのを除けば、特に記憶に残るような出来映えではなかった。また、『冷凍人間甦《よみが》える』や『死者の復讐《ふくしゅう》／狂気の生体実験』など、フランケンシュタインを演じたことで知られるボリス・カーロフの主演作の多くは、コーニッシュの研究からインスピレーションを得て作られたと言われている。

しかしながら、カリフォルニア大学はコーニッシュの新たな研究をそれほど評価してはいなかったらしく、動物愛護運動家から非難されると彼に大学を去るよう命じ、一切関係を絶った。こうしてコーニッシュはバークレーの自宅に引きこもることになる。

その後コーニッシュは、研究室からヒツジやイヌが逃げたとか、不審な煙のせいで近隣の建物の塗装がはがれたといった近所の人々の苦情を受け流しながら、13年間鳴りをひそめていた。

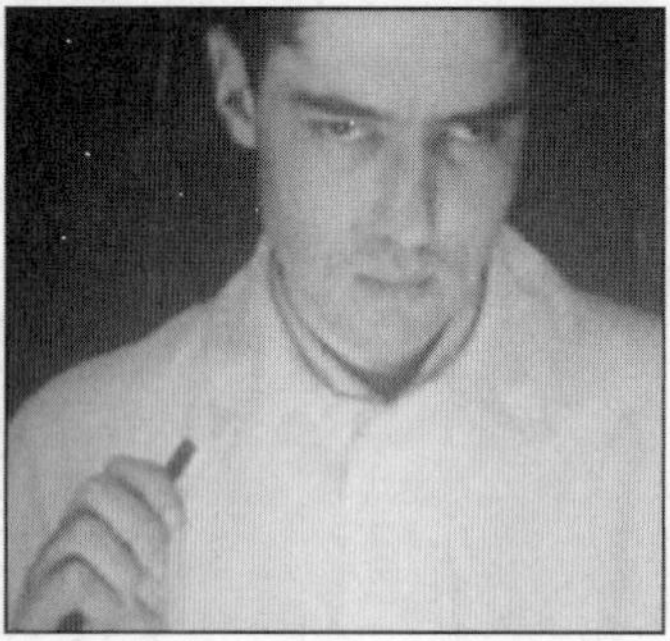

ロバート・コーニッシュ博士

しかし1947年に、蘇生技術を完成し、新しく大がかりな実験に挑む準備ができたというニュースとともに、ふたたび新聞の見出しを飾った。死刑を執行された人を生き返らせるというのだ。コーニッシュはティーターボードは卒業し、送風式の掃除機と放熱管、鉄の輪、ローラー、靴ひもを通す穴につける輪が6万個入ったガラスのチューブでできた複雑怪奇な心肺装置を公開した。

サン・クエンティン州立刑務所の死刑囚マクモニグルが、もし生き返っても余生は刑務所で過ごすという条件でコーニッシュの実験台を買って出た。だが、結局実験を行うチャンスには恵まれなかった。カリフォルニア州当局が、コーニッシュの依頼をあっさり却下したからだ。

完敗を喫したコーニッシュは自宅に戻り、みずから発明した歯磨き粉「ドクター・コーニッシュのトゥースパウダー」を売って、かろうじて生計を立てていたが、1963年に脳卒中で亡くなった。地元紙に載った死亡記事には、10代のころ、バークレー高校に通っていたコーニッシュは「毎日サンダルで登校した最初の高校生」であったと書かれていた。これは周囲にうまく溶け込めなかったコーニッシュにふさわしい弔辞と言えるだろう。

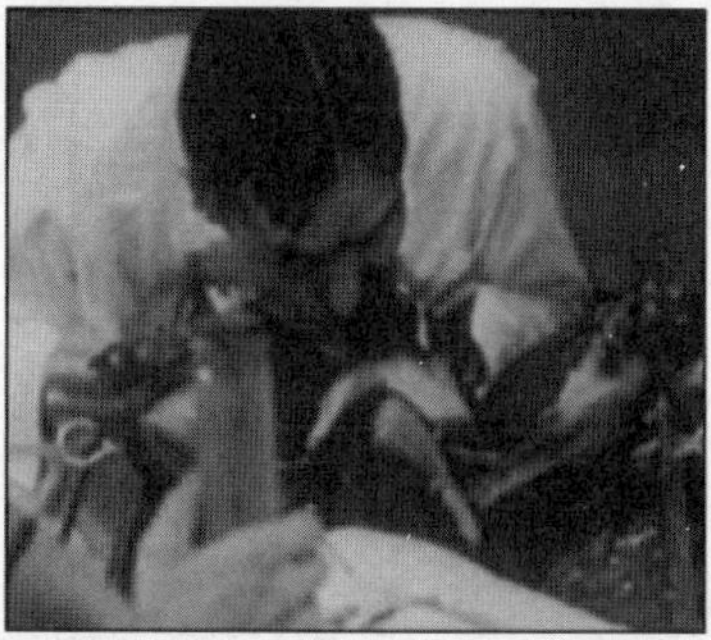
口鼻蘇生法を行うコーニッシュ

Cornish, R. E., & H. J. Henriques (1933). “Report of Investigation of Resuscitation”（未発表原稿）

「頭部移植」された双頭のイヌ

モスクワ郊外の森をさまよっていたハイカーが、大きな役所風の建物に出くわした。建物を取り巻くフェンスのあいだから中をのぞくと、医師や看護師が中庭でイヌを散歩させているのが見えた。驚くような光景ではない。しかし、もう一度中を見たところ、ハイカーは困惑し、恐怖に襲われた。イヌの様子がおかしいのだ。あるイヌは、脚がまるで縫いつけられたかのように、1本だけ体のほかの部分と明らかに色が異なっている。そして、ハイカーは一瞬目を疑った。そのほかのイヌのうち1匹は、頭が2ついていたのだ。

1954年、ソ連政府は双頭のイヌを誇らしげに発表し、世界中の人々を驚かせた。この奇妙なイヌは、ソ連を代表する外科医の1人、ウラジミール・デミコフが作りだしたものだった。デミコフは第二次世界大戦中、野戦病院で腕を磨き、戦後、ソ連政府によってモスクワ郊外にある最高機密の研究機関に送られた。彼の任務はソ連の外科技術の優位性を証明することだった。

デミコフは子イヌの頭部と肩と前脚をジャーマンシェパードの成犬の首の部分に移植し、この双頭のイヌを作った。最終的にデミコフはこうした結合体を20匹作ったが、術後感染症により、そのほとんどが長くは生きられず、最長記録は29日だった。少なくともイヌに関しては、頭が2つあってもよいことはなさそうだ。

これらのイヌは世界中の新聞の見出しを飾り、マスコミからはソ連の「外科版スプートニク」（訳注　スプートニクは１９５７年にソ連が世界で初めて打ち上げた人工衛星）というニックネームをつけられた。１９５９年、合同国際通信社の記者アリーン・モズビーは、デミコフの研究室を訪れ、ジャーマンシェパードと子イヌの結合体「ピラト」を実際に見た。デミコフと一緒にピラトを散歩させたモズビーによると、その首には普通の首輪が合わないため、耳を引っ張って散歩をしたという。

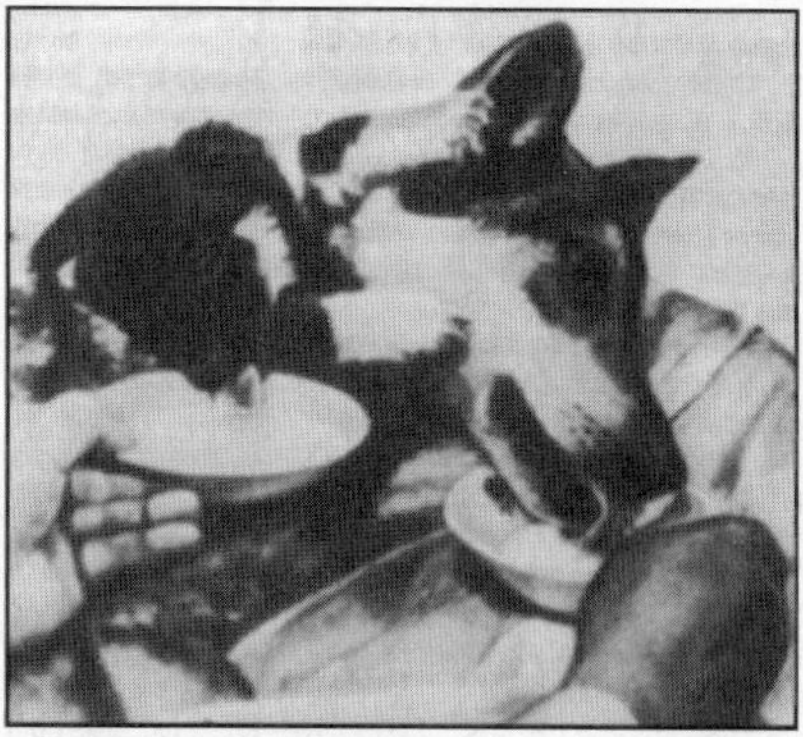
ミルクを味わう双頭のイヌ

さらにモズビーは、循環器は共有しているものの、2つの頭は別々の生活をしていたと伝えている。2匹は起きる時間も違えば、寝る時間も違った。子イヌは必要な栄養をすべて成犬から得ていたが、それでも自分で飲み食いをした。ただし、口に入ったものはすべて食道の端から毛をそられたピラトの首の上に滴り落ちたという。

この実験には何らかの医学的意味があったのだろうか？　評論家は否定的である。このイヌたちは宣伝のために利用されたというのだ。それでもデミコフは、これも外科技術に関する実験の一環であると主張した。デミコフの究極の目標は人間の心肺移植を可能にすることだった。実際、最初に人体の心肺移植を行ったのは別の医師クリスチャン・バーナードで、1967年のことだったが、デミコフは心肺移植への道を開いたとして、大いに評価されている。

さらにデミコフは、将来、移植用臓器バンクができると予想した。デミコフが「植物人間」と呼んでいた脳死状態の患者に余分に四肢を移植しておいて、必要になったら取り外して使うというのだ。こうして中古の手脚を売買する市場が誕生するはずだった。しかし致命的なことにデミコフは、組織拒絶反応の問題を過小評価していた。おかげで、近い将来、街に「デミコフ四肢臓器バンク」ができる心配はない。

Demikhov, V. P. (1962). *Experimental Transplantation of Vital Organs.* New York: Consultants Bureau.

目が覚めたら別の体に移植されていたサル

サルが目を覚ました。薬のせいで頭がぼんやりしていたが、それでも様子がおかしいことはわかった。動こうとしているのに動けないのだ。どうして手脚は反応しないのだろう？　怖くて逃げだしたいというのに。逃げるどころか、まっすぐ前を見据えることしかできない。ここはどこだろう？　まわりにいる人間たちは誰なんだ？　怒ったサルは人間たちの動きを目で追い、彼らを追い払おうとするが、サルにできることと言えば、歯をむきだして虚空《こくう》にかみつき、威嚇《いかく》するくらいだった。

ウラジミール・デミコフが双頭のイヌを作りだしたことを知ったアメリカの政治指導者たちは、これに対抗しなければならないと考えた。国家の威信にかけても、デミコフに肩を並べるだけでなく、さらに上を行くことをしなければならない。こうして冷戦の歴史のなかでも特にとっぴな一連の競争が始まった。外科版の軍拡競争《アームズレース》である。「ヘッドレース」と呼んだほうがふさわしいかもしれないが。

アメリカ側が用意した対抗馬はロバート・ホワイトだった。ハーバード大学出身の外科医であるホワイトは、1960年当時34歳で、野心に燃えていた。なんとか名声を得たいと考えていたホワイトにとって、同時に国家の役にも立てるとなれば、願ってもないことだった。そこで1961年、アメリカ政府の協力を得て、ホワイトはオハイオ州クリーブランドに脳研究センターを開設する。政府は何でもいいからデミコフを出し抜くよう、ホワイトに命じた。

批評家たちと同じく、ホワイトもデミコフのイヌの実験は、売名行為のように感じていた。だいたい子イヌの頭を成犬の首に縫いつけただけでは、真の頭部移植とは言えない。ホワイトが思い描いていた計画は、ずっと大胆だった。頭を切除した動物の体に、別の機能している頭を接合しようというのだ。こんな話はハリウッド映画やSF小説のなかにしか出てこないが、もし成功すれば本物の頭部移植と言える。

しかし実行に移す前に、脳の機能をより詳しく理解する必要があった。その研究と実験にホワイトは数年間費やすこととなる。

最初のステップは、体から切り離されても脳が生きていけるか確認することだった。1962年1月17日、ホワイトはこれが可能であることを証明した。彼はサルの脳を頭蓋骨《ずがいこつ》から取り出すと、スタンドにのせて外部から血液を供給した。その際、脳に血液を送り込む動脈を傷つけないようにしなければならず、この手術は単に頭蓋骨の上の部分を開いて灰白質を取り出すよりもずっと複雑だった。ホワイトは皮膚や神経、筋肉、軟骨といった頭部の組織をそぎ落とし、最終的に体と動脈だけでつながる頭蓋

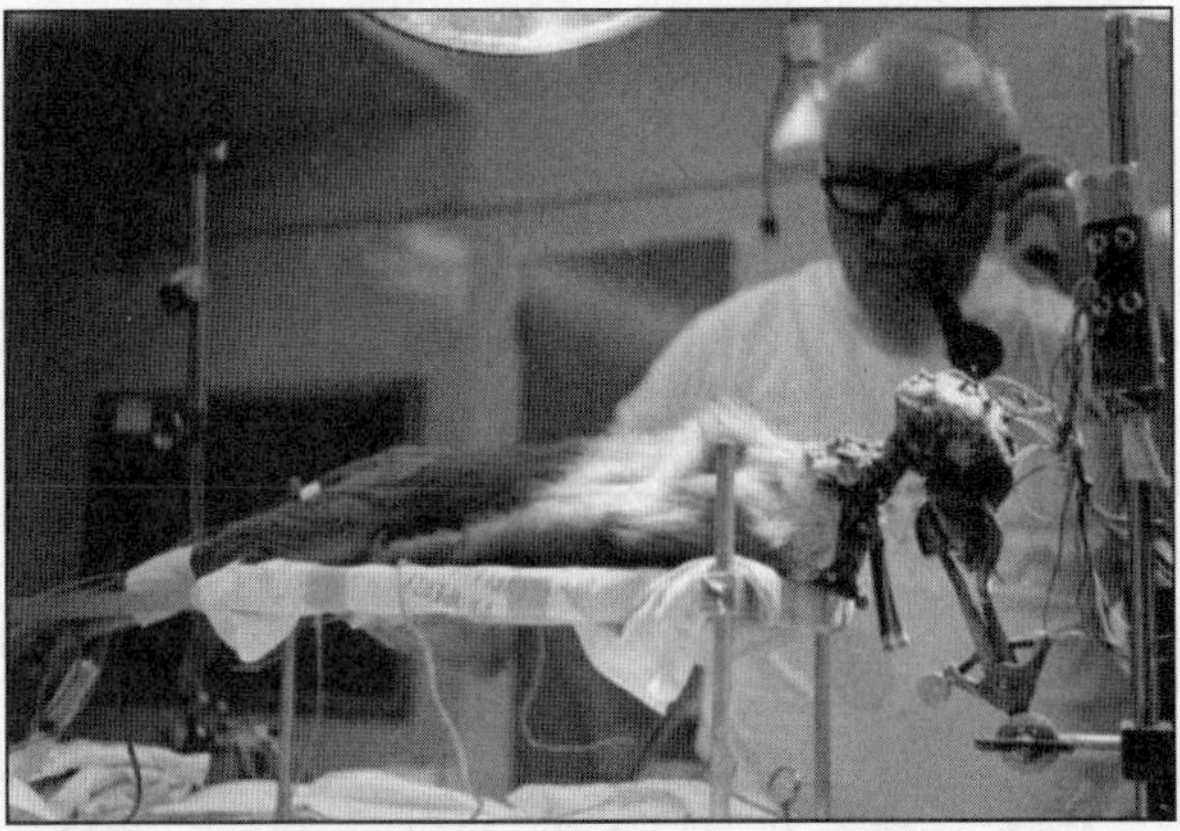

パイプで一服しながら、露出したサルの脳を観察するホワイト

骨だけを残すと、数時間かけて頭蓋骨を切開して脳を露出させた。生き物を扱うというよりも、ノミで木を彫るように、ホワイトはパイプを吹かし、世間話をしながら、この作業を進めていった。

灰色の組織の塊である脳はびくともせずにスタンドの上にのっていたが、脳波計の線が急上昇したり急降下したりしていた。それにより、サルが生きていて、何か考えていることがかろうじてわかった。約2時間後、予定していた作業を終えたホワイトは、血液供給のスイッチを止めた。その3分後に脳は死亡した。

次のステップは、別の生命体に移植された脳が生きつづけられるか確認することだった。ホワイトは1964年6月3日にこの目標を達成した。イヌの脳を摘出し、別のイヌの首の皮下に移植したのだ。脳はその場所で数日間生きつづけた。移植されたほうのイヌにとっては気の毒なことに、脳が2つに増えたところで賢くなるわけでもなく、目の上ならぬ頭の下のたんこぶのようなものだった。

ホワイトの研究計画の最後のステップは、頭全体の移植だった。準備にはさらに6年の歳月を要し、1970年3月14日にホワイトはこれを成し遂げた。彼は大勢の助手を動員して慎重に手術の段取りを指示すると、サルの頭を体から切断し、別の体に接合した。数時間後サルは目を覚まし、新たな現実に直面した。ホワイトは「口のなかにエサを入れるとそれをかんで飲み込もうとしたことから、サルが外部の環境を認識していたことは明らかだ。視野に入った人々や物体の動きを目で追っていた」と記している。ホワイトがサルの口のなかに指を入れたら、かみつかれたという。当然ながらサルはご機嫌斜めだったようだ。

目が覚めて別の体になっていたとしたら、相当あわてふためくことだろう。これほど困ることもめったにないに違いない。しかし、サルはもっとひどい経験をしていてもおかしくはなかった。頭を体と反対向きに接合されていたかもしれなかったのだ。ホワイトは、移植の際、寝かされている状態のサルには頭を逆向きにつけるほうがずっと楽だったが、それではサルがかわいそうなので、正しい向きに接合したと記している。まるで手術後のサルにとって、顔の向きが本当に重要だったかのように。

しかし、このサルは起き上がって歩きまわることも、木から木へ飛び移ることもできなかった。頭は新しい体を得たものの、脊髄《せきずい》が切断されたままだったため、手脚は麻痺《まひ》し、まったくその体をコントロールすることができなかった。要するに、新しい体は頭部に血液を送るためのポンプに過ぎなかったのだ。技術的な意味では素晴らしい手術だった。しかしサルにとっては、手術の影響で命を落とすまで1日半しかかからなかったのは、むしろ幸運だったかもしれない。

ホワイトは目標を達成したが、費用は自分で負担した。一般の人々は、ホワイトを国家の英雄と崇《あが》めるどころか、彼の研究を知って愕然《がくぜん》とした。提供される研究資金がなくなっても、ホワイトは簡単に引き下がる人間ではなかった。それどころか、現代のフランケンシュタイン役に徹していた。インタビューでもはばかることなく、映画『フランケンシュタイン』のファンであることを認めていたし、テレビの子供番組にフランケンシュタインの診療かばんを提げて登場したこともある。

そのうえ、自分の研究を次の段階、つまり人間の頭部移植まで発展させる必要性を訴え、公然とロビー活動を行った。ホワイトいわく、心臓を移植するのなら、いっそのこと体全体を取り替えるべきだというのだ。外科的には可能だった。四肢麻痺になりかけていた患者、クレイグ・ヴェトヴィッチが最初の頭部移植に名乗りを上げ、ホワイトは彼とともにあちこちでこの実験を提案したが、結局、実現には至らなかった。一般の人々が全身移植を受け入れる準備ができるのはまだまだ先だとホワイトも認めていたが、それでも「21世紀前半には、さまざまな部位を縫い合わせて完全な人体を作り上げるというフランケンシュタインの伝説が医療現場で現実のものとなるだろう」と予言している。もしホワイトが正しいのだとしたら、私たちもそろそろ頭を柔らかくしたほうがいいかもしれない。

White, R. J., et al. (1971) "Cephalic exchange transplantation in the monkey." *Surgery* 70 (1): 135-39.

第2章 「感覚」ほど信じられないものはない

1957年に作られたモートン・ヘイリグの「センソラマ」は、完全没入型仮想現実体験マシンの先駆けだった。ユーザーは振動する椅子《いす》に座り、3次元映像の映画を見る。扇風機の風が彼らの髪を揺らし、スピーカーからは道路を走っているような音が聞こえ、ユーザーのまわりには摘みたての草花のフレッシュな香りが吹きつけられた。これらはすべて、ユーザーがオートバイで田舎道を走っているような幻想を作りだすための装置である。われわれもこれから風変わりで、時にはドキッとするような感覚研究の世界への旅に出る。

これから触覚、味覚、嗅覚《きゅうかく》、視覚、聴覚の謎《なぞ》を念入りに調べた実験の数々を紹介したいと思う。たとえばセンソラマのように、これらの実験のごく一部は商業目的で行われたが、大半はより奥深い哲学的原理からインスピレーションを得ていた。この原理は13世紀の哲学者トマス・アクィナスの「まず感覚を経ずして頭脳に至るものなし」という逍遥学派《ペリパトス》的格言に集約されている。我々は感覚に基づいた経験を通して知識を得ている。したがって人間の知識を理解するには、まず感覚そのもの、および感覚がどのようにして私たちを取り巻く世界をゆがめたり、広げたりするかを理解する必要がある。

1　触覚

「くすぐったい」のは気のせい？

目隠しをした男性が、はだしのまま脚載せに片脚を固定された状態で、椅子に腰掛けている。その数センチ先にはロボットハンドがあり、ゴムホースでコントロール機につながっている。白衣を着た女性が彼の横に座り、感情のこもっていない声で「これから2回くすぐりますが、1回目は私が、2回目はこのくすぐり機がくすぐります」と説明しながら、ロボットハンドをちらっと見た。男性は了解し、うなずいた。

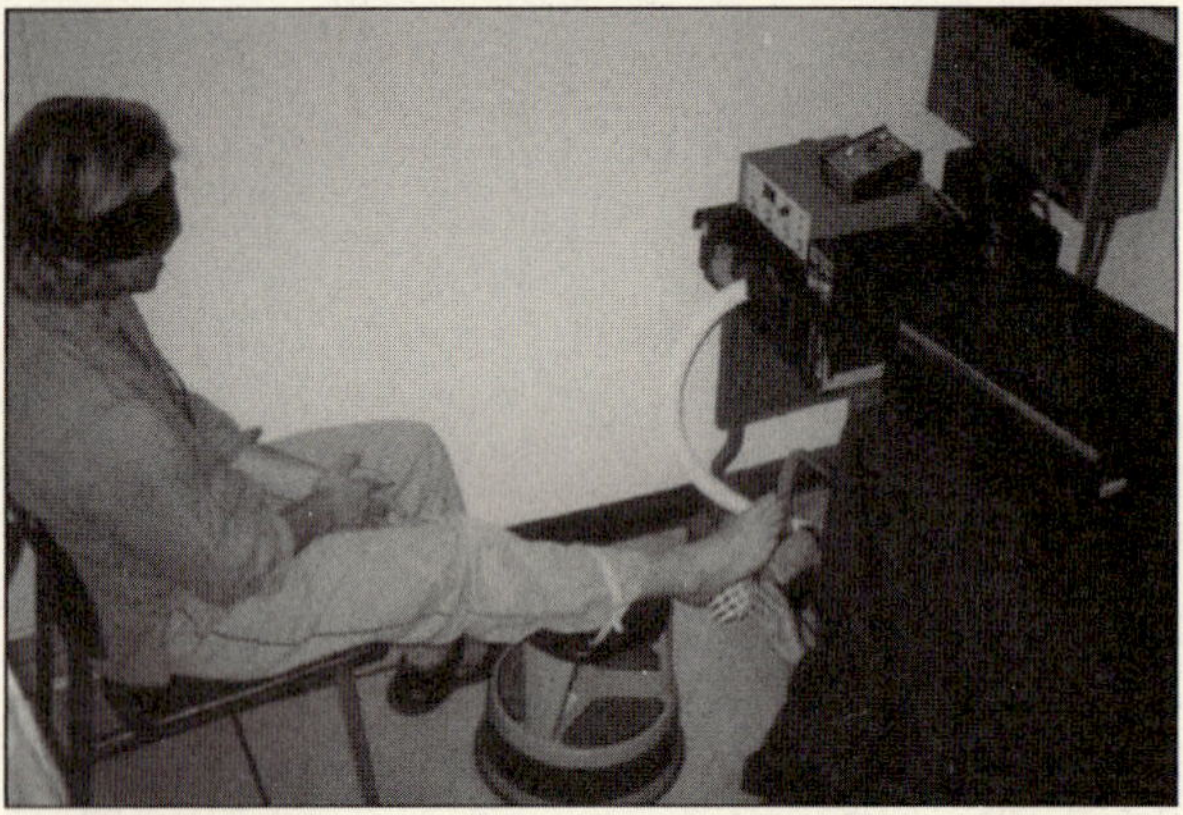

ロボットハンドにくすぐられている（と思っている）学生

これはくすぐりフェチの集まりではなく、カリフォルニア大学サンディエゴ校のクリスティーン・ハリス博士の研究室での様子である。１９９０年代後半、35人の学生がハリスの研究に協力し、はだしになってくすぐられるという拷問《ごうもん》に耐えた。これは大昔からある「どうして自分で自分をくすぐってもくすぐったくないのか」という疑問を解明するためだった。

この疑問に対してはすでに2つの説があったが、それらは互いに矛盾していた。ひとつ目の説は、くすぐるのは社会的行為であるため、自分以外の人間が触れないと反応が起こらないという「対人関係説」で、もうひとつの説は、くすぐったいと感じるのは、予測不可能なことや驚きなどに対する反射作用であるという「反射説」だ。2つ目の説を支持する人々は、自分でくすぐってもくすぐったくないのは、自分で自分を驚かすことができないからだと主張している。

ハリスはこれらの矛盾する2つの説を検証するために、くすぐり機による実験を企画した。もし対人関係説が正しいとすれば、機械にくすぐられても被験者は笑わないはずである。反対に、機械でくすぐられても被験者が笑うようなら、反射説が正しいことになる。

学生たちはハリスの研究室にやってきて、靴と靴下を脱ぎ、くすぐられるのを待った。目隠しをされた学生たちは椅子に腰掛け、最初は実験者（ハリス）に、次は機械にくすぐられ、各刺激に対する反応を、0（まったくくすぐったくない）から7（とてもくすぐったい）のレベルで評価した。

しかし何事も見かけどおりとはかぎらない。学生は気づいていなかったが、ハリスも機械も、学生をくすぐってはいなかったのだ。くすぐり機に至っては、人をくすぐる機能さえ備えておらず、スイッチを入れると大きな振動音を出すだけの舞台装置に過ぎなかった。学生たちを実際にくすぐっていたのは、布を掛けた机の下に隠れていた女性だったのだ。

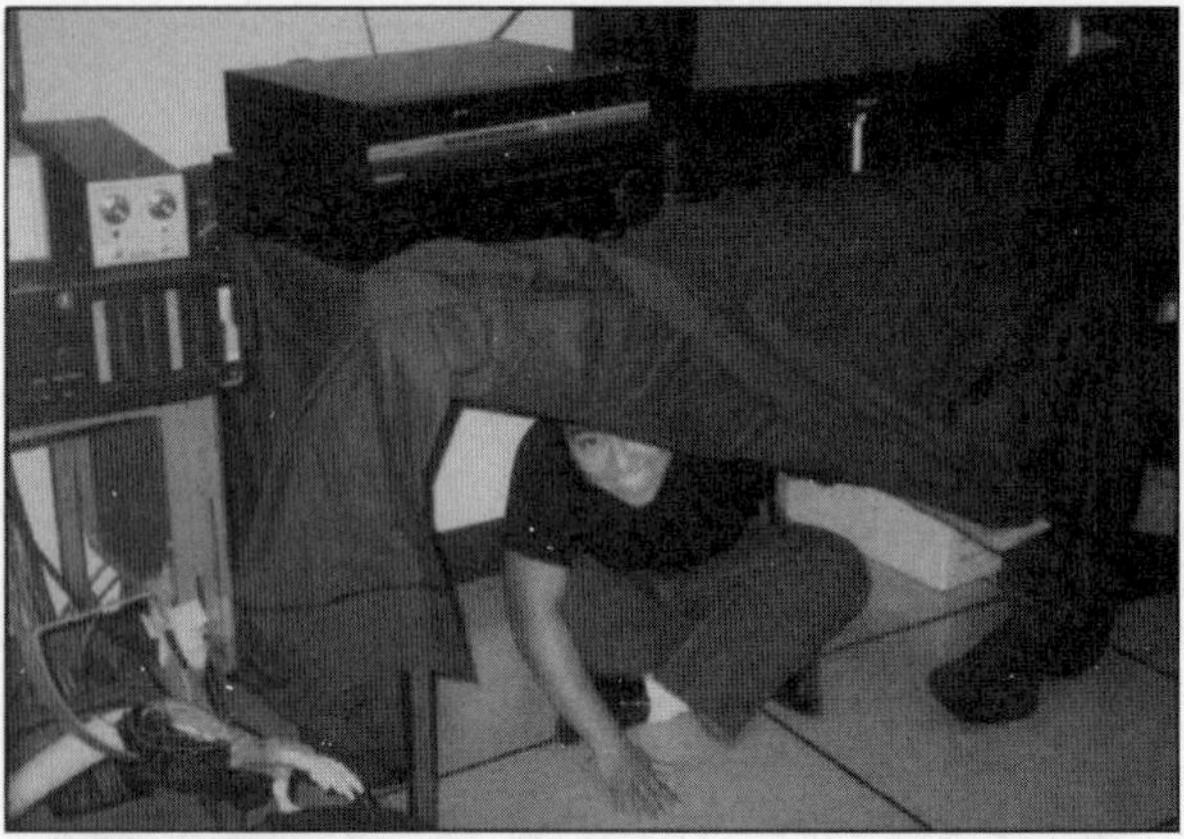

くすぐり機の正体

合図を確認すると、秘密のくすぐり屋（別名「研究助手」）はテーブルクロスをめくって腕を伸ばし、気づかれないように被験者の足をくすぐり、そのあとまた隠れ家に戻った。

一度、助手の髪がテーブルの天板の裏にひっかかり、それをなんとか外そうと四苦八苦したときには、さすがに被験者の学生も様子がおかしいことに気づいたが、そのとき以外はまんまと被験者をだますことができた。くすぐり屋は非常にうまく仕事をこなしたため、実験後の質問に対して多くの学生が、くすぐり機は「機械的な感触だったと答えた。さらに「機械は自然な感じではなく、温度も違っていて、ビロードのじゅうたんの上を歩いているみたいだった」と答えた学生もいた。

どうしてこのような巧妙な策略を用いたのだろうか？ ハリスは本当のくすぐり機を作ることだってできたはずだ。その証拠に、後年、イギリスの研究者サラ・ブレークモアが、本物のくすぐり機を使った実験を行っている。ただし、ブレークモアが研究していたのは皮膚の上を虫がはい回るような、こそばゆい感覚だったのに対し、ハリスは笑いを引き起こすような、刺激の強いくすぐったさを研究していた。ハリスは、ロボットがくすぐるのと人がくすぐるのとでは感触自体が異なる可能性があり、その違いが研究結果に影響を及ぼさないようにしたかったのだ。ハリスはただ被験者の学生たちに、機械がくすぐっているのだと信じ込ませれば十分だった。対人関係説が正しいとしたら、学生たちが機械にくすぐられていると思い込んでいれば、くすぐったさを感じないはずだからだ。

実験の結果、学生たちは機械にくすぐられていると信じているときも、人にくすぐられていると信じているときも、同じように笑った。それを確認したハリスは、反射説が正しいと結論づけた。彼女は「くすぐられたときの反応は、先天的な定型化した運動行為の一形態であり、恐らく反射に似たものだろう」と述べている。この情報はカクテルパーティーでの話題にもってこいだ。

ちなみにこの研究助手は今は役目を終了して、机の下から解放されたので安心してもらいたい。もっとも、ハリスの研究室を訪れる機会があったら、念のため机の下をのぞきたくなるかもしれないが。

Harris, C., & N. Christenfeld (1999). "Can a machine tickle?" *Psychonomic Bulletin & Review* 6(3): 504-10.

たくさんチップをもらうには「スキンシップ」が有効?

腕を伸ばして他人にさわったとしよう。指が相手の腕に軽く触れたとき、2人のあいだに電気が流れたような感じがする。相手の肌の感触や体の温かさがわかり、身近に感じる。しかし、内心は不安に思っている。あなたが触れたことに対して、相手はどう反応するだろうか。親しさの表現と解釈するだろうか? 恋愛感情があると思うだろうか? 心地よいと感じるだろうか? 馴《な》れなれしいと思うだろうか? それとも脅威を感じるだろうか?

サンフランシスコ大学の心理学教授コリン・シルバーソーンは、1972年に実験を行い、他人に触れることの威力と危険性を発見した。シルバーソーンはその実験で被験者たちに、一連の絵の美的価値に関する情報を集めるための研究だと説明した。しかし本当の目的は、研究者に触れられることによって、目にしたものの評価が上がるかどうかを確認することだった。

実験の途中で、絵を見せながらスライドプロジェクターの焦点を合わせるフリをして、シルバーソーンは各被験者の肩に3秒間手を置いた。ほとんどの被験者はさわられたことに気づいていないようだったが、さわられたときに見ていた絵を高く評価した。しかし例外の女性もいた。シルバーソーンが肩に触れたとき、この女性はかなり「動揺した様子を見せ」、実験を辞退したらしい。明らかに、他人にさわられることが嫌いな人もいるのだ。

しかしある状況下では、他人とのスキンシップがほとんどいつも好意的に受けとめられる。それはレストランにいるときだ。1984年、研究者のエイプリル・クラスコとクリストファー・ウェッツェルは、ミシシッピー州オックスフォードの2つのレストランで、ウエイトレスたちの協力を得て、スキンシップとチップの関係を調べた。ウエイトレスはお釣りを渡すときに、3つの「接触動作」のうちのひとつを行う。お金を渡しながら相手の手のひらにさわるか、相手の肩に手を置くか、まったくどこにもさわらないかのいずれかだ。そのほかの行動は全員まったく同じにした。

ウエイトレスは横または斜め後ろから客に近づき、親しみはこもっているが、きっぱりとした口調で、笑顔を見せずに「こちらがお釣りになります」と告げた。釣り銭を渡すときには約10度前傾し、接触動作の際には相手と目を合わせないこととした。

研究者たちは114人の食事客からデータを集めた。ほとんどが大学生で、誰も実験対象になっていることには気づいていなかった。実験の結果は、食事客の支払ったチップはウエイトレスが相手に触れなかったケースが最も少なく、肩に触れたケースではそれよりも18パーセント、ほんの一瞬手のひらにさわったケースでは、実に37パーセントも多かった。これはまさにスキンシップの報酬と言えるだろう。

別の研究者たちが追加実験を行い、クラスコとウェッツェルの研究結果が改めて立証された。これらの研究者は、チップに対して、スキンシップ以外の要素も同時に作用していないか検証した。たとえば1986年にノースカロライナ州グリーンズバラで行われた実験は、性別に着目した。男性と女性が一緒に食事をしている場合、ウエイトレスは男性に触れたほうがたくさんチップを稼げるのだろうか？　女性に触れたほうがよいのだろうか？　答えは女性だった。研究者たちは、女性であるウエイトレスが男性に触れると、連れの女性の反感を買うからだろうと推論した。しかしながら、まったく接触しない場合に比べると、男性に触れた場合でも、より多くのチップを得ることができた。

1992年にシカゴで行われた実験では、給仕の魅力の差も研究対象となった。チップの額が最高だったのは、非常に魅力的なウエイトレスが女性客に触れた場合で、チップの額が最低だった魅力的でないウエイターが誰にも触れなかった場合に比べて、平均41パーセントも多くチップを受け取っていた。研究者はこの実験に先立ち、食事客を対象としたアンケート調査で、各ウエイターとウエイトレスの魅力の度合いを測定していた。ただし、その結果がこの実験に反映されていることは、各ウエイターとウエイトレスには告げなかった。最も魅力的でないと評価されたウエイターやウエイトレスにそれを知らせるのは、いくら何でも残酷だろう。

最もたくさんチップをもらうための戦略は、人気の研究課題となった（次の助成金がもらえず研究資金に不自由するときに備える研究者のあいだで特に人気だったのかもしれないが）。実験者たちのたゆまぬ努力のおかげで、客に触れる以外にも、自己紹介したり、親しく接したり、腰を落としてオーダーを聞いたり、よくほほ笑むようにしたり、客の注文をすぐに復唱したり、髪に花を飾ったり（女性の場合）、伝票と一緒にジョークの書かれたカードやプレゼントのキャンディを渡したり（キャンディが多いほどチップも多かった）、伝票に「力を合わせよう」などの愛国的なメッセージやスマイリーのマークを書いたりすると、より多くのチップがもらえることがわかったが、何よりも重要な要素は、満月の晩もしくは晴天の日に働くことだった。１９９６年にアトランティック・シティーにある外の天候がまったく見えないカジノで行われた実験で、たとえ本当はどしゃぶりだろうと、客には外が晴れていると言ったほうが得だということが判明したのだ。

なお、研究者たちはあまり関心を示さなかったが、接客係の人たちには、迅速で心のこもったサービスも、チップを増やす手段のひとつだということを覚えておいてもらいたい。

Crusco, A. H., & C. G. Wetzel（1984）. "The Midas Touch: The Effects on Interpersonal Touch on Restaurant Tipping." *Personality and Social Psychology Bulletin* 10(4): 512-17.

2 味覚

ワインの専門家は赤く染めた白ワインを見抜けるか

ワイン鑑定士が赤ワインの入ったグラスを光にかざし、「深いマホガニーだ」とつぶやく。次にグラスを回し、液体がグラスの側面をつたって流れ落ちる様子を観察。今度はグラスから立ちのぼる香り《ブーケ》を深く吸い込む。「かすかにひきたてのコーヒーとスパイスと革とブラックカラントの香りがする」。鑑定士はやっとワインを口に含み、それを口のなかで転がすと、しばらく舌の上に残す。そして、ワインを味わい尽くしてから、のどに流し込む。

ワイングラスをテーブルに置くと、鑑定士はこう言ってワインをたたえた。「丸みがあるフルボディです。果実味が豊富で、クローブとカラメルの香りがします。フィニッシュも素晴らしい。極上のヴィンテージですね。恐らく1989年もののシャトーヌフでしょう」

ワイン鑑定を見るのはなかなかおもしろいが、ただテイスティングをするだけで、本当にワインの銘柄を正確に特定できるのだろうか？　もし当てられるという鑑定士がいたら、フレデリック・ブロシェの実験に参加させられないように祈ったほうがいいだろう。ブロシェはワイン鑑定士に恥をかかせる方法を心得ているからだ。

ブロシェはボルドー大学の認知神経科学者で、１９９８年に54人のワイン専門家を招き、テイスティングをした印象を書面で回答してもらった。まずブロシェは赤ワインと白ワインをひとつずつ出し、専門家たちはテイスティング結果をメモした。そのあと、ブロシェは別の赤ワインと白ワインを出し、また専門家たちはコメントを書いた。これら2つの赤ワインを表現する際、専門家たちは、肉付きがよい、深い、濃い、ブラックカラント、チェリー、フルーツ、ラズベリー、スパイスなどの言葉を、白ワインには、金色、花のような、色あせた、ドライ、アプリコット、レモン、はちみつ、藁《わら》のような、生き生きとしたなどの表現を駆使した。この2組の言葉は、それぞれ赤ワインと白ワインに特有の表現で、ワイン業界でよく使われている。

参加した専門家たちは、単なるワインのテイスティングだと思っていたが、本当の目的は、彼らが赤ワインと白ワインの違いを識別できるかどうか調べることにあった。

専門家たちには一切知らせていなかったが、２度目に出された赤ワインは、一緒に出された白ワインを赤く色づけしたものだった。ブロシェは白ワインに風味を損なわない食用色素を入れ、偽物《にせもの》の赤ワインを作ったのだ。もし専門家たちの舌が敏感で、正確にヴィンテージワインの銘柄を当てられるのなら、出された2杯のワインが同じものだと難なく気づくことだろう。たとえ片方に少しだけ食用色素が入っていたとしても。しかし、2組目のワインについて、どちらも似た味がすると書いた人もいなければ、この「赤ワイン」は白ワインのような味がすると指摘した人もいなかった。赤く色づけされた白ワインの描写はいずれも赤ワイン用の表現でなされており、専門家たちはまんまと一杯食わされたと言わざるを得ないだろう。

その後、追加実験が行われたが、またしても専門家の面目は丸つぶれだった。ブロシェは、まず普通のテーブルワインを、次にプレミアム・ヴィンテージワインを出すと専門家たちに説明した。

ブロシェはテーブルワインを見せ、専門家たちのグラスにつぐと自分も一口すすったが、間髪入れずに吐きだした。とても飲めた代物《しろもの》ではないらしい。そのあとで試飲した専門家たちは、ワインの印象を、複雑さに欠ける、バランスが悪い、軽い、水っぽい、揮発性などと記した。

次にブロシェはヴィンテージワインを見せ、ゆっくりと口に含むと、満足げに舌鼓《したつづみ》を打った。その後試飲した専門家たちは、複雑、バランスがよい、風味がよい、煙香がある、フレッシュな、木のような、素晴らしいと回答した。もうオチはおわかりだろう。またしても2つのワインは同じもので、ただのありふれたボルドーだったのだ。

　では、この実験だけでワイン専門家は皆大ぼら吹きだと言いきれるだろうか？　高級ワインと安物の違いもわからなければ、赤ワインと白ワインの区別もできないのだろうか？　ブロシェの実験からはそう解釈されがちだが、一概にそうとは言えない。

　ブロシェは専門家の鼻柱を折るために実験したのではなかった。ワイン好きで、フランス西部にあるアンペリデ・ワイナリーの創立者でもあるブロシェは、知覚的期待の力が証明されたと主張している。「被験者が実際に知覚するのは、それ以前に感じ取った感覚であり、それを撤回するのは容易ではない」とブロシェは言う。

　つまり、脳は味覚を個別の独立した刺激としてとらえてはいないということだ。むしろ視覚、聴覚、嗅覚、触覚、味覚のすべての感覚から得た情報を考慮して、味わうという経験を構築している。矛盾するようだが、最も重視されるのは視覚で、ブロシェによれば、人間はそのほかの感覚よりも約20倍、視覚からの情報に左右されやすいという。そのため、目がグラスのなかに赤ワインがあると認識すれば、脳は味蕾《みらい》からの情報よりも視覚情報に従ってしまう。予想したことが自分にとっての現実になるのだ。皮肉なことに、より訓練を積んだ専門家ほど赤く染めた白ワインのトリックに引っかかってしまう。これは、専門家は赤ワインならこういう味がするはずだと予想する習慣がついているため、先入観から逃れられないからだ。

では、パーティーで安いワインを豪華なボトルに入れて出したら、誰も安物だと気づかないだろうか？　きっとバレないだろうから、試してみるといい。だが、自分も同じトリックでだまされていないと断言できるだろうか？　偽ワイン事件は、味について客から苦情がきたからではなく、書類上の不正で発覚したケースがほとんどだとブロシェは指摘する。ちなみにあなたが大枚をはたいて買ったワインは、本当に金額に見合う味がしただろうか？

Brochet, F. (2001). “Chemical object representation in the field of consciousness.” Académie Amorim. 未発表原稿。https: //www. stat. ubc. ca/~bouchard/courses/stat302-sp2017-18//files/brochet.pdf で入手可能。

コカ・コーラ好きはペプシを見抜けるか

ワイン専門家が赤ワインと白ワインの区別ができないのも問題だが、コカ・コーラ好き、またはペプシ好きの友人たちはどうだろう。試しに彼らにコークもペプシも同じだと言ってみよう。糖分とカフェイン過多の友人は、間髪入れずにものすごい剣幕で反論するだろう。

このコーラの定説にあえて疑問を投げかけた向こう見ずな研究者は、ベイラー医科大学のリード・モンタギューだ。2005年にモンタギューは、ペプシ社が宣伝戦略として行ったペプシチャレンジのように、ブランド名を伏せてコカ・コーラとペプシを飲み比べる実験を行った。この実験には科学的手法を用い、さらに試験担当者にも正解を教えないダブル・ブラインド方式を採用した。参加者はコカ・コーラとペプシのどちらかが入ったコップを2つ渡され、両方を飲み比べてどちらがおいしいか答えた。結果は真っぷたつに分かれたが、参加者が事前に申告した好みのブランドと実験で選んだブランドは必ずしも一致しなかった。参加者たちは味の違いがわからなかったのだ。こんな結果を聞いたら、コカ・コーラ好きもペプシ好きもゾッとすることだろう。そして、科学実験やダブル・ブラインド実験の結果がどうであれ、自分は違いがわかると言い張るに違いない。

モンタギューがもう一歩踏み込んだ実験を行ったところ、コカ・コーラ愛飲者にとってさらに酷な結果が出た。参加者たちはコカ・コーラのラベルの貼《は》られたコップとラベルのないコップを渡されて飲み比べた結果、その約85パーセントがコカ・コーラのラベルが貼られているほうがおいしいと回答したのだが、この実験のポイントは、両方ともコカ・コーラだった点だ。どうやらコカ・コーラのラベルがあるほうが、ラベルがないよりもおいしく感じるらしい。次にモンタギューは、ペプシでもラベルのあるコップとないコップで実験をしたが、コカ・コーラのときのように好みが偏《かたよ》ることはなかった。つまり、コカ・コーラ社の宣伝部のほうが優れているということだろう。消費者は実際は同じコカ・コーラなのにもかかわらず、ラベルがあるほうがおいしいと思い込まされているのだから。モンタギューはこう言っている。

視覚的イメージと宣伝文句がコーラを消費する人々の神経系にうまく入り込み、これらの文化的メッセージが味覚を混乱させている可能性がある。

最後にモンタギューはMRI（磁気共鳴画像診断）を行い、被験者がコカ・コーラとペプシを飲むときの脳の様子を観察した。だが、飲むのは容易ではなかった。被験者は頭を固定され、どの方向にも2ミリ以上動かせなかったのだ。そこで、冷やしたプラスチックのチューブで飲み物を口に運んだ。

コカ・コーラを口に流し込む前に、モンタギューが被験者の前方に据えられた画面にコカ・コーラの缶の画像を一瞬映すと、被験者の脳はクリスマスツリーのように輝いた。しかし、色のついた光の画像を映したあとにコーラを飲ませたときや、ペプシの缶の画像を見せてからペプシを飲ませたときの脳の活動は、それよりずっと少なかった。つまりコカ・コーラの宣伝は、神経反応に大きな影響を及ぼしていたのである。

モンタギューの実験を解釈すると、少々不気味だが、宣伝は文字通り私たちの頭の神経細胞を配線し直し、あらゆるものの感じ方を変えてしまうとも言えるだろう。現実を認識するためのプログラムに手を加え、コカ・コーラとペプシというよく似た甘い炭酸飲料の味が異なると思わせることもできるのだ。したがって、ラベルを見るという経験から切り離すことができない以上、コカ・コーラ愛飲者やペプシ愛飲者が、コカ・コーラとペプシの味は違うと言った場合、彼らにとってそれは事実である。彼らの脳はそのように配線されているからだ。そして、ほかの人々がコカ・コーラとペプシの味は同じだと言った場合、彼らにとってはそれが事実なのである。まるで比較のできない世界に炭酸飲料好きと炭酸飲料嫌いの2種類の人間が住んでいて、常に意見がかみ合わず、言い争っているようなものだ。ちなみに彼らの一方は、他方よりも格段に虫歯に苦しむことが多い。

Montague, P. R., et al. (Oct. 14, 2004). "Neural Correlates of Behavioral Preference for Culturally Familiar Drinks." *Neuron* 44:379-87.

3　嗅覚

共同生活する女性の生理の周期がそろう?

宴会芸の一風変わった手品のように聞こえるかもしれないが、女性を何人か集めて4カ月ほど一緒に生活させると、まるで目に見えない力に導かれるように、彼女たちの月経周期がそろいはじめる。

古くから修道会の修道女の生理が同じタイミングで訪れるという話はあったが、科学者たちは、単なる言い伝えであり、真剣に研究する価値はないと見なしていた。しかしマーサ・マクリントックという女子学生の研究により、科学者たちも考えを改めざるを得なくなる。

1968年、大学2年と3年のあいだの夏休みに、マクリントックはメーン州にあるジャクソン研究所で行われた会議に出席した。参加していた科学者はほとんど男性で、彼らは空気中に発する外分泌物《がいぶんぴつぶつ》のフェロモンの影響で、同じ場所で飼育しているネズミの排卵のタイミングがそろってくる現象について話し合っていた。そこでマクリントックは、同じ現象が自分の大学の寮で人間のあいだでも起こっていると発言した。すると出席者たちは怪訝《けげん》そうな態度で、そんなとっぴな主張をするのであれば証拠を提示するべきだと諭した。

彼らは、そのようなことを証明するのは無理だと思ったのだろう。人間を研究するのは、檻《おり》に入れられたネズミを研究するのとはわけが違う。ところがマクリントックが通っていたウェルズリー大学は、ボストン郊外にある小さなリベラル・アーツ・カレッジ（訳注　人文・自然・社会科学を包括的に学ぶ少人数制の全寮制教養大学）で、学生は女子だけであり、人間版の檻のなかのネズミを観察するにはうってつけの環境だった。

3年生になったマクリントックは、135人の寮生全員から研究に協力するとの承諾を得た。彼女たちは1年に3回、生理の周期と誰と一番よく一緒にいたか、最近男性に会ったかを記録した。偶然ながら若かりし日のヒラリー・ローダム（のちにヒラリー・クリントンの名で知られるようになる）もマクリントックのクラスメートだった。クリントンは3年生のとき、ストーンデービス寮に住んでいたと言っているが、マクリントックはどの寮で実験を行ったのか公表していない。

同年度の終わりにデータを集計すると、結果が明らかになった。1年間一緒に暮らした女性たちは、「明らかに同期化が増した」。つまり、新年度の初めはバラバラだった彼女たちの生理の周期が、9カ月後にはほとんど同じ周期になっていたのだ。この現象が最もよく観察されたのは、仲のよい友人同士だった。これは人間でも生理の同期化が起こることを裏付ける、かなり有力な証拠と言えるだろう。

その後行われたレズビアンのカップルや一緒に暮らす母と娘に関する追加調査でも、マクリントックの発見した現象が確認された。しかし、マクリントックの研究は重要な疑問に答えていなかった。そもそも生理の同期化は、なぜ起こるのだろうか？

マクリントックは、ネズミと同じように原因は大気に舞うフェロモン（もっと簡単に言うと、ほかの女性の香り）だと推測していたが、実際にこれを証明したのは1998年のことだった。シカゴ大学の教授になっていたマクリントックは、9人の女性に頼んで汗採集パッドを8時間わきの下につけておいてもらい、その汗まみれのパッドで別の女性20人の鼻の下をふいた（彼女たちには何でふいたのかは知らせなかった）。その結果、マクリントックは後者のグループの月経周期が変わるかどうかは、パッドをつけていた女性が周期の初期だったか後期だったかに左右されることを発見した。そこでマクリントックは、汗のなかの化学的伝達物質（フェロモンなど）がほかの女性たちの月経周期に影響していると結論づけた。

この実験は、またさらに別の問題を提起した。もしフェロモンが人間生物学に影響を及ぼすなら、一体どう作用しているのだろう？　それまで知られていなかった第6の感覚によって、人間はフェロモンを感じ取っているという科学者もいた。そんなさなか、数年間にわたり人間の鼻のなかを観察しつづけた研究者、ルイ・モンティブロックとデイヴィッド・ベルリナーらは、この第6の感覚をつかさどる器官、鋤鼻器《じょびき》を発見したと発表した。もし彼らが正しいとすれば、鼻の1センチほど奥にあるこの小さい穴が、フェロモンを感知していることになる。ほかの動物に鋤鼻器があることはよく知られているが、人間にはないと思われていた。あまりにも小さかったため、解剖学者たちも見逃していたのだ。

この発見に触発された多くの起業家がフェロモン説に飛びつき、少量のフェロモンを含むとされるスプレーを売りだした。これを使えば、異性を引きつけられるというのだ。このスプレーの効果のほどは疑わしいが、いつの日か商店の棚にフェロモンを使った本物の商品が並ぶ可能性がないとも言いきれない。それに「マクリントック月経周期変更用香水」だって、手に入るようになるかもしれない。

McClintock, M. K. (1971). "Menstrual Synchrony and Suppression." *Nature* 229:244-45.

「お金を使いたくなる香水」が実在する？

飲み物を片手に、スロットマシンに25セントコインを放り込む。コインが落ちる音が耳に響く。当たりだ！　勢いよくアドレナリンが分泌される。それにしても、なんていい香りなんだ！

1991年、アラン・ハーシュ博士は、過去の調査で好ましいと評価された2つの香りを、ラスベガス・ヒルトン内のカジノの別々のエリアにふりまいた。いずれも香りの強さは、すぐに気づくが、きつすぎない程度にした。ハーシュは香りのしないエリアも残し、2つの香りは48時間持続するようにした。

すると驚くべき結果が出た。香りをつけた一方のエリアでは、前の週より45パーセントも多くのお金が使われたのだ。しかし香りをつけたもうひとつのエリアと無臭のエリアでは、特に売上に変化は見られなかった。どうやら一方の香りには、お金を使いたくなる効果があったようだ。

これらの香りにフェロモンは含まれていなかった。両方ともただの心地よい香りだ。どうして片方の香りだけが劇的にカジノの売上増加に影響し、もう一方は影響しなかったのか、ハーシュにはまったくわからなかった。彼は両方とも何らかの影響を及ぼすだろうと予想していた。理由がわからないにもかかわらず、全米のゲーム業界と小売業者はすぐにこれをかぎつけ、これほどおいしい儲《もう》け話はないと考えた。ちょっとよい香りをさせて、現金が転がり込むのを待っていればいいのだから。

ハーシュは売上を激増させたのが何の香りだったのか明らかにしなかったため、彼の研究の正否を検証できないとして、ライバルの研究者たちはハーシュを非難した。また、香りの技術が悪用され、人々が操られるようになるのを懸《け》念《ねん》した消費者団体も激しく抗議した。

1990年代前半以降、研究者たちは香りと売上の関係を調査しつづけているが、はっきりとした結果は出ていない。一部の研究では両者の関連性が認められたが、ほとんどの研究では一切認められなかった。マーケティングの専門家、ポーラ・フィッツジェラルド・ボーンとパム・ショールダー・エレンは、1999年に発表した論文のなかでハーシュの研究を検証し、「ある香りが小売店の客の行動に影響を及ぼすという主張に対する反証は、山のようにある」と述べて注意を促した。

しかし警告したところで、近年さらに盛り上がりつつある小売業者の香りへの情熱が冷める様子はない。一部の企業は自社を代表する香りまで開発している。たとえばサムスンは店頭をハネデュー・メロンの独特な芳香で満たし、ウェスティンホテルはロビーに「ホワイトティー」の香りをふりまいている。今度どこかの店に行って、バラやメロンやバニラやキュウリやラベンダーや柑橘《かんきつ》系の香りに気づいたら、店主があなたの財布の中身を狙《ねら》っていることを思いだそう。

Hirsch, A. R. (1995). "Effects of Ambient Odors on Slot-Machine Usage in a Las Vegas Casino." *Psychology and Marketing* 12 (7): 585-94.

チーズの香りと体臭がかぎ分けられない

この本を鼻に近づけてみよう。香りを発生させる化学物質を紙に染《し》み込ませてあるのだが、お気づきだろうか？　もしわからなかったら、紙をこすって、もっと香りを発生させてみよう。心地よい果物の香りがするはずだ。今度こそうまくいったのではないだろうか？

恐らく香りなどしないだろう。この本にはこすると香りが出る物質など含まれていないからだ。少なくとも私の知るかぎりでは……。それでも、においがすると言われたら、においを感じた、またはにおう気がした読者もいるだろう。

連想は人間の嗅覚に影響を及ぼす。1899年にワイオミング大学の化学教授エドウィン・スロッソンは、これを実演して見せた。学生の前で小瓶に入った蒸留水をコットンに染み込ませ、これはにおいの強い化学物質だと説明し、においを感じた時点で学生たちに手をあげるよう求めたところ、15秒後には最前列の学生のほとんどが、45秒後には学生の4分の3が手をあげた。

スロッソンはこの実験の情報をほとんど提供しなかったため、逸話の域を出なかったが、1977年6月12日の夕方、イギリスで深夜に放送されていたニュース番組『リポーツ・エクストラ』の視聴者は、期せずして同じ現象をより詳しく証明することとなった。

マンチェスターで放送されたこの番組は、感覚の化学的側面を取り上げていた。番組の後半では、大きな円錐形《えんすいけい》の物体を見せた。その頂点からは針金が何本か突き出している。説明によれば、この円錐はラマン分光法という新たな技術を搭載しており、この装置を使えば、テレビ局はスタジオから視聴者のいるお茶の間へ、電波に乗せて直接香りを届けられるのだという。

この円錐には「一般によく知られているにおいの成分」が入っており、「田園地帯特有の、肥料のにおいではなく心地よい香り」を発する。このにおいは23時間、円錐のなかに蓄積され、センサーでにおいの分子の振動数を記録し、この振動を電波に乗せて送信する。視聴者の脳は、この振動をにおいと解釈する——というのが、このにおいの出るテレビの仕組みらしい。

テレビ局は数秒後ににおいの放送実験を開始すると発表し、視聴者に何らかのにおいを感じたら報告してくれるように頼んだ。「3、2、1……」。画面は電波の波形を表示するオシロスコープの映像に変わり、チューニング中の音が流れた。においが送信されたのだ。

それから24時間のあいだに、テレビ局に179件の報告があった。最も多かったのは、干し草や牧草のにおいがしたという人たちで、そのほかにはラベンダーやリンゴなどの花や果物、ジャガイモの香りといった声が寄せられた。なかには、自家製パンのにおいで居間がいっぱいになったという意見もあった。また、最初にわざわざ断ったにもかかわらず、肥料のにおいがしたと報告した人も数人いた。さらには放送のせいで干し草アレルギーの重い症状が現れたと苦情を言ってきた人も2人おり、何のにおいもしなかったと報告してきたのは16人だけだった。

これはどう解釈したらよいのだろう？　少なくともテレビ局が知るかぎり、実際にはにおいのビームなど出してはいなかった。もっとも、未知のメカニズムによって偶然、電波が出ていたというなら話は別だが。この放送は、ブリストル大学の心理学講師マイケル・オマーオマーオニー（現在はカリフォルニア大学デービス校勤務）が考えた実験だった。オマーオニーはウソをついていた人も何人かいた可能性があるとしたが、それでも半数以上が真実を述べていたとすれば、実験結果から、連想の力を証明することに成功したと言える。連想には、人々に存在しないにおいを想像させる、またはそれまで気づいていなかった自分たちのまわりのにおいに注目させる効果があるとオマーオニーは推論した。

最近の研究では、連想は私たちが感じるにおいそのものだけでなく、においに対する反応にも影響することがわかった。２００５年、オックスフォード大学の研究者たちは被験者たちに、「チェダー・チーズ」と書かれたにおいと、「体臭」と書かれたにおいをかいでもらった。予想通り、被験者たちは体臭と書かれたにおいのほうがずっと不快だと回答したが、実のところこの2つは、ラベルが違うだけで同じにおいだった。次のカクテルパーティーで、特ににおいのきついチーズがあったら、この実験の話を思いだしてみよう。

O'Mahony, M. (1978). "Smell illusions and suggestion: Reports of smells contingent on tones played on television and radio." *Chemical Senses and Flavour* 3(2): 183-89.

4 視覚

目に見えないゴリラ

皆さんは、きっとこれは集中力のテストだと思うだろう。確かにある意味では集中力のテストとも言える。研究者たちは、白い服を着たチームと黒い服を着たチームがバスケットボールをしているビデオを見せるので、白い服のチームが何回ボールをパスするか数えてほしいと言う。

ビデオが始まる。両チームのメンバーが上下左右に機敏に動きまわり、彼らの動きを追うのはなかなか大変だ。それでもなんとかこなせそうだ。あなたは1回、2回、3回……とパスの回数を数える。

約1分後、研究者はビデオを止める。あなたが「15回でした」と告げると、研究者は意外な質問をした。「ゴリラには気づきましたか?」

「はっ?」とあなたは首をかしげる。ゴリラと言われても……。研究者は「画面中央まで歩いてきて、何度か胸をたたいて、画面の外に出ていったゴリラのことですよ」と言う。あなたはいぶかしげに相手を見つめる。ビデオにゴリラなど出てこなかったのに……。ところが、研究者がビデオを再生すると、確かに半分くらい過ぎたところで、ゴリラの着ぐるみを着た人がバスケットボールをする人々のあいだをうろうろして、胸をたたいている。一体全体、どうしてこれを見逃してしまったのだろう?

もし同じようなテストを受けてゴリラを見逃してしまっても、驚くことはない。初めてこのテストを受けた人々のうち、平均50パーセントが見落とすのだ。一方で、細かい指示を受けずに、ただビデオを見るように言われた場合は、たいていほとんどの人がゴリラに気づく。

研究者ダニエル・シモンズとクリストファー・チャブリスは、1998年にこのゴリラの実験を行った。これほど多くの人々が毛むくじゃらのゴリラに気づかなかったのは、非注意性盲目と呼ばれる視覚現象によるものだと2人は説明している。私たちの脳が同時に注目できる情報量はわずかで、そのほかのものは無視してしまう。たとえそれを見つめていても、文字通り見えなくなってしまうのだ。そのためゴリラの着ぐるみを着た女性など、予想外のものが登場しても見落としてしまうのである。

混雑した映画館で空いた席を探しているときに、友だちがあなたに向かって手を振っても気づかないのは、このためだ。パイロットは、フロントガラスに映しだされた計器の表示に集中するあまり、思いがけず滑走路に進入した別の飛行機を見落としてしまうこともある。長いあいだ幻の猿人ビッグフットが発見されずにいるのも、このためかもしれない。シモンズとチャブリスが言うように、期せずして「自分たちのあいだにゴリラが交ざっていても」なかなか気づかないのだ。

ちなみに黒い服のチームのパスの回数を数えるように言われた人たちは、白い服のチームをチェックしていた人たちよりもずっと多い、83パーセントがゴリラに気づいた。恐らくこれは、白い服のプレーヤーを追っていた被験者は、黒いゴリラも含めて黒いものはすべて無視していたからだと思われる。もし乱入したのがゴリラではなく、白いスーツを着た俳優のリカルド・モンタルバンだったら、黒い服のチームを追っていた被験者は彼に気づかず、モンタルバン主演のテレビドラマ『ファンタジー・アイ

ゴリラを探せ！　写真提供はダニエル・シモンズ。この映像はViscog Productions（www.viscog.com）が発売したDVDに収録されている

ランド』の世界に誘《いざな》ってもらうチャンスを逸していたことだろう。

シモンズとチャブリスが解明した目の錯覚は、実験室という人工的な環境においてだけ起こる現象なのかもしれない。実生活で視界にゴリラが現れれば、間違いなく気づくだろう。ところが1990年代半ばに、シモンズが別の研究者ダニエル・レビンと行った実験によると、あながちそうとも言いきれないようだ。

研究者の1人がコーネル大学のキャンパスで観光客を装《よそお》い、無作為に歩行者に近づいては、「オリン図書館はどこですか？」と地図を指し示しながら尋ねた。この研究者が歩行者と少し話したところで、突然ドアを抱えた作業員が強引に2人のあいだを通り過ぎる。そしてまた2人は会話を再開するが、何かが変わっていた。実はドアを運んでいた作業員の1人も研究者で、気づかれないように観光客を装った研究者と入れ替わり、まるで最初

からずっとそこにいたかのように歩行者との会話を続けたのだ。

2人の研究者はほぼ同じ年齢だったが、服装は違った。驚いたことに、研究者が会話をさえぎって、「1分前にドアが通ったとき、何か変わったことに気づきませんでしたか？」と尋ねるまで、半分以上の被験者（15人中8人）が、別の人物と話していることに気づかなかった。彼らの多くは「ええ、あの作業員はずいぶん態度が悪かったですね」と答え、研究者が「最初に道を聞いたのは私ではなかったのですが、気づきませんでしたか？」と尋ねると、彼らはきょとんとするばかりだった。

見えないゴリラの実験同様、人が入れ替わる実験でも、思いがけず付随的なものが変化すると、それを見逃しがちであることが証明された。この現象は「変化の見落とし」または「変化盲」と呼ばれている。これを知ると少し不安になる。私たちは自分たちを取り巻く世界をどれくらい見落としているのだろう？　これから大学構内で道を聞かれたら、相手を信じられるだろうか？

もちろん本で読むよりも自分で経験したほうが、より強く実感できるだろう。シモンズのホームページ（http://www.dansimons.com）で、今紹介した研究のビデオが見られる。しかし、このホームページもよく見ていないと、いつのまにか何かが変わっているかもしれない。

Simons, D. J., & C. F. Chabris (1999). "Gorillas in our midst: Sustained inattentional blindness for dynamic events." *Perception* 28:1059-74.

ネコの視覚を解析する

若い男性が映画のスクリーンを凝視している。体は拘束服で椅子《いす》に固定され、目は小さな留め金でこじ開けられている。男性はまばたきもできず、次から次へとスクリーンに映しだされる暴力シーンを見つづけるほかない。

スタンリー・キューブリック監督のファンなら、これは映画『時計じかけのオレンジ』のワンシーンだと気づくだろう。主人公のアレックス・デラージはルドヴィコ療法と呼ばれる嫌悪《けんお》療法（訳注　不適切な行動をとったときに嫌悪感をもよおす刺激を与えて抑制する療法）の被験者になる。これは手に負えない凶悪犯だったアレックスを、非暴力的で生産的な社会の一員に変えるための治療だった。この治療によってアレックスは、暴力のことを考えただけで吐き気がする体にされるが、これが悲劇的な結果を招くことになる。釈放されたアレックスは、大勢の敵から復讐《ふくしゅう》されるが、自分の身を守れないほど無力にされてしまったのだ。

『時計じかけのオレンジ』が公開されてから21年後、カリフォルニア大学の研究室で奇妙なほどこれとよく似た場面が見られた。ただひとつの大きな違いは、アレックス役を務めたのが大人のネコだったことだ。

神経生物学准《じゅん》教授ヤン・ダン博士率いる研究者たちは、睡眠麻酔薬ペントタールナトリウムで麻酔をかけ、筋弛《きんし》緩剤《かんざい》ノーキュロンで化学的にネコを麻痺《まひ》させると、手術台にしっかり固定した。そして、白目の部分に金属の棒をのりづけし、無理やりスクリーンを見させた。そこに次々に映しだされたのは暴力シーンではなく、揺らめく木々やタートルネックのシャツを着た男性の映像だった。

とはいえ、ネコに『時計じかけのオレンジ』のような嫌悪療法を施していたわけではない。これは、ほかの生物の脳に入り込み、直接その目を通して見るという驚くべき試みだった。ネコの脳のなかにある、視覚情報を処理する外側膝状体核《がいそくしつじょうたいかく》と呼ばれる細胞の小さな塊に繊維電極を差し込み、この電極で細胞の電気的活動を計測。その情報を近くのコンピュータに送信して、ソフトウェアで解読し、視覚映像に変換するのだ。

ネコに8つの異なる短い映画を見せ、研究者たちがネコの脳から映像を抽出した。この映像はぼやけていたが、ネコに見せた映画のシーンであることはすぐにわかった。

木々やタートルネックの男性が映っていたのだ。研究者たちは、より多くの脳細胞の活動を計測することによって、将来画質は向上するだろうと言っている。

この実験は純粋に科学的な動機によるもので、科学者たちは「感覚過程における神経回路の機能」を理解しようとしていた。しかしこの技術には、目を見張るほどの商業的価値がある。想像してみてほしい。自分のうちのネコが真夜中の散歩で何を目にしているのか、全部見られるようになるのだ。アメリカンフットボールのチャンピオンを決める一戦、スーパーボウルでも、選手のヘルメットにカメラを取り付ける代わりに、目をカメラとして使えるようになる。それに、もうカメラは持ち歩かず、まばたきして目で写真を撮るというのはどうだろう。旅行先でもきっと重宝するはずだ。飲み過ぎさえしなければ。

Dan, Y., et al.（1999）. "Reconstruction of Natural Scenes from Ensemble Responses in the Lateral Geniculate Nucleus." *Journal of Neuroscience* 19（18）: 8036-42.

5 聴覚

モーツァルトを聴くと知能が上がる?

モーツァルトが活動の場を広げている。クラシック音楽マニアのほこりをかぶったステレオにとどまらず、今や赤ん坊の泣き声や子供番組『テレタビーズ』の甲高い声をかき消すように、近所の託児所でもモーツァルトの音楽が流れ、ハイテク玩具《おもちゃ》やベビーベッドの上に吊《つ》るされたモビールからも聞こえてくるようになった。どうしてモーツァルトは5歳未満の子どもたちから人気を博するようになったのか? その答えは、カリフォルニア大学アーバイン校のフランシス・ラウシャー、ゴードン・ショウ、キャサリン・キーが行った実験から、驚異的な結果が判明した1993年までさかのぼる。

この実験では、36人の大学生が各自3つの条件の下で空間的課題を行った。たとえば、折りたたんだ紙にさまざまな切り込みを入れ、それを開いたときにどんな形になるかを想像するなどの課題だ。新しい課題に着手する前に、被験者は毎回10分間、異なる「リスニング環境」を経験した。最初の課題の前にはモーツァルトの『2台のピアノのためのソナタニ長調（K．448）』を、2つ目の課題の前には血圧を下げる効果のあるリラクセーション・テープを聴き、3つ目の課題の前には何も聴かなかった。その結果には、はっきりとした傾向が表れていた。被験者たちは、モーツァルトを聴いたあとに最高得点を上げたのだ。実際、結果は劇的に向上しており、「モーツァルトを聴いたあとの被験者たちの知能指数は、ほかの2つの条件のときよりも8～9ポイント高くなった」という。

この意味を考えてみよう。効果は一時的で、15分後には元に戻ってしまったとはいえ、ただモーツァルトを聴いただけで、知能指数が10ポイント近く跳ね上がるのだ。これほど簡単に短期間で賢くなる方法はほかにないだろう。この結果は世間の注目を集め、まもなくさまざまな状況下で、今で言う「モーツァルト効果」が試されるようになった。

テキサス大学の科学者たちは、高校生たちが受験勉強中にモーツァルトをかけ、それに全身の振動触覚刺激を合わせると効果が増幅するか調べた……が、そのようなことは起こらなかった。テキサスの刑務所では、講習中、囚人たちにモーツァルトの音楽を聴かせた。ラウシャーは追加実験を行い、モーツァルトの音楽を聴いたネズミは、迷路を解くのが早くなると発表した。韓国の園芸家は、バラ園でモーツァルトをかけていたところ、次のシーズンには非常に多くのバラが咲いたと報告。一方、フィンランドの研究者たちは、モーツァルト効果でサルの記憶力が高まるか調べたところ、彼らの予想に反して、マイナスの影響を与えていた。どうやら人類の親戚《しんせき》である類人猿は、クラシック音楽のファンではないようだ。

科学者たちはさらにほかの作曲家についても調べた。初期の研究者たちは、モーツァルトの曲の複雑さが大脳皮質の神経細胞に何らかの刺激を与えるという理論を展開し、「モーツァルトを選んだのは、彼が４歳から作曲を始めたため、大脳皮質内での時空的発火パターンに関する先天的能力を活用していたのではないかと考えたからだ」と説明している。そして、モーツァルト以外の「複雑な」音楽家、たとえばシューベルトやメンデルスゾーン、さらになんとギリシャの現代音楽家でキーボード・シンセサイザー奏者のヤニーにも、モーツァルトと同様の能力向上効果があることを発見した。なお、フィリップ・グラス、パール・ジャム、アリス・イン・チェインズらの現代のポップスやロックミュージックに大きな影響を与えた音楽は、複雑ではなく能力向上効果もないとされた。

一般の人々がこの現象に興味を持つようになったのは、モーツァルトの音楽を短時間でも聴かせれば、幼児の知能を向上させられるという噂《うわさ》が広まってからだった。子どもを神童にしたいと願う野心的な親たちは、すぐにモーツァルトに夢中になった。赤ちゃん向けのモーツァルトのCDがヒットチャートのトップに躍り出て、託児所でもモーツァルトのメロディーが流れるようになる。ジョージア州知事だったツェル・ミラーは州内で生まれた新生児全員にモーツァルトのCDを配るように命じ、フロリダ州では州立の保育所でクラシック音楽をかけることを義務づける法律が制定された。興味深いのは、モーツァルトの音楽と幼児の能力向上との関係を証明した研究など、どこにもなかったことだ。最もこれに近いのは、またしても前出のラウシャーが1997年に行った実験で、ピアノを習うと未就学児の空間的推論能力が向上することを示していた。しかしもちろん、ピアノの演奏を覚えるのは、ただCDを聴くのとはわけが違う。

モーツァルト効果が大勢の人々の関心を集めるようになると、科学者たちもこの現象を詳しく調査するようになった。この時点から同理論は転落の一途をたどることとなる。1993年の実験を再現しても同じ結果が得られなかったと、多くの研究者が報告した。これを受けてカリフォルニア大学アーバイン校の研究チームは、モーツァルトの音楽の影響が見られたのは、折りたたんだ紙に切り込みを入れて開いたときの形を予想するなどの時空間的能力に対してであって、あらゆる分野の知能指数に影響を及ぼすわけではないことを明確にした。つまり無数の親たちが知らず知らずのうちに、子どもをスクラップブック作りの名人に育てようとしていたわけだ。しかし、対象をこれだけ絞ったにもかかわらず、同じ結果が出ないという報告は続いた。

1999年と2000年に2人の研究者、（前述の見えないゴリラの実験のときに登場した）クリストファー・チャブリスと、ロイス・ヘトランドがそれぞれモーツァルト効果の全データを分析したところ、2人とも、確かに一時的な効果はあるようだが、取るに足らないものだとの結論に至った。さらにヘトランドはこう言って、子どもへの影響をはっきり否定している。

音楽に成人の時空間的能力を一時的に高める効果があるからといって、子どもたちにクラシック音楽を聴かせれば知能が高まったり、学業成績が上がったりするわけではなく、時空間的能力ですら、長期的に見れば向上するとは言えない。

否定的な研究結果が科学的信憑性《しんぴょうせい》に水を差したものの、大衆市場におけるモーツァルト効果の人気は陰りを見せなかった。広がりつづける自己啓発業界は、本やCD、ホームページ、そして無数の赤ちゃん向けおもちゃを通して、モーツァルトの恩恵の売り込みを続けている。「The Mozart Effect（モーツァルト効果）」という言葉を商標登録した、ある起業家に至っては、モーツァルトの音楽には医学的効果まであると主張している。モーツァルトの音楽をハミングしていたら、目の裏にあった血の塊が消えたというのだ。これを聞いたら、モーツァルト本人もさぞや当惑することだろう。

Rauscher, F. H., G. L. Shaw, & K. N. Ky（1993）. "Music and Spatial Task Performance." *Nature* 365:611.

パーティーで客が声を張り上げるのはいつ？

パーティー会場で、飲み物をこぼさないようにグラスを握りしめ、「え、今何て言ったの？」と聞きながら、あなたは話し相手のほうに身を乗りだす。相手は「彼女が彼をどう思っているか、まったくわからないって言ったの」と答えるが、あなたはさらに相手に近づきながら、「ごめん、もう一度聞いていい？」とまた尋ねる。どんどん招待客がやってきて、人々の話し声が耳障《みみざわ》りなほどの音量になり、そのうち誰の声も聞こえなくなる。『彼女が彼をどう思っているか、まったくわからない』って言ったのよ！」

1959年1月、ウィリアム・マクリーンが音響学の学術誌「*Journal of the Acoustical Society of America*」に発表した論文のなかで、カクテルパーティーの参加者が増えると、急に静けさが去り、騒がしくなる瞬間があると論じた。招待客がグループにまとまり、雑音にかき消されないように声を張り上げはじめるのが、この瞬間だ。マクリーンは、この現象が起こるタイミングを正確に予測する、上記のような公式を考案した。

$$N < N_o = K\left[1 + \frac{(aV/4\pi h) + d_o^2}{d_o^2 S_m^2}\right]$$

この公式のNはパーティーの参加者数、Kは各会話のグループの人数、aは部屋の吸音係数、Vは部屋の大きさ、hは「室内を通る音線を適切に加重した平均自由行程（訳注　粒子が妨害されずに進むことのできる平均距離）」、d_oは話者同士の習慣的最短距離、S_mは会話を理解するうえで必要となる信号対雑音比の最低値を表している。パーティーがうるさくなりすぎない参加者数を計算するには、ただ単にN_oの値を求めるだけでいいのだ。

音響学者たちは、マクリーンの仮説を確認せずにはいられなかった。1959年には引きつづきカナダ国家研究会議建物研究部門の研究者たちが、カクテルパーティー会場のあちこちで、音響装置を片手にマクリーンの理論の正否を証明する実験的証拠の採集にあたった。

研究者たちは、この研究の性質上、彼らがモニターした一部のパーティーは選択ミスだと思われるかもしれないと認めている。たとえば「職業柄、静かにふるまうことに慣れている」図書館職員ばかりが参加したパーティーでデータを集めたのは、研究の趣旨に反しているように思われるかもしれないが、研究者たちによれば、図書館職員といえども、普段はとてもにぎやかな人たちなのだという。

マクリーンの理論は、「臨界点では突然15デシベル変化する」と予測しているが、実験では証明されなかった。むしろ騒音レベルは一定の割合で増加し、突然変化するポイントはなかった。マクリーンの方程式は、爆笑する招待客の声や、各人の声量の差などの要素を考慮していないと、カナダ国家研究会議の研究者たちは指摘した。

当然ながらこの一連の研究は、招待客はマナーがよく、鳴り響く音楽に対抗して声を張り上げなくてもよい状況を想定して行われた。大学生のパーティーなどのように、ガンガン音楽をかけるパーティーについては、チャールズ・レボ、ケンウォード・オリファント、ジョン・ギャレットが行った研究のほうが参考になるだろう。1960年代、この3人の博士たちは「サンフランシスコのベイエリアにある、いわゆるヒッピーを多く含む、ティーンエイジャーや若い成人ばかりが訪れる標準的なロックコンサート会場」の音響レベルを測定し、ロックミュージックによる音響外傷（訳注　瞬間あるいは短時間に聞いた大きな音のために急に発生する難聴）を調査したところ、一般に安全とされる音響レベルをはるかに超えていることを発見した。そこで3人は、ヒッピーたちに次のように呼びかけた。

> 安全なレベルまで音量を下げれば、観客および演奏者が耳に障害を負う危険性を減らすことができます。また、私たちの意見としては、音量を下げても楽曲の質を損なうことはないでしょう。

実際にヒッピーたちもこの警告に耳を傾けていたのかもしれないが、音楽がうるさすぎて博士たちが何を言っていたのかは聞き取れなかったようだ。

Legget, R. F., & T. D. Northwood（1960）. "Noise Surveys of Cocktail Parties." *Journal of the Acoustical Society of America* 32(1): 16-18.

第3章　記憶の話

何千年も昔から人類は、この章のテーマである記憶に取りつかれ、記憶を増やしたり、消し去ったり、忘れないようにしたりする方法を研究しつづけてきた。16世紀には、イタリアの発明家ジュリオ・カミッロが、記憶の劇場を設計したと発表した。記憶劇場では、あらゆる知識を丸ごと暗記できるというのだ。記憶劇場は物理的構造物だったと思われるが、カミッロがこれを実際に建設したのか、机上の空論に終わったのかはわかっていない。この劇場内で、学者は棚状の板の列の前に立つ。それらの板には謎《なぞ》めいた記号が書かれていて、それぞれの記号が各種の知識を象徴していた。これらの記号の場所と意味を覚えることで、どういうわけか魔法のように大量の情報が学者の脳に流れ込むとカミッロは主張した。言うまでもないが、これが機能したという証拠はない。

現代ではハリウッド映画のなかで、同じくらい空想的な記憶変換技術が描かれている。たとえば映画『メン・イン・ブラック』シリーズに登場する政府のエージェントは、ニューラライザーと呼ばれる装置を持ち歩き、その光を見た人の記憶を消してしまう。またアーノルド・シュワルツェネッガー主演の映画『トータル・リコール』には、偽《にせ》の記憶を移植して、人々が想像上の冒険を楽しめるリコール・マシンと呼ばれる記憶装置が登場する。現実世界の科学者たちは、芸術家たちが夢見たような記憶全体をコントロールする装置をまだ生みだしてはいないが、挑戦していないわけではない。

電気刺激で失われた記憶はよみがえるか

ワイルダー・ペンフィールドが、あなたの頭のなかをのぞいている。文字通り頭に穴を開けているのだ。あなたは手術室に寝かされ、頭のてっぺんは切り開かれて脳が露出している。それでもあなたは意識があって、もし天井に鏡がついていたら、このカナダ人の神経外科医がそばで動きまわっているのが見えるだろう。ペンフィールドは単極銀球電極を手に取り、あなたの脳に接触させる。脳には触覚や痛覚を感知する神経終末が存在しないため、あなたはさわられてもわからない。ところが突然、ある記憶が目の前によみがえる。もう何年も忘れていた思い出だ。あなたの育った家の居間で、両親が立ち上がって歌っている。よく聞いてみると、クリスマスキャロルのようだ。「ひいらぎ飾ろう、ファラララーララララ」という歌声がはっきり聞こえ、あなたも合わせてハミングしはじめる。するとペンフィールドが電極を離し、この思い出はよみがえったときと同じく、あっさり消え去った。

今あなたが経験した現象は、電気的回想法だ。１９３０年代から40年代にかけて、モントリオール神経学研究所で、てんかん患者の脳手術を行っていたペンフィールドは、手術中に電極を患者の脳に接触させると、過去の記憶が患者の意識的な思考にランダムに割り込むときがあることに気づいた。これは記憶のビデオ・アーカイブを見つけたようなものだった。ペンフィールドが魔法のボタンを押すと、患者の思い出の場面が再生されるのだ。ペンフィールド本人も、このたとえを用いて「刺激を加えるのは、まるでテープレコーダーの再生ボタンを押すようなものだった。患者の目の前で、すぐに思い出が再生されるのだ」と言っている。

神経細胞は人それぞれ配線が微妙に異なるため、ペンフィールドは手術中、脳をあちこち調べながら損傷を受けた部位を特定すると同時に、各部位が何の記憶と関連しているのか確認していった。たとえば側頭葉のしわなどに電極を当てながら、患者が何か刺激を感じていたら、それがどんな刺激なのか尋ね、番号の書かれた紙を貼《は》り付けていった。そして確認し終えると、すべての紙切れが写るように全体の写真を撮った。こうして撮った写真は患者の脳の地図として活躍し、ペンフィールドは手術のガイドブックのように、この写真を参考にしながら研究を進めることができた。

刺激を与えられると同時に記憶がよみがえったとペンフィールドの患者が初めて報告したのは、1931年のことだった。彼は、37歳の主婦の手術をしていた。側頭葉に電極を当てると、この女性は突然「娘を出産している様子が見えるみたい」と言った。

ペンフィールドは、脳のなかに〝記憶の図書館〟がある証拠を偶然見つけたと確信した。彼の想像によれば、それは「意識の流れを絶え間なく記録したもので、自発的に思いだせる記憶よりも、ずっと完璧《かんぺき》な記憶」だという。そこでペンフィールドは、ほかの患者たちの記憶の図書館を計画的に探しはじめた。そして20年以上かけて、数百人もの脳を露出させて電極を当て、被験者たちにさまざまな記憶を思いださせた。

これらの記憶のなかには、「野球の試合の際に、男性がフェンスの穴を通り抜けようとしている様子が見える」「インディアナ州サウスベンドのジェイコブ通りとワシ

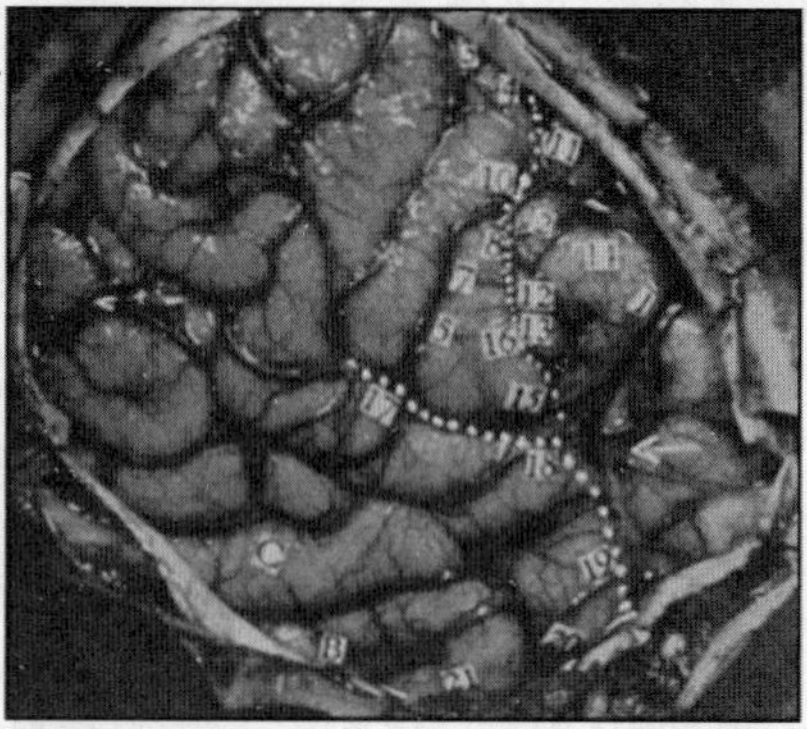

患者D・Fの脳。ペンフィールドは番号を振った紙を脳に直接貼った。20番の部位に刺激を与えると、患者はクリスマスキャロルが聞こえると言った

ントン通りの角に立っている」「イヌがくわえた棒を取り上げようとしている」「けんかをしている男性が見える」「学校のトイレに立っている」「ずっと昔、子どもだったころに夜見に行ったサーカスの荷馬車が見える」といったものがあった。

これはまるで『ハリー・ポッター』シリーズに登場する魔法使いのアルバス・ダンブルドアが、人の記憶を見ることができる水盆、ペンシーブ（憂《うれ》いの篩《ふるい》）に魔法の杖《つえ》を入れて、中に漂う銀色の思考をすくい上げるように、ペンフィールドも記憶を読んでいるかのようだ。このSF的な要素はフィリップ・K・ディックの作品にも見られ、映画『ブレードランナー』の原作である著書『アンドロイドは電気羊の夢を見るか？』では、登場人物が指示したとおりに感情を調節できるペンフィールド社製情調《ムード》オルガンを使っている（ちなみに映画『トータル・リコール』の原作

もディックの作品だ)。

ペンフィールドが初めてこの実験結果を発表した1950年代、人々は彼の発見に夢中になり、抑圧された記憶という精神分析学的概念が臨床的に確認されたといって歓迎する者もいたが、時がたつにつれて科学者たちは懐疑的になっていった。ペンフィールドの実験をほかの神経外科医たちが再現しても、同じ結果が得られなかったのだ。1971年、メリーランド州にある国立神経疾患発作研究所のポール・フェディオ博士とジョン・ヴァン・ビューレン博士は、数多くのてんかん患者を治療したが、ペンフィールドが報告したような現象は観察されなかったと明言した。脳科学者たちは、脳に電気的刺激を与えることで軽い幻覚症状を起こすことは確かに可能であり、この見解に基づき、カリフォルニア大学アーバイン校のエリザベス・ロフタスなどの研究者たちは、ペンフィールドはこうした幻覚をよみがえった記憶と誤解したのだと主張した(なお、ロフタスについては本章の最後に改めて紹介する)。現在では基本的に、脳のなかに完全な記憶の図書館があるというペンフィールドの考えをまともに信じている脳科学者はあまりいない。

それでも、ペンフィールドの見解が正しく、かつて自分が見聞きしたあらゆることを本当に思いだせたら、どんなにいいだろう。リモコンのボタンを押せば、自分の車を止めた場所や、スーパーマーケットに何を買いにきたのか思いだせるのだから。唯一《ゆいいつ》の問題は、このリモコンを置いた場所を忘れると、使えなくなることだ。

Penfield, W., & P. Perot (1963). "The brain's record of auditory and visual experience." *Brain* 86:595-696.

「ゾウは忘れない」は本当か

バーにゾウが入ってきて、バーテンダーに記憶力比べをしようと持ちかけた。「負けたほうが飲み代を払うことにしよう」とゾウは言う。さて、バーテンダーはどうしたらよいだろう?

返事をする前に、バーテンダーはベルンハルト・レンシュ博士が行った、ゾウの記憶力の実験結果を検討したほうがいいだろう。1950年代、レンシュは動物界における脳の大きさと知能の関係を研究していた。その一環でレンシュは、みずから所長を務めるミュンスター動物学研究所にいた5歳のインドゾウを使って、数々の実験を行った。それにより、「ゾウは決して忘れない」ということわざ通りとまではいかないが、それでもゾウは素晴らしい記憶力を持っていることがわかった。

レンシュはまず簡単なテストから始めた。それぞれ「×」と「○」が描かれた2つの箱をゾウ（名前は公表されていない）に与え、「×」が描かれた箱にはいつもエサが入っていることをゾウが覚えられるかどうか試した。これにはしばらく時間がかかり、330回以上繰り返さなければならなかったが、ついにゾウはこの法則を理解した。レンシュはその間、ゾウがエサの入っていない箱を選ぶたびに大声で「ハズレ」と言い、ゾウの学習を手伝った。ゾウがいったん理解してしまえば、あとは問題はなかった。その後ゾウは常に「×」の描かれた箱を選んだ。

次にレンシュはゾウに、しま模様、波線、水玉模様など、新しいアタリ（エサ）とハズレ（エサなし）のパターンを教えた。このゲームを理解したゾウは、立てつづけに正解を出した。あっという間に20組、40種類の記号を覚えてしまったのだ。これらすべての記号を順不同で使ったテストで、ゾウは約600回連続で正しい記号を選んだ。人間が同じことをしようとしたら、ずっと苦労するだろう。

さらにゾウは3個がハズレで、1個だけアタリの場合でも、正しい箱を選ぶことができた。ちなみにレンシュがハズレの箱と何も描かれていない箱（どちらにもエサは入っていない）を出したところ、ゾウは怒って箱のふたを破り、踏みつぶしたという。

どうやらゾウも引っかけ問題は嫌いらしい。

レンシュはさらに難しいテストも行った。ゾウがすでに学んだ13組の記号を、1年後にまた見せたのだ。ゾウはすぐにそれに気づき、520回連続でテストしたところ、二重丸と二重半円のペアを除くすべての組み合わせの正解率は、73〜100パーセントだった。なお、二重丸と二重半円の組み合わせでも、67パーセント正解した。レンシュは「『ゾウは忘れない』ということわざが、科学によって見事に証明された」と発表した。

科学の世界では、ひとつのサンプルに基づく結果を、同種の全体に一般化することはないが、ほかにも同じような実験がいくつか行われ、ゾウが驚異的な記憶力を持っていることが確認された。

1964年、レスリー・スクワイアは、ポートランドの動物園で3頭のゾウを、色の異なる3つの光を見分けられるように訓練した。正しい反応をすると、ゾウたちには角砂糖が与えられた。さらに8年後にハル・マーコウィッツがスクワイアの実験装置をゴミの山から探しだし、ふたたびゾウたちをテストした。3頭のうちの1頭、ツイ・ホアはまっすぐに正しい答えのほうに歩いてきた。このテストをはっきり覚えていたのだ。しかし、残りの2頭はツイ・ホアほど正解することはできなかった。マーコウィッツは、その理由に気づいた。この2頭はほとんど視力を失っていて、光が見えなかったのだ。

これらをすべて勘案したうえで、冒頭のバーテンダーはゾウの挑戦に何と答えたらよいだろうか？ 答えは簡単。ゾウの鼻を持ってつまみだすのだ。

ゾウ「何で客を追いだすんだ？」
バーテンダー「前にこの店に来たとき、勘定を払わなかったからだよ」
ゾウ「あれはもう3年も前のことじゃないか。まさかまだ覚えてるとは思わなかったよ」

この話の教訓は「バーテンダーも決して忘れない」ということだ。

Rensch, B. (1957). "The intelligence of Elephants." *Scientific American* 196(2): 44-49.

ウエイトレスの驚異的な記憶力

バーなどのウエイトレスは非常に記憶力がよく、忙しい夜には1度に50件ものオーダーを覚えられるという話もある。一般に知られていないだけで、実はウエイトレスたちは記憶の達人なのではないかと思ったカリフォルニア大学デービス校のヘンリー・ベネット教授は、彼女たちの記憶力をテストしてみることにした。

1980年代前半、ベネットの共同研究者は、サンフランシスコからサクラメントまでのバーを戸別に訪問して、自分たちの実験に参加してくれるウエイトレスを募った。そして参加者が現れると、さっそく携帯用テストキットを取り出した。これはスーツケースのなかにバービー人形用のカクテルラウンジを詰め込んだようなもので、ミニチュアのテーブル（緑色のフェルトに覆《おお》われている）が2つと椅子《いす》、男性と女性の人形（別名「バーの客」）が入っていた。人形は「男性なら男性、女性なら女性らしい洋服やアクセサリーを身につけていた。頭部にさまざまな髪の色が塗られ、男性の人形にはヒゲを生やしたものもあり、実生活同様、客の人形の容姿はすべて異なっていた」。ベネットの記録からは、人形が80年代に流行したジョルダーチェのジーンズや映画『フラッシュ・ダンス』の主人公のようなレギンスを身につけていたかどうかまではわからない。

本物のウエイトレスは、ミニチュアの客からオーダーを聞いていった。客はテーブルに座っている順にオーダーすることもあれば、ランダムに言うこともあった。「マルガリータをひとつ」「私にはバドワイザーを」といった具合に、テープレコーダーで客の声を流し、誰がしゃべっているか示すために、実験者たちは人形をちょこちょこと動かした。そしてウエイトレスは、2分間待ってから飲み物を運ぶように指示された。飲み物の代わりには、「実験室で使う小型のゴム栓」に飲み物の名前の書かれた旗を立てたものを用いた。どの人形も本物の飲み物にはありつけなかった。

40人のウエイトレスがテストを行ったあとで、今度はカリフォルニア大学デービス校の学部生を対象に同じテストを行った。その結果はウエイトレスの圧勝で、正解率はウエイトレスの平均90パーセントに対して、学生は77パーセントだった。さらに「ウエイトレスたちは学生よりも2倍速く各飲み物を識別することができた」という。

ウエイトレスたちにインタビューを行ったところ、なぜそんなによく飲み物の注文を覚えられるのか心当たりがないとのことだった。特別な訓練を受けたわけではなく、仕事をしながら身につけたスキルだという。おもしろいことに、彼女たちは忙しい夜「流れに乗って」いるときほど記憶力が上がると答えた。

なお、バーの客の記憶力はこれとは好対照だ。店が忙しい夜には、ウエイトレスの記憶力が上がるのとほぼ反比例して、客の記憶力が低下する。

Bennett, H. L. (1983). "Remembering Drink Orders: The Memory Skills of Cocktail

Waitresses." *Human Learning* 2:157-69.

環境は記憶に影響するか

研究者たちは、しばしば変わったところを実験場所に選ぶ。これまで見てきた記憶の実験は、手術室、動物園、そしてバーで行われたが、この研究分野では、とっぴな環境で実験したという意味でスターリング大学のダンカン・ゴッデンとアラン・バッドリーの右に出る者はいないだろう。2人はスコットランド沖の凍えるような大西洋で、深さ20フィート（約6メートル）まで潜った被験者の記憶力を測定したのだ。

その実験は1975年に行われた。スコティッシュ・サブアクアクラブのダイバー8人がオーバン湾の海底にボードと鉛筆を持って潜り、重しをつけてそこに座り込んだ。このほかに同じくスキューバダイビングのスーツに身を包んだ8人のダイバーが浜辺に残った。そして参加者全員が、ヘッドホンを通して、単語のリストを聞いた。このリストは2回読み上げられた。ゴッデンとバッドリーが知りたかったのは、水中で学んだ単語は、水中にいるときのほうがよく思いだせるのかどうかだった。

プールで入学試験を受けるというのでもなければ、この実験はあまり実用的ではないように思われるかもしれない。しかし、よくあることだが、この実験にも深い意味があった。ゴッデンとバッドリーが本当に知りたかったのは、環境が記憶に及ぼす影響だった。記憶と場所にはつながりがあるのだろうか？　たとえば、ある教科をある教室で学んだとしたら、その教科は同じ教室のほうが思いだしやすいのだろうか？

単語を聞き終えると、潜っていたダイバーのうち4人が陸に上がり、浜辺にいたダイバーのうち4人が海に潜った。そうして16人全員が、思いだせる単語をすべて書きだした。結果は明らかだった。水中であろうと陸上であろうと、元の場所にとどまったダイバーのほうが、移動したダイバーたちよりも成績がよかったのだ。記憶をよみがえらせるうえで、環境は大きな影響力を持っているようだ。

しかし移動するという行動自体が、記憶の妨げになった可能性もある。そこで実験者たちは2つ目のテストを行い、今度は単語リストを聞いたあと、浜辺にいたダイバーたちに少しのあいだ水に潜り、また浜辺に戻ってきてもらった。だが、この行為が記憶に特別な影響を及ぼした形跡はなかった。

この研究には苦労が伴った。スコットランド特有の気候に悩まされ、ゴッデンとバッドリーは「各セッションを開始する際、被験者たちはいつも体が濡《ぬ》れて、冷えた状態だった」と報告している。それに、この実験は危険とも隣り合わせだった。陸軍の水陸両用トラックが近くを走り、潜っていたダイバーの1人がひかれそうになったのだ。それでも実験をやった甲斐《かい》があったと言えるだろう。この実験は、学習したのと同じ環境のほうが記憶をよみがえらせるうえで有利であることを証明したとして高く評価され、頻繁に引用される結果となったのである。

しかしながら、最近の研究から、ゴッデンとバッドリーの研究結果はほかの環境にも一般化できるのか、疑問視されるようになった。たとえば2003年にユトレヒト大学が、大学の医療センターという、より現実的な環境で同じ実験を行い、63人の医学生が単語のリストと患者の病状の説明を病室と教室の両方で暗記したところ、記憶したのと同じ環境のほうが思いだしやすいという傾向は見られなかったのだ。もちろんユトレヒト大学の被験者はダイビングスーツを着ていなかったが、もしかしたらそのせいで異なる結果が出たのかもしれない。

Godden, D. R., & A. D. Baddeley (1975). "Context-dependent memory in two natural environments: On land and underwater." *British Journal of Psychology* 66 (3): 325-31.

記憶は口から摂取できるか

予防接種を受けさせるため、母親が息子を病院に連れてきた。医者は通常通り、はしかや破傷風の注射の準備をしながら、ついでに「息子さんにフランス語やスペイン語（の注射）もどうですか？」と尋ねた。すると母親は一瞬考えてから、「そうですね、フランス語はできたほうがいいかもしれません。1本打ってもらえますか？　それと、先週ピアノのおけいこで間違えていたから、ピアノ上達用のものも1本お願いします」と答えた。

病院で注射を受けるくらい簡単に、新しい技術を身につけられる日が来るだろうか？　それはかなり想像しづらいが、1950年代から70年代にかけて、多くの人々が本気でこの可能性を信じたことがあった。1959年、「ニューズウィーク」誌は「未来の学生が通う学校では、簡単に情報を記憶できる化学物質を注射するようになるかもしれない」と伝えている。また1964年の「サタデー・イブニング・ポスト」誌には、人々が「薬を飲んでピアノの弾き方を覚えたり、注射を打って微分積分を学んだり」できるようになる日を楽しみにしていると書かれている。こうした風潮を後押ししていたのは、さまざまな変わった実験だった。そのなかでも特にとっぴだったのは、共食いプラナリアの実験だろう。

この実験は1953年にテキサス大学で始まった。同大学の学生だったジェームズ・マコーネルとロバート・トンプソンは、当時はまだ比較的新しかった記憶に関する学説、シナプス理論に興味を持った。これは、脳内で神経細胞同士が新たなシナプス結合を起こすことで記憶が形作られるという理論だ。2人が扁形《へんけい》動物を使ってこの理論を研究しはじめてから、運命の歯車が回りはじめた。

この扁形動物はプラナリアとも呼ばれる原始的な生き物で、体長は1～5センチ程度しかない。頭部はとがっていて、小さな目があり、体はチューブのような構造でねばねばしている。プラナリアは池や川辺などに無数に存在しているが、石の下などに隠れていて、ほとんどの人は気づかない。マコーネルとトンプソンが研究対象にプラナリアを選んだのは、神経細胞とシナプスがある生き物のなかで、最も単純な構造をしていたからだった。プラナリアにはあまり多くの神経細胞がないため、研究しやすいだろうと考えたのだ。

しかし大きな問題があった。そもそもプラナリアは学習できるのだろうか？　もしできなければ、記憶の実験では使いものにならない。大半の科学者たちはプラナリアには学習能力がないと考えていたが、この認識が間違いであることを証明すべく、マコーネルとトンプソンは研究を始めた。

2人は自宅の台所の流しで実験を始め、プラナリアを訓練する装置を作った。水を入れた浅いボウルの上に、強い照明を2つ設置したものだ。そのボウルのなかにプラナリアを1匹入れ、照明を2~3秒つけたあとで電気を流すと、プラナリアは縮こまった。2人がこの手順を100回以上繰り返すと、ついにプラナリアは電気ショックが与えられることを予想して、照明がつくとすぐに縮こまるようになった。だからといってプラナリアがアインシュタイン並みの知性を身につけたわけではないが、照明がつくとすぐに電気が流れるという関係を学んだことは証明できた。

ライバルの研究者たちは、扁形動物を訓練するというアイデアはとっぴだが、信憑《しんぴょう》性《せい》はあると考えた。もしこの扁形動物の研究がここで終わっていたなら、現在でもれっきとした科学研究のひとつとして認められていたことだろう。しかしこの研究は終わらず、1956年にマコーネルはミシガン大学に移り、プラナリアの研究を続けた。マコーネルが同大学で行った実験によって、プラナリアたちは国際的にもよく知られるようになり、記憶薬や注射学習法の研究に関する雑誌が創刊された。

プラナリアのおもしろい特徴のひとつは、体を2つに切ると、頭側の部分としっぽ側の部分の両方が、2週間で完全な体を再生することだ。これはうらやましいスキルである。マコーネルは訓練したプラナリアを数匹半分に切った。それぞれの断片から再生されたプラナリアは、元のプラナリアが習得した知識を持ちつづけているのだろうか？　マコーネルは、頭側は記憶しているだろうと予想したが、しっぽ側の能力については疑問を抱いていた。しっぽには脳がないからだ。

しかし、しっぽ側にも学んだ知識が残っていた……より正確に言うと、しっぽ側から再生したプラナリアは、照明がついたら体を縮めることを、無知なプラナリア（訓練を受けていないプラナリア）よりもずっと早く学習した。つまり、しっぽ側にも切断される前に学んだ記憶が何らかの形で残っていたことになる。実際のところ、しっぽ側のほうが頭側よりも反応が速かったのだ。これにはマコーネル自身も驚いた。

この結果を聞いたほかの科学者たちは、かなり懐疑的だった。マコーネルの主張は、足を移植すれば、ある人から別の人へ記憶が移せると言っているようなものだったからだ。そんなことはまずあり得ないし、シナプスによる学習理論とも完全に矛盾している。

それでも自分の研究結果が正しいと確信していたマコーネルは、間違っているのはシナプス理論のほうだと考え、これに対抗して自分の発見に基づく記憶理論を打ちだした。彼の理論によれば、記憶は神経細胞同士が結合して形成されるのではなく、むしろ細胞内の分子のなかで記号化される。マコーネルはこの「記憶分子」は、生化学的にDNAの親戚《しんせき》であるリボ核酸（RNA）だと推論した。

またしてもほかの科学者たちは、マコーネルの理論をなかなか受け入れなかったが、それは彼の主張が常軌を逸していたから、という理由だけではなかった。科学者の多くはマコーネルを変わり者だと思い、まともに取り合わなかったのだ。

マコーネルはあえて科学界の神経を逆なでするかのように、自分の研究について、好んでマスコミ相手に大げさで飛躍した主張を展開し、ライバルの研究者たちを苛立《いらだ》たせた。扁形動物の研究への関心が広がり、記憶転移研究者の小さなコミュニティーが登場すると、マコーネルは「*Worm-Runner's Digest*」という名の雑誌を刊行した。

マコーネルはこの雑誌に最新の研究を伝える情報センターのような役割を持たせたかったようだが、標準的な学術誌とは似ても似つかない代物《しろもの》だった。風刺雑誌「*Mad Magazine*」と神経科学の専門誌「*Journal of Neuroscience*」を足して2で割ったようだと言えばわかるだろうか。表紙には頭が2つあるプラナリアの紋章が誇らしげに描かれていて、誌面には風刺的でこっけいな詩やマンガとまじめな記事が隣り合って掲載されていた。

その後、寄稿者からの圧力で、マコーネルは雑誌の形態を変えた。前半部分を

「Journal of Biological Psychology」と改名してまじめな記事だけを載せ、ユーモアのある読み物は後半に（上下逆さまに印刷して）掲載したのだ。しかし、余計に奇妙な雑誌になったとも言える。全部読むには、雑誌を途中で回転させなければならないのだから。

この時点でマコーネルが研究をやめておけば、プラナリアの実験は今でも（異端ではあるが）興味深い研究として記憶されていたことだろう。だが、まだ彼は立ち止まらなかった。次の実験でマコーネルは一躍有名になったが、同時に批評家たちは、彼がもはや取り返しがつかないほどいかがわしい世界に踏み込んでしまったと確信した。

RNAの仮説をテストしたかったマコーネルは、訓練したプラナリアからRNAを取り出し、訓練していないプラナリアに注入するのが一番よい方法だと考えた。しかしプラナリアから純粋なRNAを抽出する手だてがなかった。そこでマコーネルは、かなり荒っぽい方法だが、プラナリアの第2の特徴を利用することにした。偶然ながら、プラナリアは共食いする性質があったのだ。マコーネルは訓練したプラナリアを切り刻み、訓練していないプラナリアに食べさせた。彼はこう記している。

この共食い生物たちに「教育された」組織を数回食べさせたあとで、最初の条件付けのセッションを始めた。驚いたことに（また喜ばしいことに）、これらのプラナリアはごく初期の試験の段階から、訓練したプラナリアの組織から訓練の一部を「摂取」していた明らかな証拠を見せた……その仕組みはまだ解明できていないが、学習過程の一部は、「摂取」によって1匹のプラナリアから別のプラナリアへ移すことが可能と思われる。

彼のそれまでの研究は、疑問視されるにしても穏やかなものだったが、今回は激しい反発を招いた。熱心に記憶転移説を支持する数少ないマコーネルの仲間たち以外の研究者たちの一般的な反応は、おおむね「そんなのウソに決まっている！」という感じだった。まるでアインシュタインの脳を食べれば、アインシュタインの知識をすべて手に入れられると言っているようなものだったからだ。それに対しマコーネルはすぐに、ＲＮＡはプラナリアの単純な消化器官の旅なら生き延びられるが、人間の胃のなかは酸性で厳しい環境のため、長くは生きられない、つまり自分の仮説が正しかったとしても、人間の場合は経口摂取でＲＮＡを受け渡すことはできない、と補足した。しかしマスコミはその点を無視し、食べられる記憶の時代の到来という夢のような話を嬉々《きき》として書きたてた。

記憶の生化学的転移論争は何年も続いた。多数の研究室がこの現象を調査し、一部は肯定的な結果を得て、マコーネルの説を支持したが、否定的な結果が出ることのほうがずっと多かった。批評家は、肯定的な結果が出たのは実験者バイアスのせいだと指摘した。つまり、研究者たちが望んだとおりの現象を観察できたのは、そもそもプラナリアの動きを正しく解釈しなかったからだというのだ。

マコーネルの支持者たちは、さらに難しいネズミなどの哺乳類《ほにゅうるい》の実験でも、記憶転移の証拠が確認されたと主張した。すると批評家たちは、科学雑誌「サイエンス」にレター論文と呼ばれる短い論文を投稿して反撃に出た。この論文のなかで23人の研究者が、ネズミで実験したところ、記憶の生化学的転移が起こる証拠は確認されなかったと断言したのだ。これに対しマコーネル説擁護派は、批評家たちの実験は適切な方法で行われなかったのだと反論した。

しかしながら、論争が起こるたびに擁護派は勢力を失い、研究資金も底をつくようになる。そして科学界もこの研究に対する興味を失い、ほかの分野に目を向けるようになった。記憶転移説は徐々に姿を消し、ついにマコーネルも別の研究課題に乗り換えたが、1人だけ熱心な研究者が残った。この戦いを引き継いだのは、ベイラー医科大学の研究者ジョルジュ・アンガーだった。

アンガーは、ネズミでも記憶転移が起こる証拠を発見したと確信していた。暗闇《くらやみ》を恐れるように訓練したネズミの脳をつぶして抽出したものを、訓練していないネズミの脳に注入したところ、そのネズミも訓練したネズミと同じように暗闇を怖がるそぶりを見せるようになったというのだ。アンガーは批評家たちを納得させるため、これらのネズミから記憶をつかさどると思われる分子を抽出することにした。それも広範囲な分析ができるくらい大量にだ。

しかし何千匹ものネズミを訓練して、その脳をすりつぶすには膨大な費用と労力が要る。アンガーもすぐにこれは非効率的だと気づいた。もっと安く手に入れることができ、大量に訓練して解剖できる動物が必要だ。そこでアンガーは金魚を使うことを思いつき、色のついた光を怖がるように3万匹の金魚を訓練する計画を発表した。そうして金魚の頭を開いて脳を取り出し、2ポンド（約900グラム）分の記憶物質を用意する予定だった。しかしアンガーは高齢で、金魚たちにとっては幸いなことに、この計画を達成する前に他界した。

アンガーが亡《な》くなり、記憶転移説は最後の偉大なる擁護者を失った。記憶転移説をめぐる論争は20年近く続いたにもかかわらず、こんにち教科書で目にすることはほとんどない。まるでもともと存在しなかったかのように、科学の集合記憶から消え去っている。軽い消化不良でいっとき腹痛をもよおしても、すぐに忘れてしまうように——。
McConnell, J. V. (1964). "Cannibalism and memory in flatworms." *New Scientist* 21 (379): 465-68.

人間の記憶を完全に消去することは可能か

メアリー・Cは更年期障害に伴う不安感を訴え、ある病院に入院した。数週間休んでリラックスし、心理学カウンセリングを受ける程度だろうと思っていた彼女は、そこで実際に何が待ち受けているか予想だにしなかった。彼女はまずＬＳＤを大量投与され、その後、集中的に電気ショック療法を受けさせられた。まもなく彼女は過去の記憶を失い、自分の名前すら思いだせなくなった。そして病院の廊下をよろよろ歩きまわり、よだれを垂らし、失禁した。だが、それだけではなかった。35日間感覚遮断室に入れられ、３カ月間睡眠薬で寝かされたのだ。そのあいだ枕《まくら》のなかのスピーカーからは、テープレコーダーに録音された「みんなあなたが好きです。あなたは必要とされています。あなたは自分に自信があります」という言葉が繰り返し流れていた。

カナダのモントリオールにあるアラン記念病院のイーウェン・キャメロン医師の診察を受けたのが、運の尽きだった。メアリー・Cは、ほかの数百人の患者同様、知らぬ間にCIA（アメリカ中央情報局）出資の「有益な洗脳」実験の被験者にされてしまったのだ。

スコットランドで長老派教会の牧師の一人息子として生まれたキャメロンは、大きな野心を持ってトップへと上りつめ、1950年代後半には世界で最も尊敬される精神科医の1人になっていた。キャメロンはケベック州、カナダ、アメリカの精神医学会の会長を務め、その後、世界精神医学会の共同創設者となる。そんなキャメロンにもひとつ不満があった。それはノーベル賞を受賞していなかったことだ。そこでキャメロンは、統合失調症の治療法を発見するための実験計画に乗りだした。これが成功すれば、ノーベル賞受賞は間違いない。キャメロンは患者本人の意思にかかわらず、またときには統合失調症ですらない患者までも実験台にした。

キャメロンが思いついた治療法からは、彼の自信過剰ぶりがうかがえる。キャメロンはやみくもにいくつかの実験的治療法を組み合わせた。目に留まったものは何でも試し、そして本物のフランケンシュタインの怪物を作りだした。

彼の治療法は、統合失調症患者の記憶を消して精神を浄化したうえで、空になった脳に統合失調症でない人格を挿入するというものだった。冷戦時代らしく、キャメロンはこの方法を「有益な洗脳」と呼び、精神障害のある患者を健全な「新しい」人間に生まれ変わらせることができると説明した。今だったら、コンピュータのソフトウェアの障害を直すために、ハードドライブのメモリーをすべて消去して、まったく新しいバージョンのOSをインストールするようなものと言ったほうがわかりやすいだろう。ただし、人間の脳はもちろんコンピュータのようにはいかない。記憶を消して再フォーマットすることなどできないのだ。

最初のステップはマインド・ワイプ、つまり心から記憶をぬぐい去る作業だ。キャメロンはこれを婉曲的《えんきょく》に「脱パターン」と呼んだ。電気ショック療法で心の壁と記憶を無理やり取り除くのだ。1950年代には電気ショックが広く用いられていたが、キャメロンは大半の医者よりもずっと積極的にこれを活用し、しかも通常レベルの6倍もの電流を使い、1日に何度も行っていた。要するに、彼は患者の脳みそをフライにしていたようなものだった。さらにキャメロンは、電気ショックに加えてLSDなどの向精神薬を大量に投与した。

普通の医師であれば、患者を〝歩くゾンビ〟にしてしまったら、決して白状したりはしないだろう。しかし自分こそノーベル賞の最有力候補だと信じて疑わないキャメロンは、みずから詳細を発表した。アメリカの図書館に行けば、これを本人の言葉で読むことができる。次の文章は1960年に精神医学の学術誌「*Comprehensive Psychiatry*」に掲載された記事から引用したものだが、このなかでキャメロンは、ある不運な患者における脱パターンの効果を列挙している。

患者は、日常の出来事を解釈するための空間および時間的イメージを持っていたという事実を一切忘れる。これとともにすべての不安が解消する。第3段階では、患者の思考の範囲が数分間に制限され、具体的な出来事だけしか考えられなくなる。質問すると患者はわずかながら、「眠い」「調子がいい」などと答える。患者は自分がどこにいるかも理解できなければ、自分の治療をしている人たちが誰かもわからない……患者が話すのはその瞬間の感覚についてのみであり、ほとんどの場合きわめて具体的な言葉のみを使って話す。その発言はまったく過去の記憶の影響を受けておらず、未来への不安にも一切左右されない。患者は現在のみに生きているのだ。統合失調症の症状はすべて消え去っており、それまでの人生で起きた出来事は完全に忘れている。

記憶を破壊したら、今度は再構築する番だ。電気ショックから回復すると同時に、患者の記憶の一部も回復すると予想されたが、実際に回復することもあれば、まったく回復しないこともあった。その一方でキャメロンは、統合失調症患者たちの不健全な思考パターンに代わる健全な思考を植え付けようとした。そのために用いた方法をキャメロンは「精神誘導」と呼んでいた。

キャメロンがこの精神誘導のアイデアを思いついたのは、睡眠学習機を作ったアメリカの発明家、マックス・シュローバーに関する記事を読んでからだった。この睡眠学習機は、レコードプレーヤーに手を加えたもので、学習者が夢を見ているあいだに同じメッセージが繰り返し流れるような仕組みになっていた。これらの情報は睡眠中に記憶され、起きたら外国語が話せたり、モールス信号が送れるようになるというのだ（なお、睡眠学習法については第4章で改めて取り上げる）。

キャメロンはこの方法を応用すれば、患者の記憶を再プログラムできるのではないかと考えた。そして脱パターンと併用する前に、この技術を使って独自の実験を行った。キャメロンは神経症患者に自分の恐怖心と対峙《たいじ》させるため、ヘッドホンをつけさせて不安をあおるような言葉を聞かせ、患者が我慢できなくなるまで、これらの言葉を繰り返した。ときには患者が激怒してヘッドホンを部屋の隅に投げ捨て、ドアから飛びだしていくこともあった。

またしてもキャメロンは、この技術を最新の治療法として広くアピールし、マスコミを病院に招いて精神誘導を実演した。その結果、このときの模様は1955年にモントリオールの「ウィークエンド・マガジン」誌の記事となり、繰り返し流されるメッセージを聞きながら不快そうにベッドの上で身もだえる女性の写真も掲載された。この写真には、キャメロンの助手の1人が無表情で彼女を見つめながら、テーププレーヤーのつまみを操作している様子も写っている。

精神誘導を実用化するというキャメロンの野心は、急速に膨らんでいった。キャメロンは患者を不安に対峙させるだけでなく、彼らのアイデンティティーそのものを形成し直すため、メッセージを無理やり患者の精神に送り込もうとした。彼は数カ月にわたり、一日中患者にメッセージを聞かせつづけられないかと考えた。しかし患者は数分間でもメッセージを聞くのを嫌がるので、自主的に何十万回も繰り返しメッセージを聞くとはとうてい考えられない。

そこでキャメロンは、患者たちに強制的にメッセージを聞かせる方法を編みだした。体を麻痺《まひ》させる作用のある、クラーレと呼ばれる南米原産の植物の毒を患者に注射してまったく動けない状態にし、ベッドに横たわらせて枕のなかのスピーカーから単調なメッセージを流して聞かせるのだ。あるいはバルビツール酸系催眠薬を飲ませて数週間深い眠りにつかせ、耳元でテープを流した。さらには患者にゴーグルをつけさせ、腕を動かせないように固定したうえで、防音の部屋——感覚遮断室——に閉じこめることもあった。

だが、キャメロンは予想外の問題に直面した。メッセージの一部を録音するために雇ったエンジニアが強いポーランドなまりの英語を話したため、患者たちが考えるときにポーランド語のリズムになってしまうと報告してきたのだ。そこでキャメロンはこの問題を解決するため、みずからメッセージを吹き込んだ。ただしキャメロンはスコットランドなまりがきつかったため、あまり改善されたとは言えなかった。

また、患者たちがメッセージを誤解することもあった。有名な噂《うわさ》によれば、キャメロンは夫との性生活上の不安を訴えて受診した患者に、ベッドに横になって数週間「ジェーン、君はだんなさんといると心がなごむ《アット・イーズ》」というメッセージを吹き込んだテープを聞くように指示したが、その女性は「ジェーン、君はだんなさんをからかっている《ア・ティーズ》」と言っていると思い込んでいたことが、あとになって判明したという。

キャメロンは総合的に見て、精神誘導はきわめて有望だと思っていた。あるときキヤメロンは、患者たちを薬で眠らせて「紙切れを見たら拾いたくなる」というメッセージを聞かせ、そのあとで地元の体育館に連れて行った。そして体育館の床の中央に紙切れを1枚置いておいたところ、患者の多くがそれを拾いに行ったという。

「有益な洗脳」の将来性を喧伝《けんでん》した甲斐あって、キャメロンはCIAの注意を引くことができた。もし実用的な洗脳技術を開発できたら、その詳細を教えてほしいというのだ。1957年、CIAは人類生態学研究協会という偽装組織を介して、ひそかにキャメロンに資金を提供しはじめた。キャメロンは意欲的な進捗《しんちょく》報告書を提出していたが、数年後CIAは彼の計画が実現不可能であることに気づき、1961年に援助を打ち切った。その直後にキャメロンは自分の実験について、「10年間かけて間違った道を歩んでしまった」としぶしぶ認めた。だが、キャメロンは人生を台無しにしてしまった患者たちに謝ることはなく、その代わりに診療記録を処分した。

後年、CIAはキャメロンの実験に加担したことを後悔するようになる。1970年代に資金提供の詳細が漏洩《ろうえい》し、キャメロンの元患者たちから告訴されたのだ。この件は示談となったが、賠償額は公表されなかった。

その後キャメロンは、あらゆる意味で洗脳実験とは正反対のプロジェクトに取り組んだ。記憶を破壊するのではなく、再構築しようと試みたのだ。前節で紹介したジェームズ・マコーネルの記憶転移実験に関する記事を読んだキャメロンは、怪しげな実験に引きつけられる鋭い感覚を発揮し、喜んでこの研究に身を投じた。こうしてふたたび彼の目の前にノーベル賞がちらつきはじめる。

マコーネルが記憶の形成過程でRNAが大きな役割を果たすという仮説を立てていたため、キャメロンは、高齢の患者にRNAの錠剤を与えれば記憶を呼び起こす能力が高まるのではないかと考えた。そして、この過程をチェックするため、定期的に記憶力のテストを行った。まもなくキャメロンは肯定的な結果を報告するようになった。ただひとつ問題だったのは、キャメロンが患者たちに対して、まったく同じテストを繰り返していたことだった。これなら成績が上がるのは当然で、意味をなさない。どういうわけかキャメロンは、この明らかな欠陥を見逃してしまったらしい。

1967年9月、キャメロンはレークプラシッド近郊の山に登り、心臓発作を起こして転落死した。この死に方は彼の生き様を表しているようにも思える。頂上を極めようという野心が、最終的に彼を転落させたのだった。

Cameron, D. E. (1956). "Psychic Driving." *The American Journal of Psychiatry* 112(7): 502-9.

頭から離れないシロクマ

この実験は簡単な依頼から始まる。部屋に座り、頭に浮かんだことをすべて話すのだ。これを5分間やってみよう。あなたは気軽に話しはじめ、気づけば時間がたっていることだろう。次にこんな依頼をされる。「今やったように、頭に浮かんだことをまた言葉にしてください。でもひとつ例外があります。今回はシロクマのことは考えないようにしてください。それでも『シロクマ』という言葉、または『シロクマ』そのものが頭に浮かんだら、その都度、前のテーブルにのっているベルを押してください」

「え？　シロクマだって？　そんなに難しいことではないだろう。シロクマのことなどめったに考えないのだから」とあなたは思うかもしれない。ところがこの依頼通りにするのは、思いのほか、ずっと難しいことがわかる。話しはじめると、のしのし歩くシロクマの姿が突然頭に浮かぶのだ。どんなにがんばっても、このイメージを消すことはできない。あなたはシロクマから注意をそらそうと、次の歯医者さんの予約だとか、床の模様のことを考えてみるが、どれもうまくいかない。どうしてもシロクマがあなたの頭に戻ってきてしまうのだ。

1987年、心理学教授ダニエル・ウェグナーがこのシロクマ実験を考え、トリニティー大学の学部生10人を対象に実施したところ、シロクマのことを考えずにいられた学生は1人もいなかった。次の文章を読んで、この被験者がどれだけフラストレーションを感じていたか想像してみてほしい（なお、「＊」はシロクマのことを考えたときに鳴らしたベルを表している）。

もちろんこれから考えるのはシロクマのことだけ……いやいや、その前は何を考えていたんだっけ？ ほら、たくさんの花のことを考えれば＊……でも、ついシロクマのことを考えてしまう。こんなのムリだよ。＊このベルを何度も何度も＊何度も＊何度も＊……シロクマ＊……わかった、たくさんいろんなことを考えて、＊シロクマ以外のことを考えるようにしよう。でも何度も＊何度も＊何度も＊何度もシロクマのことを考えてしまう。そうだ、この茶色い壁を見よう。なんだかシロクマのことを考えまいとすると、余計にシロクマのことを考えてしまう。もうベルを鳴らすのはうんざりだ。

実験はそれで終わりではなかった。次にウェグナーは、学生たちに頭に浮かんだものをすべて話すように依頼した。今回はシロクマのことを考えてもいい。すると驚いたことに、学生たちはもはやシロクマのことを考えるというレベルではなく、シロクマのことで頭がいっぱいで、ベルを鳴らしつづけた。それとは反対に、結果を比較するための対照群として、別の学生10人にシロクマのことをよく考えるように指示したところ、最初のグループよりもずっとベルを鳴らす回数が少なかった。ウェグナーはこうしてリバウンド効果を発見した。初めにシロクマについて考えることを抑制したところ、結果的にシロクマに執着してしまったのである。

この実験には何か狙《ねら》いがあったのだろうか？　ウェグナーはシロクマに何か興味があったのだろうか？　狙いがあったことは確かだが、ウェグナーはシロクマ・マニアではなかった。シロクマのイメージを採用したことに特に意味はなく、ドストエフスキーが語った逸話から借りてきたらしい（ちなみにこの逸話は、大学生のころ「プレイボーイ」誌で読んだとウェグナーがみずから恥ずかしそうに告白した）。

この場合のシロクマは、不本意な思考を象徴している。たとえばある食べ物やたばこ、アルコール、別れた恋人のことなどが頭から離れなかったとしたら、それは不本意な思考と馴《な》れ合いになっている証拠だ。ウェグナーの実験からわかるように、自分の考えをコントロールしようとすればするほど、コントロール不能に陥る。

しかし本当の問題は、リバウンド効果にある。たとえばダイエットに成功して、その後も数週間にわたり自分の欲求との闘いに打ち勝っていたとしよう。食べ物のことも考えなくなったころ、社内パーティーがあり、誰かがあなたにカップケーキを手渡す。こうなるとダムが決壊したようなものだ。気がつけば、トレーにのっていた食べ物をすべてたいらげ、ナチョスの入ったボウルも空にしようとしている。抑制が執着に変化したのだ。

これは悪化の一途をたどる。リバウンド効果で、抑制と執着のサイクルがエスカレートするからだ。ウェグナーはこう記している。「人々は通常以上に何かに夢中になっているのに気づくと警戒する。恐らくそのため必死に抑制努力を行うようになり、また新たなサイクルが始まる……。こうして最終的には病的レベルの強迫観念を持つようになる」

この時点まで来ると、部屋の隅っこにうずくまり、口から泡を飛ばして「シロクマ！　シロクマ！　シロクマ！」と叫んでいることだろう。

ウェグナーの実験は風変わりながら、現在では近代心理学の古典的実験と見なされている。この実験のおもしろいところは、誰でも自分でできる点だ。この本を置いて、しばらくシロクマのことを考えないようにしてみよう。ただしすでに警告したように、招かれざるシロクマを追い払うのは非常に骨が折れるので注意が必要だ。

Wegner, D. M., & D. J. Schneider (1987). "Paradoxical Effects of Thought Suppression." *Journal of Personality and Social Psychology* 53 (1): 5-13.

記憶の移植は可能か

14歳のクリスがテーブルに着く。向かい側には40代後半の赤毛の女性研究者が座っている。研究者は身を乗りだし、彼の目を見ながら、「5歳のときにショッピングセンターで迷子になったことについて、覚えていることを話してくれる？」と聞く。

クリスはまゆを寄せ、一生懸命思いだそうとしている様子で、ゆっくり答えた。「たぶん1981年か82年だったと思う。ワシントン州スポーカンにあるユニバーシティ・シティ・ショッピングセンターに買い物に行ったんだ」

ここからクリスは早口になった。「家族としばらく一緒にいたあと、僕はおもちゃ屋のケイ・ビー・トーイズに行って、それから、えーと、迷子になったんだと思う。

それでみんなを探しまわって、『ああ、困ったことになった』と思ったんだ。それから僕……僕はもう家族には会えないかもしれないと思った。本当に怖かった」

クリスの口調は自信に満ちていた。彼がこの恐ろしい出来事を記憶していたことは間違いない。しかし、本人は気づいていなかったが、この出来事は実際には起こっていなかったのだ。

今登場した研究者はカリフォルニア大学アーバイン校の心理学教授エリザベス・ロフタスで、彼女はクリスの頭に記憶を移植していた。といっても手術をしたわけではなく、連想の力を利用したのだ。これはロフタスがよく使う手法で、著書『抑圧された記憶の神話』（仲真紀子訳、誠信書房、２０００年）でこう明言している。

私は何千人もの被験者に対し記憶の形成の実験を行ってきた。誘導を受けた被験者は、実際にはなかったガラスの破片やテープレコーダーを想起する。きれいに髭《ひげ》をそった男を口ひげの男に、まっすぐな髪をウエーブがかった髪に、一時停止の標識を徐行の標識に、ハンマーをドライバーに思い違えてしまう……まったく存在しない人物や出来事を存在したかのように思いこませる、記憶の移植さえ可能なのだ。

クリスは1990年代前半に行われたロフタスの最も有名な実験——ショッピングセンターでの迷子研究——に参加していた。被験者たちは子ども時代の記憶に関する研究だと思い込んでいた。彼らは、それぞれの親戚が4つの出来事を記した小冊子を受け取った。そして、個々の出来事を覚えているかどうか回答を書き込むよう指示された。もしその出来事を覚えていた場合には、その後の面接で詳しい内容を話すよう求められた。

4つの出来事のひとつ、5歳のときにショッピングセンターで迷子になったというエピソードが作り話であることは、もちろん被験者には知らせていなかった。彼らの親戚は実験者に協力して、その話に真実味を持たせるように個人的な情報を盛り込んだ。

その結果、ただ物語を連想させるだけで、多くの被験者の頭に、この物語に対応する記憶を植え付けることができた。4分の1以上に当たる24人中7人が、この出来事をはっきり覚えていると答えたのだ。非常に鮮明に記憶しているといって、面接の際、新たに詳しい情報を付け加える被験者もいた。そして、その話は作り話だと告げられると、被験者たちはあっけにとられ、絶対に迷子になったはずだと言い張った。何と言われようと、はっきり覚えているのだから。被験者たちは、それを書いた親戚が真実を告げるまで間違いを認めなかった。

私たちが経験したことは、ビデオレコーダーのようにきちんと整理されて、すべて脳に保存されているという、ワイルダー・ペンフィールドが提唱して人気を博した説を、ロフタスは否定した。彼女は、頭脳はむしろ水の入ったボウルのようなものだと考えており、こう記している。「記憶を、水に入れてかき混ぜた1さじのミルクのようなものだと考えてください」。頭のなかにあるすべての記憶は常に混ざり合っていて、溶け合い、結びついて、あいまいで複雑なひとつの固まりとなるのだと、彼女は説明している。

こういう話を聞くと、ずっと心に残っている子どものころの思い出について考えずにはいられなくなる。小学校の入学式や誕生日のプレゼントを開いたときのこと、それにショッピングセンターで迷子になった記憶などは、本当にあったことなのだろうか？　実は豊かな想像力の産物だったり、ほかの誰かの記憶だったりしないだろうか？

Loftus, E. F., J. A. Coan, & J. E. Pickrell (1996). "Manufacturing False Memories Using Bits of Reality," in Reder, L. M. (ed.), *Implicit Memory and Metacognition* 195-220. Mahwah, NJ: Lawrence Erlbaum Associates.

第4章　睡眠の話

ある女性が夫の帰りを待ちながら、トランプでソリティアをしている。カードを切っていると、指先の感覚が鈍ってくる。まぶたも重い。ちょっとだけ仮眠しようかしら——そう思いながら、女性はテーブルにうつぶせになると、わずか数秒で眠りに落ちた。すると突然、彼女の知らないところで体は複雑な物理的プロセスを開始する。まず体温と血圧が下がる。呼吸も浅くなり、脈拍数も少なくなり、筋肉の力も抜ける。このとき脳波を測れば、ゆっくり波打つなだらかな線が見られるだろう。

このまま1時間か1時間半くらい眠りつづければ、血圧や心拍数などのバイタルサインが、突然また変化する。今度は脳が起きているときのように非常に活発になり、彼女の頭のなかでは奇妙で筋の通らない夢が飛び交う。ほぼ全身の筋肉から力が抜け、一時的な麻痺《まひ》状態となり、動かなくなる。そして彼女は、レム睡眠と呼ばれる睡眠段階に入る。レム（REM）睡眠は、眼球がまぶたの下で上下左右に動くのが特徴で、

「rapid-eye-movement」（急速眼球運動）の頭文字から名付けられた。この段階は夜間勃起《ぼっき》睡眠と呼ぶこともできる。この睡眠段階が続く20〜30分間、まるで水道管が詰まっていないか確認するかのように、男女問わずあらゆる年齢の人々の生殖器が充血するからだ。

眠っているあいだじゅう、レム睡眠とノンレム睡眠のあいだを行ったり来たりしながら、体はこのサイクルを繰り返す。そして、そんなことが起こっていたとはつゆ知らず、彼女は目覚める。

眠りと睡眠中の生理的変化は謎《なぞ》に包まれていて、本人がほとんど気づかないうちに起こる。意識を失った瞬間から、私たちの体は不思議な力にコントロールされているかのようだ。この謎に挑んだ研究者たちのなかには、この章で紹介するようなとっぴな分析法を駆使して、睡眠の秘密を解き明かそうとした者もいた。

「睡眠学習法」その起源

「僕のツメはすごく苦い。僕のツメはすごく苦い」。姿は見えないのに、声だけが何度もこう繰り返す。暗闇《くらやみ》のなか少年はそっと目を開けて、この言葉を聞いている。左右を見まわしてみるが、一緒に泊まっている友人たちには、その声が聞こえていないようだ。みんな自分の折りたたみベッドですやすや眠っている。また「僕のツメはすごく苦い」という声がした。少年は悩んだ。頭のなかで声がしているのだろうか？自分はおかしくなってしまうのだろうか？

この少年がおかしくなってしまうことはない。本人には知らされていなかったが、彼はウィリアム・アンド・メアリー大学のローレンス・ルシャン教授が考えた睡眠学習実験に参加していたのだ。

1942年、ルシャンは「僕のツメはすごく苦い」という言葉をレコードに録音して、ニューヨーク州北部でのサマーキャンプの際に、20人の少年が泊まっている部屋で、全員が寝静まったのを確認してから流した。このメッセージは、コオロギの鳴き声と競い合いながら、暗闇のなかで1晩に300回ずつ、54日間繰り返された。つまり夏が終わるまでに少年たちは、このメッセージを寝ながら1万6200回聞いたことになる。

睡眠中に聞いた忠告が起きているあいだの行動に影響を及ぼすのかをルシャンは調べようとしていた。キャンプに参加した少年たちは、全員ツメをかむ癖があった。

「僕のツメはすごく苦い」と寝ているあいだに聞かされつづけたら、少年たちはこの神経症的習慣をやめるだろうか？

実験開始から1カ月後、通常の健康診断の際に看護師がこっそり少年たちのツメをチェックしたところ、1人はかむ癖を克服したようだった。「習慣的にツメをかむ子どもたちのザラザラした、しわの寄った肌」が健康的な肌に生まれ変わったと、ルシャンは誇らしげに語っている。

しかし1週間後、ルシャンは災難に見舞われた。レコードが壊れてしまったのだ。ここで実験をあきらめるわけにはいかなかった。そこでルシャンはみずから1晩に300回メッセージを読み上げて急場をしのいだ。もし何かおかしいとすでに気づいている少年がいたら、間違いなく度肝を抜かれたことだろう。目を覚ましたら大人の男性が闇のなかに立ち、ひたすら自分のツメは苦いと言いつづけているのだから。

驚いたことに、肉声で忠告をしたところ、より効果があった。2週間後にはさらに7人の少年たちのツメが健康そうになっていたのだ。一方、この忠告を聞かされなかった対照群の少年たちは、ツメをかむ習慣が直らなかった。

どうして実験の終わりに近づいてからうまくいったのだろうか？レコードよりも自分の声のほうがはっきり聞こえたからだと、ルシャンは推測している。または、夜中にルシャンが「ツメが苦い」と繰り返しているのを聞いて、少年たちが心底恐れをなしたからとも考えられる。その場合はきっと、少年たちは「もし僕がツメをかむのをやめたら、この変な男の人はどこかへ行ってくれるかもしれない」と思ったのだろう。

ルシャンの成功率は40パーセントだった。これは睡眠学習法が役に立つという意味だろうか？　その後、数々の研究が行われ、この説を裏付けると思われる結果が出たことから、長いあいだ研究者の多くが睡眠学習法は有効だと信じていた。論文としては発表されていないが、たとえば第一次世界大戦中、ある海軍の研究者は、16人の士官候補生に眠っているあいだにモールス信号を暗記させることに成功したと報告している。また、1947年にノースカロライナ大学で行われた研究の結果、睡眠学習機を併用した学生のほうが、そうでない学生より単語リストを速く暗記できると発表。続けて1952年にジョージ・ワシントン大学は、研究の結果、睡眠学習法で中国語の単語もより速く覚えられるようになったと報告した。さらに、テープレコーダーのセールスマンがあちこちで吹聴《ふいちょう》した噂《うわさ》によれば、ある主婦はこの技術を使って、夫がサラダ好きになるよう教育したという。

1940年代後半、世間の睡眠学習への関心が最高潮に達した。これには外国語学習用レコードを販売するある企業が、ワシントンD.C.のコネチカットアベニューの店頭で睡眠学習の実演をしたことも一役買っていた。1949年のミス・ワシントンに選ばれたメアリー・ジェーン・ヘイズが肩ひものない水着に身を包み、ベッドに入って眠っている。その耳元で機械が「ボンソワ……こんばんは……ボン……よい……ソワ……夜」と、フランス語をささやく——。その実演を、好奇心の強い歩行者は足を止めてのぞき込んだ。これを取材したある記者は、「正直に言って、私としてはフランス語の名詞よりも、ミス・ワシントンのことを考えながら夜を過ごしたい」と冗談を言っていた。その後、メアリー・ヘイズはアリソン・ヘイズに改名し、映画『妖怪巨大女』で50フィート(約15メートル)に巨大化した女を演じて一躍名をはせ、多くの若い男性の夢や空想に登場した。

そんななか、マックス・シュローバーという名の発明家が「セレブログラフ」という名の商業用睡眠学習機を販売する計画を発表した。これはレコードプレーヤーと時計とマイクのついた枕《まくら》を合わせたもので、シュローバーは手堅く有名人からの推薦コメントも集めていた。たとえばオペラ歌手のラモン・ビナイは、せりふを覚えるのに役立ったと述べている。しかしこの機械が流行することはなく、シュローバーは商品名を「ドーミフォン」に変えたが結果は同じだった。

その後、1956年にサンタモニカ大学のウィリアム・エモンズとチャールズ・サイモンが細心の注意を払って行った比較研究の結果を発表すると、科学界では睡眠学習法に逆風が吹きはじめた。それまでは被験者が熟睡しているかどうかに留意して実験を行った研究者はいなかったのだが、エモンズとサイモンは、脳波計（脳の活動を計測する装置）で被験者が熟睡していることを確認したうえで、単語リストを読みはじめた。すると、この条件下では睡眠学習の効果はまったく見られなかったのだ。

それ以来、睡眠学習は科学的関心の浮き沈みを経験する。もっとも、沈むことがほとんどだったが。現在この問題を研究しているのは大半が高校生で、科学イベントに出展するためである。しかし、1970年代にカリフォルニア州エメリービルのビル・スティードが非公式に行った研究は、紹介する価値があるだろう。スティードはカエルを被験者に選び、カエルが寝ているあいだ「前向きに考えなさい」「過去のせいで未来を台無しにしてはならない」など、やる気を出させるメッセージを聞かせた（きっと英語がわかるカエルだったのだろう）。すると、これらのカエルは、（マーク・トウェインの『噂になったキャラベラス郡の跳ぶ蛙《かえる》』で有名になった）キャラベラス郡のカエル・ジャンプ競争で、優勝争いの常連となったらしい。ということは、睡眠学習説もあながちウソではないのかもしれないが、いずれにしても飛躍が得意なカエルと議論するのは楽ではない。

LeShan, L. (1942). "The Breaking of a Habit by Suggestion during Sleep." *Journal of Abnormal and Social Psychology* 37:406-8.

11日間起きつづけるとどうなるか

1日目、ランディ・ガードナーは午前6時に目覚めた。意識もはっきりしていて、やる気満々だった。2日目、頭がぼんやりして集中力がなくなり、反応が遅くなりはじめた。いろいろなものを手渡され、感触だけでそれが何か識別できるか試したところ、なかなかわからなかった。3日目、柄にもなく不機嫌になり、友人たちに突っかかるようになった。「ピーター・パイパー・ピックトゥ・ア・ペック・オブ・ピクルド・ペッパーズ」のような有名な早口言葉を繰り返すのも困難になる。4日目、砂かきのようなツメを持った眠りの悪魔たちが眼球の裏側でけんかを始める。そして、なぜか突然、サンディエゴ・チャージャーズの大柄な黒人のアメフト選手、ポール・ロウになった幻覚を見た。現実には17歳の白人で、体重130ポンド（約59キログラム）

のガードナーは、汗だくになっていた。

ガードナーはサンディエゴ高校の生徒で、このとき自分を実験台に断眠実験を行っていた。彼は意を決して、1963年12月28日から1964年1月8日にかけての11日間、264時間にわたって眠らずにいたら、心と体に何が起こるか確認しようとしていた。クラスメートのブルース・マカリスターとジョー・マルシアノ・ジュニアが助手を務め、ガードナーが眠らないようにしたり、一連のテストを行って彼のコンディションを記録したりした。彼らはこの実験の結果をグレイター・サンディエゴ高校科学博覧会で発表する予定だった。ところが、この実験のことを聞きつけたスタンフォード大学の研究者ウィリアム・C・デメントが、カリフォルニア州パロアルトから飛行機でガードナーのもとに駆けつけたことにより、この過酷な実験は高校の科学博覧会用の研究では終わらず、これまでで最もよく引用される断眠実験のひとつとなった。

それまで断眠実験はごくわずかしか行われたことがなく、不眠を続けるガードナーの身に何が起こるのか、脳に障害が残らないかすらわかっていなかった。初期の断眠実験のなかには、不幸な結末を迎えたものもあった。1894年にロシアの医師マリー・ド・マナセンが4匹の子イヌで実験をしたところ、不眠5日目で死亡したのだ。

この実験は子イヌたちはもちろん、自分にとっても「非常につらいものだった」と彼女は報告している。眠りたがっている子イヌを四六時中監視するのも大変だっただろう。

しかしながら、人間を使った実験はまだ希望があった。1896年にアイオワ大学の実験室でJ・アレン・ギルバートとジョージ・パトリックが行った研究では、准《じゅん》教授1人とインストラクター2人が90時間起きつづけた。2晩目を過ぎると准教授は「床がギラギラした感じの、素早く動きまわる分子または振動する粒子で覆《おお》われている」幻覚を見るようになったが、長期的な副作用はまったく確認されなかった。1959年には、2人のディスクジョッキーが医学研究のチャリティーのため眠らずに放送を続けた。そうしてニューヨークのピーター・トリップはタイムズスクエアのガラス張りのブースで201時間DJを務め、ホノルルのトム・ラウンズはさらにこれを上回る260時間、放送を続けた。トリップもラウンズも幻覚や妄想に襲われたが、何日かよく眠ったら完全に回復したらしい。そこでガードナーはラウンズの記録を更新すべく、目標時間を264時間に設定したのだった。

ガードナーは睡魔と闘いながら、果敢に不眠時間を延ばしていった。一番つらいのは夜で、一瞬でも横になれば眠ってしまいそうになる。そこで高校の友だちやデメントが彼をドライブに連れだしたり、ドーナツ屋に連れて行ったり、音楽を聴かせたり、バスケットボールやピンボールのゲームを一緒にしたりした。また、ガードナーがトイレに行くときには、中で居眠りをしないように誰かがいつもドアの外から話しかけるようにした。この間、ガードナーは薬物を一切摂取せず、カフェインすら取らなかった。

日がたつにつれ、ガードナーはろれつが回らなくなり、目の焦点がなかなか合わず、頻繁にめまいがし、ときどき自分が直前に言ったことを忘れるようになった。さらに、よく幻覚を見るようになり、あるときなどは目の前の壁が溶けて、森の小道の景色に変わったという。

両親は息子に、脳障害など健康に問題が起きていないか確認するため、バルボア・パークの海軍病院で定期的に健康診断を受けるよう強く勧めた。父親が軍隊に所属していたため、海軍病院が一家のかかりつけの病院だったのだ。海軍病院の医師たちが診察したところ、何も身体的異常はなかったが、ガードナーはときどき頭が混乱して、しどろもどろになっていたという。

1月8日午前2時、ついにガードナーはトム・ラウンズの記録を更新し、数人の医師たちと両親、クラスメートたちがお祝いに集まった。彼らが盛大に喝采《かっさい》を送ると、新聞記者たちからの電話応答に追われていたガードナーは、Vサインで応《こた》えた。その4時間後、ガードナーは海軍病院へと連れて行かれ、そこで簡単な神経学的検査を受けると、深い眠りに落ちた。その14時間40分後に目覚めたガードナーは、意識もはっきりして、すっかり元気になっていた。

しかしガードナーの世界記録は、すぐに破られた。わずか2週間後に、フレスノ州立大学の学生ジム・トーマスが266・5時間の記録を達成したと新聞が報じたのだ。『ギネスブック』によると、その13年後の1977年4月には、英国ケンブリッジシャー州ピーターバラのモーリーン・ウエストンがロッキングチェアーに座りながら、449時間の不眠記録を作っている。しかし現在最もよく知られているのは、やはりガードナーが行った断眠実験だ。人間は最長でどれだけ眠らずにいられるのかは、いまだにわかっていない。

2007年現在、ガードナーは実験の影響で長期的な病気にかかることもなく、元気に暮らしている。不眠によって短期間の名声を得たガードナーだが、決して徹夜をするタイプではなく、青年時代のあの実験以降は、常識的な睡眠スケジュールを守っているという。たまには眠れない夜もあることはガードナーも認めたが、それは年をとったからであって、過去の記録を塗り替えようとしているわけではないらしい。

Ross, J. (1965). "Neurological Findings After Prolonged Sleep Deprivation." *Archives of Neurology* 12:399-403.

揺さぶられても眠りつづけることは可能か

午前3時、あなたはなんとか眠ろうとするが、高度3万フィート（約9000メートル）を飛ぶ旅客機の窮屈な座席に押し込まれているため、どうも望みは薄そうだ。気流の関係で体は常に揺さぶられ、機内の照明はついたり消えたりしている。通路を行き来する乗客もいれば、どこかで赤ん坊の泣き声もする。一体どうすれば休息できるというのだろう？

今度同じような状況に置かれたら、1960年にエジンバラ大学教授イアン・オズワルドが行った実験のことを思いだすといいだろう。オズワルドが自分の研究室で行った実験の被験者は、標準的な飛行機よりもずっと激しい刺激にさらされた状況で眠るように求められた。被験者たちがどんな状況に置かれたかは、「リズミカルな激しい刺激を受けながら目を開けたまま眠る」という論文のタイトルからも想像できるだろう。

オズワルドの実験台になったのは、20代前半の男性3人だった。1人ずつ実験を行ったオズワルドは、彼らにソファーに横になるように言うと、目をこじ開けておくため、テープで被験者のまぶたとひたいをしっかり留めた。被験者の目が乾燥しないよう、ヤカンの湯を沸騰《ふっとう》させて研究室内を蒸気で満たした。次にオズワルドは、被験者の左足に電極をつけた。電流を流すと痛みを伴うショックが加わり、被験者の脚は勢いよく無意識に折れ曲がる。オズワルドは、この電気ショックを定期的にリズミカルなパターンで与えるようにプログラムしていた。さらに被験者の顔の2フィート（約60センチ）前には、まぶしく点滅するライトがいくつも置かれていた。被験者はテープで目を閉じられないようにされているため、これらのライトが嫌でも目に入る。最後にオズワルドはブルースの曲をかけた。彼が簡潔に述べたように、音楽は「常にとてもうるさかった」という。

3人の被験者は1人ずつ、音楽が鳴り響く部屋で、目をこじ開けられて点滅するライトを直視させられ、脚は定期的に与えられる電気ショックで発作的に動くという、気の毒な状況に置かれた。そうしてオズワルドは部屋の隅に座り、このような状況下では考えにくいことを彼らがする、つまり眠りに落ちるのを待った。

被験者の1人は実験前の眠りを制限されていて、前夜は1時間しか寝ていなかった。残りの2人は元気で、目も冴《さ》えていた。しかし睡眠時間はまったく関係なかったことが判明する。8〜12分後には、3人とも眠っていたのだ。少なくとも、眠っていることを示すあらゆる症状が確認された。脈拍が遅くなり、瞳孔《どうこう》は収縮し、脳波図によると脳波は睡眠時特有の低電圧・低速波のパターンを示していたのである。しかも実験後に被験者は、このとき眠りに落ちたように感じていたと報告した。被験者たちが眠ったという主張を疑われる可能性も勘案して、オズワルドは慎重に言葉を選びながら、こう述べている。

ボランティアの被験者たちが全員眠ったと考えるのが合理的と思われるが、睡眠状態と覚醒《かくせい》状態とを明確に区別する線などないことを覚えておくべきであろう。脳の覚醒状態が著しく低下し、脳幹網様体から大脳皮質へ上行するシナプスの促通が大きく減少するからといって、被験者たちが睡眠と覚醒の境界線を越えたと主張するつもりはない。

もしデスクでうたた寝しているところを上司に見つかり、言い訳をしなければならないときには、オズワルドの言葉が役に立つかもしれない。「寝ていたのではありません。ただ脳幹網様体から大脳皮質へ上行するシナプスの促通が大きく減少していただけです」と言うのだ。

オズワルドはさらに2人の新しい被験者をひとつの椅子《いす》に座らせ、2つ目の実験を行った。被験者はまた大音量でブルースを聴かされ、まぶたとひたいをテープで貼《は》り付けられて、目の前で点滅する光を見せられた。しかし今度は脚に電気ショックは与えず、その代わりに音楽に合わせてひじを上下させ、足でリズムを刻むように指示された。動きつづけていなければならなかったため、今回の実験の被験者たちは1回目の実験の被験者たちほど長い時間眠りつづけることはなかったが、オズワルドは彼らが3〜20秒間、継続的に眠っていたことを確認した。これらのマイクロ睡眠中、被験者の脳波は遅くなり、手足の動きが止まった。その後彼らはハッと我に返り、また動きはじめた。

被験者の1人は、25分間に52回、こうした休息をとっていたという。しかし、この青年はそんなに休んだことには気づいていなかったらしく、休んだのは1回だけだと述べたそうだ。

オズワルドの研究結果はにわかには信じがたい。こんな状況下で眠れる人などいるのだろうか？　これは非常に単調な感覚刺激に対する脳の独特な反応によるものだと、オズワルドは説明している。刺激によって覚醒する代わりに、脳は刺激に慣れ、それを遮断するのだ。オズワルドはこれを、部族の伝統舞踊がダンサーをトランス状態にする効果にたとえた。長時間高速道路を走りつづけたことがある人なら、同じ状態を経験しているかもしれない。真っ昼間で、ラジオもガンガン鳴らしているというのに、だんだん意識が遠のく。その直後に我に返り、隣車線にはみだしていることに気づく。これは睡眠ではないと思われるかもしれないが、両者に大きな違いはない。これもオズワルドが言うように、ドライバーの脳幹網様体から大脳皮質に上行する刺激が一瞬減少したために起こる現象なのだ。

冒頭の旅客機の事例で眠れない理由も、これで説明がつく。つまり、照明がついたり音がしたりするため眠れないのではなく、それらが単調なリズムで起こらないため眠りにつけないのだ。振動する座席や定期的に点滅する照明、繰り返し泣きつづける赤ちゃんの声を導入することで、航空会社はこの状況を改善できるかもしれない。望むと望まざるとにかかわらず、乗客はすぐに眠りに落ちるはずだ。もちろん電気ショックのサービスはビジネスクラス限定だ。

Oswald, I. (May 14, 1960). "Falling Asleep Open-Eyed During Intense Rhythmic Stimulation." *British Medical Journal* 1:1450-55.

ネコの夢遊病

ネコがぴたっと止まり、獲物《えもの》を見つめている。地面をはうように前脚を動かし、ゆっくり前進して、またぴたっと止まる。そして次の瞬間、獲物に飛びかかった。花瓶が床に落ちる。照明がつき、「何の音？　どうしたの？」という声が響く。「ああ、何でもないよ」と別の声が答える。「またネコの夢遊病さ」「ネコも夢遊病になるの？」と獣医はよく子どもたちから聞かれるという。実際、興味を持つのも当然かもしれない。人間だって夢遊病になるのだから、ネコがなってもおかしくないのでは？　答えを言うと「ノー」だが、ある状況下でネコは夢遊病に似た行動をとる。

1965年、フランスの神経生理学者ミシェル・ジュベは、眠りを誘発する脳の部位を特定しようとしていた。ジュベはネコの脳の各部位に損傷を与え、それが睡眠にどう影響するか調べていった。脳幹にある縫線核《ほうせんかく》と呼ばれる細胞の塊にダメージを与えると、ネコがほとんど眠れなくなることはすでにわかっていた。ネコは不眠症になり、いつものように昼寝もできず、足を引きずって歩きまわるようになるのだ。このことから、セロトニンを分泌《ぶんぴつ》する縫線核が脳に眠るように指令を出しているとジュベは結論した。

次に実験対象となったのは、脳幹にある青斑核《せいはんかく》と呼ばれる部位だった。ジュベは35匹のネコに手術をして、それぞれの脳の青斑核に傷をつけていった。

普通のネコの場合、睡眠のパターンは決まっていて、予想できる。まずネコは軽い眠りに入り、そのあいだはボールのように丸まる。脳波は徐波のパターンを示すが、筋肉はまだ少し緊張している。それから20分くらいたつと、ネコは夢を見る睡眠段階に入る。この段階はレム睡眠または逆説睡眠と呼ばれている。起きているときと同じくらい脳波が活動的なため「逆説」的なのだ。この逆説睡眠中、ときおり脚やしっぽや耳がピクッと動くのを除けば、ネコの筋肉はすっかり柔らかくなる。ネコを飼っている人なら、ネズミなど興味のあるものを追いかけている夢でも見ているかのように、ネコが寝ながらピクピク動いているのを目にしたことがあるだろう。

手術から回復したジュベのネコたちは、睡眠中に変わった行動を見せはじめた。眠りに落ちる様子はほぼ通常通りで、その後20分間眠るのだが、逆説睡眠に入るところで異変が起こり、急に頭を上げて、あたりを見まわしたのだ。立ち上がるネコさえいたという。しかし、この間ずっとネコたちは熟睡中の症状を見せていた。普通に動きまわっているという点を除いては。

ジュベがチェックしたところ、ネコは本当に眠っていた。まぶたは開いていても、寝ているときと同じように瞳孔は収縮していて、瞬膜《しゅんまく》（ネコの目のなかの白い膜）は弛緩《しかん》している。また、明るい光にも反応せず、つねってても気づかなかった。さらにネコたちの脳波は夢を見ているときと同じ波形を示していた。

その後数分間、ネコたちの夢遊病的行動はさらに激しく、危なっかしくなっていった。歩きまわっては怒った様子を見せ、存在しない獲物に向かって飛びかかることもあった。ジュベによれば、基本的にネコたちは夢のとおりに行動し、想像上の獲物に忍び寄っていたという。また、ネコたちの行動は「あまりにも激しく、実験者たちが思わずたじろぐほどだった」。

ある程度以上激しく飛びかかれば、それがきっかけでネコも目を覚ますだろうが、どの時点でネコは「ここはどこ？　何があったの？」と首をかしげるのだろうか？

最終的にジュベは、ネコが夢を見ているあいだ、筋肉を麻痺させておく信号を送っているのは、青斑核に違いないと論じた。この部位に損傷を与えたため、信号が遮断されたと結論づけたのだ。ジュベはこの現象を「筋弛緩のない逆説睡眠」と呼んだ。なお、筋弛緩とは筋肉が麻痺し、まったく筋肉が緊張していない状態のことである。夢を実演するネコの話には、まだ続きがある。この現象はジュベが考えていたよりも複雑だったことがわかったからだ（こと脳科学に関するかぎり、たいていのものは最初の印象よりも複雑である）。

ジュベの研究に疑いの目を向けた科学者たちもいた。1970年代、ペンシルベニア大学のエイドリアン・モリソンがジュベの実験を再現した。モリソンは眠ったまま想像上の獲物を襲ったり、自分が寝ているタオルに猛攻撃を仕掛けるネコを作りだすのに成功したため、ジュベの主張の基本的な部分は正しいことを認めたが、ネコが夢に見ているとおりに行動しているという解釈には異議を唱えた。モリソンは、脳のどの部位を傷つけるかによって、望んだとおりにネコにさまざまな変わった行動をとらせることができることを発見したのだ。

青斑核の下を少しだけ傷つけると、逆説睡眠中、ネコは頭を上げて見まわすだけだった。より大きな傷をつけると敵を攻撃する行動をとった。さらに別のタイプの傷は、夢遊病的な行動を誘発し、立ち上がるとまっすぐ前に向かって歩きだした。決して直線上から外れることはなく、目の前に麻酔をかけたネズミを置いておいてもにおいすらかがず、ネズミを踏みつけて、動かせない障害物（壁など）にぶつかるまでまっすぐ歩きつづけた。

モリソンはこれらのネコが睡眠中、特定のタイプの行動を示さないことに気づいた。ネコたちは飲食および交尾を一切しなかったのだ。そこでモリソンは、脳幹の傷は夢に基づく全般的な行動を促すのではなく、攻撃や歩行など、特定の行動をとらせると結論づけた。

こうしたネコの行動は、人間の夢遊病とは異なることを指摘しておくべきだろう。夢遊病の人々は通常、眠りが深く、夢を見る段階の逆説睡眠のときではなく、睡眠が浅いときに夢中歩行をする。ただし、人間でも逆説睡眠中に激しく動いたり、ときには走りだすことまである。こうした人々はレム睡眠行動障害を患《わずら》っている。レム睡眠行動障害を発見したのはミネソタ大学のマーク・マホワルドとカルロス・シェンクおよびその同僚たちで、ジュベとモリソンの実験結果を知っていたおかげだった。ネコ同様、レム睡眠行動障害を患う人々は、この症状が出るとしばしば攻撃的になり、本人にとってもパートナーにとっても非常に危険な状況に陥ることがある。ある男性は目が覚めたら妻の首を絞めていた。彼はシカを殺す夢を見ていたのだという。

とはいえ、朝起きたらじゅうたんに引っかいた跡があったり、花瓶が割られたりしていたら、あなたのネコが罪のないそぶりをしたり、夢遊病なのだと言い訳をしたりしても信じてはいけない。ネコは自分のしたことがわかっている可能性のほうが高い。たいていのネコがするように、ただあなたを煩《わずら》わせたいだけなのだから。

Jouvet, M., & F. Delorme (1965). "Locus coeruleus et sommeil paradoxal." *Comptes rendus des séances de la Société de Biologie* 159(4): 895-99.

刺激的な映像は夢に影響を与えるか

映写機のリールが回り、ざらざらした白黒の画像が画面に現れる。暗くした実験室には男性が1人座っていて、映画を見ている。映写機の横に立つ研究者が彼にこう説明する。「これから見ていただくのは人類学者ゲザ・ローハイムが撮った映像で、オーストラリアのアボリジニの人々が成人の儀式として行う尿道割礼の様子が映っています。注意して見てください。どんなに見たくなくても、決して目をそらさないようにお願いします」。男性は同意してうなずく。

映画には、裸のアボリジニの男性（年長者4人と年少者1人）が立っている様子が映る。男性たちは四つんばいになり、彼らの背中の上に若い男性があおむけに横たわると、ほかの男性たちが現れ、彼を押さえつける。医者が歩いて画面に登場する。手には鋭利な石が握られている。医者は不意に若者の陰茎をつかむと、そこに石を近づける。

映画を見ている男性は座ったまま身もだえながら、「まさか、そんなことしないですよね……。ああ、やっぱり。もう見ていられません」と言う。

しかし研究者は、「どうか目をそらさないでください」と指示する。

医者は石をナイフ代わりに、手際《てぎわ》よく若者の陰茎の下側を先端から付け根まで縦に切開した。

「うわっ、痛そう」と見ている男性はうなる。確かに若者の顔は苦痛にゆがんでいる。若者はがっしりと押さえつけられたままだ。場面が変わって、今度は出血している陰茎が、焼灼止血《しょうしゃくしけつ》のため火にあぶられている。

「こんなことって」と男性は声を上げ、椅子の上で体をくねらせ、まるで自分も痛みを感じるかのように頭を抱えている。

やっと陰茎焼灼の場面は終わり、整髪の儀式に変わる。映画はアボリジニの人々がリズミカルなダンスをしているシーンで幕を閉じた。

「ご鑑賞ありがとうございます」と言って研究者は映写機を止めると、「では、寝る準備をしてください」と促した。

起きているあいだに感情に訴える出来事を経験した場合、夢の内容に影響するだろうか？　もし影響するとしたら、どう影響するのだろう？　これらの疑問を提起したのは、心理学者ハーマン・ウィトキンとヘレン・ルイスだった。答えを見つけるため、2人は1965年にニューヨーク州立大学ダウンステート・メディカルセンターで実験を行った。

彼らの実験方法は一見単純に思える。被験者たちが床につく直前に、強い心理的反応を呼び起こすような劇的な出来事を見せるのだ。そして被験者たちは眠りについてから定期的に起こされ、どんな夢を見ていたか尋ねられた。ウィトキンとルイスは、刺激となる出来事が「追跡要素」として機能するのを期待した。理論上、この出来事は見逃しようがないほど特徴的であるため、この要素が夢に及ぼす影響を簡単に確認でき、睡眠の各段階で変化しても追跡できると考えられた。

被験者には、郵便局職員、警備員、飛行機工場職員、電話工事の技師、パン職人など、夜間労働の職業の男性を選んだ。ちなみに実験参加者の報酬は1人1日10ドルだった。

被験者たちに見せた感情に訴える出来事には3種類あったが、ハリウッド製のお涙ちょうだいモノの映画は1本もなく、『ドクトル・ジバゴ』や『風と共に去りぬ』などの世界とはほど遠かった。研究者たちは、被験者たちに強烈な衝撃を与えたかった。1本はすでに説明したとおり、尿道割礼の儀式を扱っていた。2本目は吸引分娩器《ぶんべんき》で子どもを取り上げている産科医の映画だった。研究者によれば、映画には次の様子が描かれていた。

女性の露出した膣部《ちつぶ》と太ももにはヨードが塗られ、茶色くなっている。膣に吸引分娩器を挿入する産科医の腕が見える。次に、膣から突き出たチェーンを一定のリズムで引っ張る、グローブをした産科医の血まみれの手と腕が映る。そして会陰《えいん》切開術も行われる。その後、ほとばしる血液とともに子どもが出てくる。最後に、吸引分娩法の影響は新生児の頭部の腫《は》れだけであり、これは害のないものであると説明して映画は終わる。

恐らく最もおぞましいのは3番目の映画だろう。これはニューヨーク大学の類人猿研究所で撮られたものだった。

この映画には、母親ザルが自分の赤ん坊を食べる場面がある。母親ザルは赤ん坊を手や足で引きずりながら連れまわし、かぶりつく。後半のある場面では、赤ん坊の唇を食べ、舌を引っ張り出している。

さらにもう1本の映画が上映されたのだが、取り立てて感情に訴える内容ではない。これはアメリカ西部に関する教育的な旅行案内で、当たり障《さわ》りのない内容の場合にも何か夢に反応が出るのか調べるためだった。

被験者は1本の映画を見たあと、すぐにベッドに入った。映画を見終わってから眠るまでの思考の流れについて、できるだけ多くの情報を得るために、研究者たちは被験者たちに、眠りにつくまで頭に浮かんだことをすべて話してもらった。眠りやすくするため、被験者たちはラジオのチューニングをしているときのようなホワイトノイズをイヤホンで聞き、半分に割ったピンポン球を目にかぶせ、その上から赤色散光を当てられた。研究者たちによれば、そのおかげで被験者たちは眠りにつく直前まで話しつづけられたという。

では、就寝前の経験は夢に影響したのだろうか？　ウィトキンとルイスは、はっきり影響したと断言した。２人の報告によれば、「就寝前に私たちが与えたエキサイティングな刺激が、そのあとでしばしば形を変えて夢に現れたことは明らかだ」という。しかし、この発言で重要なのは、「形を変えて」という部分だろう。映画の要素が直接夢に現れたケースはひとつもなかったのだ。出産の映画を見た人々は、誰も分娩室の夢を見なかったし、尿道割礼の儀式を見た人々の夢にも踊るアボリジニの人々は登場せず、その代わりに映画の要素は象徴的な形で夢に姿を現した。少なくとも実験者たちはそう言っている。この結論に納得できるかどうかは、フロイト派心理分析をどれだけ信じているかに大きく左右される。

たとえば出産シーンの映画を見たあとで１人の被験者は、暑い物置のなかにいて、茶色い紙袋からケーキを取り出そうとしている夢を見た。ウィトキンとルイスは、この夢が象徴的に出産の映画を表していることは間違いないと述べる。

暑い物置（被験者に質問したところ、物置のなかは蒸し暑く、今にも爆発しそうだったという）は女性の体を象徴していると思われ、そのなかには「どこにでもある買い物袋」が象徴する膣があった。

同じ出産映画を見た別の被験者は、「軍隊輸送機のような飛行機から、人々がパラシュートをつけて飛び降りる様子」を夢に見たという。ウィトキンとルイスは、この夢にも解釈を加えた。

定期的に扉を開いてパラシュート部隊を送りだす飛行機、つまり精巧に作られた機械が機能している様子は、子宮から子どもが生まれてくる場面を象徴している。一定のリズムでチェーンを引っ張る産科医の腕が、定期的に開く飛行機の扉となって現れたのだ。

そのほかの映画のあとに被験者たちが見た夢についても、同様の解釈が加えられた。割礼の映画を見たある被験者は、1人のカウボーイがもう1人のカウボーイに拳銃《けんじゅう》を突きつけている夢を見た。これについてウィトキンとルイスは、「拳銃は昔から陰茎を象徴している」と言っている。サルの映画は、水たまりに座っている青緑のカエルの夢となった。当初、これには2人も頭を抱えたが、被験者にさらに踏み込んだ質問をしたところ、子どものころカエルによく虐待《ぎゃくたい》を加えていたことがわかった。

被験者はレンガでできた焼却炉の壁にカエルを投げつけて殺していた……したがって、入眠中に見た「カエル」は、被験者自身の残酷な記憶と結びついている。

予想通り、当たり障りのない映画を見た被験者たちの夢には、フロイト派心理分析による象徴的イメージと直接結びつく要素は確認されなかった。

研究者たちに言わせれば、これらの夢に出てきたイメージと就寝前の刺激の関係は明らかだったが、被験者たちはそれに必ずしも納得したわけではなかった。研究者たちの報告によれば、「被験者のなかには就寝前の出来事と夢の関係を強く否定する人もいた」という。被験者たちは十分フロイトに洗脳されていなかったのだろう。どれだけつながりが明らかかを説明されても、それを認めない被験者たちの反応を、研究者たちは「否認」（訳注　受け入れたくない出来事を拒絶すること）と見なした。たとえばウィトキンとルイスは、先の暑い物置のなかにいる夢を見た被験者に、夢に出てきた茶色い袋は、出産映画のなかの茶色いヨードで塗られた膣を表しているはずだと説明した。

暑い物置のなかにあるケーキが入った茶色い紙袋のイメージに「茶色」という要素があるにもかかわらず……彼は夢と自分が見た映画の内容が関連していることを

とを理解できなかった。

この報告からは、研究者たちの欲求不満が高まっていた様子が感じられる。「なぜ君たちにはこの関連性がわからないんだ？　どうしてそんな無知なんだ？」と叫びたかったに違いない。しかし研究を主催していたのはウィトキンとルイスであり、結論をまとめるのは彼らだった。

2人にとってこの夢の研究は、特に重要なキャリアというわけではなく、「覚醒時に思考や感情をかき乱されたことが夢に反映する」ことを研究するうえで、この実験方法が有効であることが明らかになったという控えめな主張をしただけだった。むしろウィトキンは、アメリカ空軍のために傾く部屋を設計したことでよく知られている。この部屋を使って、戦闘機など上下が逆さまになる環境で、人間はどうやって方向を認識するのかを研究したのだ。ルイスについて最もよく知られているのは、羞恥心《しゅうちしん》の研究である。2人のうちフロイト派心理分析を専門としていたのはルイスだけだったため、夢の研究についても主に影響力を発揮したのは彼女のほうだったと思われる。

覚醒時の経験と夢との関係を研究した科学者は、ほかにも大勢いる。1968年に発表された研究では、5日間被験者たちに赤いゴーグルをつけてもらい、夢が赤くなるかを調べた。さらに英国チーズ委員会まで、この分野の研究に貢献している。2005年に「チーズと夢」と題する研究に出資し、「チーズを食べると悪夢を見る」という古い迷信を覆《くつがえ》そうとしたのだ。

その実験では、200人のボランティアが7日間にわたり、毎晩ベッドに入る30分前に20グラムのチーズを食べた。チーズの種類はさまざまで、ブルーチーズの「スティルトン」、ハードチーズの「チェダー」、白カビタイプのソフトチーズ「ブリー」、そしてチェダーに似たオレンジ色の「レッド・レスター」などが用意された。悪夢を見たと報告した被験者はいなかったが、変わった夢を見た人はたくさんいた。ある被験者は、自分の台所に人気シェフのジェイミー・オリバーが来て、夕食を作ってくれた夢を見たという。フロイト派心理分析の専門家なら、きっとこの夢に何か解釈を加えることだろう。また、酔っぱらって犬と話している夢を見た被験者もいた。

このチーズの研究に関する論文によれば、チーズの種類によって、夢に与える影響も異なるらしい。たとえばチェダーチーズを食べると有名人が登場し、ブリーを食べると心地よい、くつろいだ夢を見やすくなるようだ。では、ベッドでチーズを切ったら（訳注　おならをすることの婉曲表現）、どんな夢が見られるだろう? 少なくとも一緒に寝ているパートナーにとっては、悪夢であることは間違いない。

Witkin, H. A., & H. B. Lewis (1965). "The Relation of Experimentally Induced Presleep Experiences to Dreams." *Journal of the American Psychoanalytic Association* 13(4): 819-49.

記憶喪失者はテトリスの夢を見るか

あなたは夢を見ている。大きな四角形のブロックが転がりながら降ってきて、別のブロックの上に落ち、どんどん積み重なっていく。突然揺さぶられて夢から覚めると、自分がどこにいるのかわからず、白衣を着た見知らぬ人がいる。「何の夢を見ましたか？」とこの白衣の人物が尋ねる。「小さい四角形のものが落ちてきて、それをうまくはめ込もうとしていました」とあなたは答える。

このシナリオであなたが演じたのは、ハーバード大学の研究者ロバート・スティックゴールドが行った実験の被験者の役だ。２０００年にスティックゴールドは、３日間にわたって27人の被験者に毎日朝晩テレビゲームのテトリスをプレイしてもらった。このうち10人はテトリスの経験が豊富で、12人は初心者、５人はつい数分前に起こった出来事も覚えていられない「広範囲の両側側頭葉内側部損傷」を患う記憶喪失者だった。スティックゴールドは、眠りについてから1時間後に被験者を起こしては、彼らが夢に見ていたことを話してもらった。すると5人の記憶喪失者のうちの3人も含む、3分の2の被験者がテトリスのブロックが落ちてくる夢を見ていたと答えた。

記憶喪失の人もテトリスの夢を見たというのは、驚くべき発見だった。テトリスをしたことや実験者、それに実験に参加していることも忘れてしまうほど、彼らの記憶障害は重かったのだ。ある記憶喪失の被験者は、夜、自分の部屋でテトリスをしたあとシャワーに入り、戻ってきたら実験者が座っているのを見てびっくりしたという。シャワーに入っているあいだに、彼が誰だか忘れてしまったのだ。ではどうして記憶喪失の人々は、睡眠中にテトリスの記憶を維持できたのだろうか？

スティックゴールドはこの実験によって、夢は海馬に蓄積された具体的な記憶に基づいているのではないことがわかったと論じている。もし海馬の記憶に基づいているのだとしたら、記憶喪失の人たちがテトリス

落下する立方体が夢に出てくるとしたら、テトリスのやりすぎかもしれない

の夢を見るはずがない。彼らの海馬は損傷を負っているからだ。スティックゴールドによれば、夢は海馬ではなく、よりあいまいで抽象的な記憶を蓄積する大脳皮質の奥深くから記憶を引き出しているという。しばしば非論理的な夢を見るのも、これならうなずける。

なお、この実験結果がパックマンやアステロイド、フロッガーやスペースインベーダーなどのゲームにも当てはまるのかは、まだわかっていない。

Stickgold, R., A. Malia, D. Maguire, D. Roddenberry, & M. O'Connor (Oct. 13, 2000). "Replaying the Game: Hypnagogic Images in Normals and Amnesics." *Science* 290:350-53.

第5章　動物の話

1626年3月、ロンドンでのこと。近代科学の創始者フランシス・ベーコン卿《きょう》が、地面にひざをつき、死んだニワトリを雪に埋めていた。ベーコンは丁寧にニワトリの死骸《しがい》を雪で包んだ。この作業はなかなか進まなかったうえに、彼は薄着だった。作業を終えると、ベーコンはくしゃみをした。

寒空の下、彼はなにも好きこのんで凍えていたわけではなく、これも科学研究のためだった。当時65歳だったベーコンは、人生最初の実験を行っていた。雪を使って肉を貯蔵できるか試していたのだ。残念ながら自然の厳しさにはかてず、これがベーコンの最後の実験となった。肺炎を患《わずら》い、数週間後に亡《な》くなったのだ。冷凍ニワトリに負けたとも言えるだろう。

ベーコンとニワトリの話は、ベーコンの人柄を表す興味深いエピソードであるだけでなく、実験科学の歴史のなかで常に動物たちが中心的役割を担《にな》ってきたという事実を改めて思い起こさせてくれる。実験のために犠牲になった無数の動物たちの存在なくして、こんにちのように近代科学が発展したとは考えにくい。研究者たちは動物の行動をより科学的に理解するために動物実験をすることもあるが、人間の代わりに動物で実験することのほうがずっと多い。まず動物で実験してから、人間にも同じものが適用できるか確認するのだ。この章で紹介する科学者たちを見てもわかるとおり、動物実験の目的が何であれ、ときには実験台の動物よりも、実験をしている人間のほうが、よっぽど興味深い行動をとることもある。

LSDを打たれたゾウ

ゾウのタスコはオクラホマシティー動物園で平穏に暮らしていた。日課の沐浴《もくよく》を楽しみ、メスのジュディと遊び、柵《さく》の反対側にはいつもたくさんの見物客がいた。どこから見ても、ごく普通の動物園のゾウの生活だ。そのため、1962年8月3日金曜日の朝、自分の小屋で目覚めたタスコは、その日どんなことが自分を待ち受けているのか知るよしもなかった。まもなくタスコは、世界初のLSDを打たれたゾウになる。

いかなる動物に対しても、これほど大量にＬＳＤが打たれたことはなく、この摂取量記録は今なお更新されていない。もし何をされるかわかっていたら、タスコは逃げだしていたことだろう。

この独創的な実験を思いついたのは、オクラホマ大学医学部のルイス・ジョリオン（ジョリー）・ウェスト博士とチェスター・Ｍ・ピアス博士、そしてオクラホマシティー動物園のウォーレン・トーマス園長だった。ＬＳＤの効果に感心した３人は、その薬理学的特性についてもっと知りたいと思った。そこで精神病理学的知識の限界を広げるべく、３人はたゆまぬ想像力をゾウに向けた。

彼らのために付け加えておくと、ＬＳＤに関心を持っていたのは、この３人だけではなかった。当時はさまざまな理由から、盛んにＬＳＤの研究が行われていた。ＬＳＤは効き目が強かったため、医師たちはＬＳＤに夢中になった。まるで魔法の薬のように、患者の自我が目覚め、記憶の回復も助け、行動パターンまで一変させたのだ。さらにはほとんど一夜にしてアルコール依存症が治ったという症例も報告され、多くの人々が統合失調症にも効果があるのではないかと期待した。医師たちがＬＳＤの危険性（および反体制的な文化《カウンター・カルチャー》に染まった若者のあいだでの人気）を危惧《きぐ》するようになり、アメリカ政府がＬＳＤの使用禁止に踏みきったのは、１９６０年代半ばになってからだった。

LSDの研究には陰の原動力もあった。CIA（アメリカ中央情報局）がLSDの軍事的利用に並々ならぬ関心を示していたのだ。化学兵器による戦争で相手を衰弱させたり、洗脳の際に使えないだろうか？ この答えを得るために、CIAはアメリカ全土の研究所に潤沢な資金を提供した。当時、行動科学を研究していた人々はほぼ全員、CIAの資金を受け取っていたと言っても過言ではないが、CIAは資金を分散し、数々の偽装組織を通じて提供していたため、それに気づいていた人は少なかった。とはいえ、CIAがこのゾウの実験に加担していた証拠はない。

LSDの影響による症状は精神疾患の症状に似ているため、精神科医もLSDに関心を持つようになった。この症状は「モデル精神病」と呼ばれ、患者が経験している状態をより深く理解しようと、多くの精神科医がみずからLSDを摂取した。また、精神疾患を実験によって再現し、より管理された状況でこの現象を研究するため、動物にLSDを打つ研究者もいた。ある意味では、ゾウにLSDを打ったのも、こうした研究の延長線上にある当然の結果だったのかもしれない。

しかし、3人がことさらゾウに関心を持った理由は、それだけではなかった。第一にゾウの脳は大きく、人間に近かった。そして第二に、オスのゾウは「マスト」と呼ばれる発情期になると、一時的に凶暴になる。非常に攻撃的になったオスのゾウは、目と耳のあいだにある側頭腺《そくとうせん》から粘液を分泌《ぶんぴつ》する。そこでウェストとピアスとトーマスは、もしLSDによって一時的に凶暴になるのなら、ゾウの場合、マストが始まるのではないかと考えた。これが成功すれば、LSDでモデル精神病が作れることを確実に立証できる。それに、マストが始まれば粘液が分泌されるため、確認も容易だ。

以上がこの実験を正当化するための科学的根拠だった。しかし「ゾウにLSDを打ったら、どうなるのだろう?」という残酷な知的好奇心も多少はあったのではないだろうか。好奇心を抑えるのはなかなか難しい。

8月3日の朝、実験準備が整った。トーマスは14歳のオスのインドゾウ、タスコを実験に使用するための手続きを済ませていた。LSDは製薬会社のサンド社が提供した。ただ、タスコに適したLSDの用量に関する知識だけが欠けていた。それまで誰もゾウにLSDを投与したことがなかったからだ。

医学上、LSDは最も効き目の強い薬のひとつとして知られている。人間の場合、1粒の砂よりも軽い、わずか25マイクログラム摂取しただけで、半日幻覚を見つづける。しかし実験者たちは、ゾウには人間よりも多めに投与する必要があると考えた。もしかしたらずっとたくさん必要かもしれない。アフリカでゾウの世話をした経験のあったトーマスは、ゾウは薬の影響に対して非常に抵抗力が強いことを知っていた。そこで投与量が少なすぎて失敗するより、多すぎて失敗するほうがましだと判断した３人は、ＬＳＤを人間の３０００倍に当たる２９７ミリグラム投与することにした。のちにこれが間違いのもとだったことが判明する。

午前８時、トーマスはタスコの尻《しり》にカートリッジ注射器を銃で撃ち込んだ。タスコは大きな声を上げると、檻《おり》のなかを駆けまわりはじめた。タスコは落ち着きがなくなり、数分後には自制がきかなくなってきた。仲間のジュディもやってきて、なんとかタスコを助けようとしたが、タスコは最後に大きな声で鳴くと、その場に倒れてしまった。タスコは白目をむき、けいれんしはじめた。舌は青くなり、発作を起こしたように見えたという。

実験者たちは、何かが間違っていたことに気づき、ＬＳＤの作用を緩和する措置をとった。抗精神病剤の塩酸プロマジンを２８００ミリグラム投与したところ、発作はやや弱まったが、大して効果はなかった。１時間20分後、タスコは依然として床に寝ころんだまま、あえいでいた。バルビツール酸系催眠薬のペントバルビタールナトリウムを注射したが、やはり効果はなかった。そして数分後にタスコは息を引き取った。

汚い言葉だが、もし「クソ！」と言うことが許されるなら、このときをおいてほかになかっただろう。タスコが死んでしまうとは、実験者たちは予想だにしていなかったのだ。多少正気を失って、檻のなかを走りまわったり、何度か鳴いたり、マストが始まったしるしの粘液が出たりする程度で、数時間すればまた元気になり、翌日まで影響を引きずることはないと思っていた。ところが今、足元にはタスコの遺体が横たわり、彼らは弁解しなければならない事態に陥っていた。

一体何が起こったのだろうか？　ウェストとピアスとトーマスは、必死になって原因を解明しようとした。タスコの体のどこか一部にＬＳＤが集中してしまい、毒性が高まったのだろうか？　カートリッジ注射器が血管に刺さってしまったのだろうか？　ゾウはＬＳＤアレルギーなのだろうか？　３人にはまったく理由がわからなかった。のちの死体解剖で、タスコの死因は窒息だと判明した。のどの筋肉が腫《は》れ上がり、息ができなくなってしまったのだ。しかし、腫れ上がった理由はわからなかった。数カ月後に科学雑誌「サイエンス」に発表された論文には、ただ「ゾウはＬＳＤの影響にきわめて敏感であると思われる」とだけ書かれていた。

マスコミはすぐにこの実験のことをかぎつけ、動物園に電話をかけてきて、詳細を確かめようとした。翌日の新聞には、「致命的実験　薬物で実験台のゾウが死亡！」「ゾウの命を奪った新薬」など、センセーショナルな見出しが躍った。地元紙「デイリーオクラホマン」は一面に「薬物注射、タスコの命を奪う」という見出しを掲げ、その下に息絶えたゾウとその上に身を乗りだすようにしているウェストの写真を掲載した。

タスコの死にまつわる最も衝撃的な情報の一部は、実験翌日の新聞記事で明らかになった。しかし記事の大半は伝言ゲームのような調子で、ウェスト、ピアスまたはトーマスから直接確認した情報なのか、記者たちの想像なのか、はっきりしない内容だった。たとえばAP通信社は、タスコに投与されたLSDの量を「アスピリン一錠よりも効き目が弱い」と伝えているが、実験者がこのような発言をしたとは考えがたい。もしこれに近いことを言っていたとしても、タスコが摂取した薬物の量は、重さにするとアスピリンの錠剤1個に含まれる薬物の量に匹敵するというようなことだろう。しかしアスピリンとLSDでは、効き方が格段に異なる。

同じAP通信の記事には、「研究者の1人、オクラホマ大学精神科教授L・J・ウェスト博士は木曜日にLSDを摂取した」とも書かれていた。しかもこの記事は平然と、科学者が実験の前に自分自身にLSDを打つのはごく普通のことであるかのように続けている。現代の読者がこんな記事を読んだら、目を疑わずにはいられないだろう。もしウェストが木曜日にLSDを摂取していたら、タスコにLSDを打った翌金曜日まで影響が残っていた可能性もある。この情報が本当なら、幻覚作用という観点からこの実験を見直したほうがよいかもしれない。

他紙より実験者たちに接触しやすかったと思われる「デイリーオクラホマン」の記者たちも同じような報道をしたが、幾分あいまいな表現で、「ウェスト博士は、タスコの実験に先立ち、みずからLSDを摂取した」と書かれていた。これだとLSDを使用したのが実験の前日なのか、1年前なのかわからない。

事実を確認するのは難しい。研究者たちは実験の模様を撮影していたが、そのフィルムは、ウェストが勤務していたカリフォルニア大学ロサンゼルス校(UCLA)のアーカイブに眠ったままなのだ。このフィルムは一度も公開されたことがないが、フィルムを見た人たちの話によれば、実験者3人はしらふで実験をしているようだったという。このことから、記者たちはこの件についても誤解したまま記事にしていた可能性がある。

事実か否《いな》かはおかまいなしに、ウェストとピアスがLSDを使用してハイになった状態で、ゾウの檻のなかを歩きまわっていたという話は瞬《また》く間に広まり、この実験の話題が出るたびに繰り返し語られた。後年、精神医学を批判するサイエントロジー教会は、ウェスト１人をやり玉に挙げ、出版物のなかで、ウェストは無軌道な科学者であり、「ウェスト自身が記録した映像では、『死体解剖』を行いながらゾウの内臓のあいだを飛びまわっており、このときまだ（ＬＳＤの）影響が残っていたことは明らかだ」としている（ただし、この記載は少なくとも一部間違っている。死体解剖時の様子は撮影されていないからだ）。

新聞記事のなかにはもうひとつ見過ごせない記載があった。タスコは「扱いが難しく、だんだん手が焼けるようになっていました。距離を置いて厳しく接しなければならず、いずれかなりの乱暴者になったかもしれません」というトーマスのコメントを「デイリーオクラホマン」が掲載したのだ。たくさんの読者がこのコメントを、無慈悲にもタスコの死を正当化しようとしていると受け取った。

トーマスはそれだけではなく、この実験は失敗ではないという見解を述べていた。少なくとも、ＬＳＤの投与はゾウにとって致命的であることがわかったからだ。トーマスはさらに、「ＬＳＤはむしろ、動物による害で困っている国で、群れごと退治するのに適しているかもしれない」と提案した。ゾウ１頭に投与しただけでは不十分で、ＬＳＤでトリップしたゾウの群れが惨《みじ》めな死を迎えるまで、よろめきながらアフリカのサバンナをうろうろと歩きまわる様子を想像していたのだ。

科学界も、この実験に不快感を表明。ほかの科学者たちは、タスコに投与するLSDの量を正しく判断できなかったウェストとピアスとトーマスの不手際《ふてぎわ》を非難した。獣医兼生物学者のポール・ハーウッドは「サイエンス」誌に寄稿した短い論文のなかで、3人の研究を「ゾウ並みに大きな間違い」と評した。ところが、この実験のおかげで3人の科学者たちは、カウンター・カルチャーにおけるちょっとした有名人になった。後年、ウェスト自身が述べたところによると、1960年代後半にウェストがヒッピーの研究を行った際に、自分がゾウにLSDを打った科学者であることを告げると、すぐにヒッピーのコミュニティーと接触することができたらしい。

しかしながら、ゾウたちにLSDを打った話は、これで終わったわけではなかった。今、「ゾウたち」と書いたように、さらに別のゾウにもLSDが投与されたのだ。

1969年、ウェストはカリフォルニア大学ロサンゼルス校に移った。のちにUCLAでウェストの同僚となる精神薬理学教授ロナルド・シーゲルは、ウェストらの実験に関心を持っていた。この実験に関して、たとえば「タスコを死に至らしめたのはLSDそのものだったのだろうか？」「薬物の組み合わせに問題があったのだろうか？」「LSDは実際にマストを誘発するのだろうか？」といった疑問が解けていなかったからだ。1982年にシーゲルは、これらの疑問を解消することにした。のちにシーゲルは、「この『実験』の明らかな失敗や不手際を正さずにはいられなかった」と言っている。こうしてシーゲルは、さらに多くのゾウたちにLSDを打つ実験に着手した。

この課題に取り組むにあたって、シーゲルには過去の研究者たちに勝るいくつもの強みがあった。何よりもまず、彼は幻覚剤が動物に及ぼす影響に関して、世界有数のエキスパートであり、さらに先人の例から学ぶこともできた。つまり、何をしてはいけないかをわきまえていたのだ。

シーゲルは2頭のゾウ（オス1頭とメス1頭）を使用する許可を得た。これらのゾウがどこの象舎のゾウだったかは公表されていない。噂《うわさ》によればシーゲルは、もしゾウが死んだら代わりのゾウを提供するという誓約書にサインしていたという。シーゲルは注射器を使わず、その代わりにLSDの入った水をゾウに飲ませた。ゾウには確実にのどが渇くように、12時間水を与えていなかった。こうすれば、LSDは注射するよりもゆっくりゾウの体に吸収される。シーゲルはこれらのゾウたちで、2つの用量を試した。少ないほうは体重1キログラム当たり0・003ミリグラム。多いほうは1キログラム当たり0・1ミリグラムだった。後者は、LSDの総量ではなく体重に対する割合という意味では、タスコが摂取した量と同じである。

幸いこのゾウたちが倒れて死ぬことはなかった。では、ゾウたちはどうなったのだろう？　多くの動物はＬＳＤを摂取すると、かなり常軌を逸した行動をとる。クモは非常に規則正しい巣を作り、ヤギはよくある幾何学模様を描いて歩きまわり、ネコは四肢を広げてしっぽをピンと張り、ツメを出した。ところがゾウは、そこまで変わった行動は見せなかった。シーゲルが少ない量を投与した際には、前後左右に体を揺すったり、甲高い鳴き声を上げたり、頭を揺すったりといった行動が増えた程度で、多い量を投与した際には、最初は攻撃的になったが、次第に動きが遅くなり、元気がなくなった。また、オスのゾウはいつもよりも長く干し草風呂《ぶろ》に入っていた。だが、24時間後には2頭ともいつも通りに戻ったという。

シーゲルの実験は、タスコの死はＬＳＤが原因であるという説に疑問を投げかけたが、何らかの可能性を完全に否定することはできなかった。タスコに投与したＬＳＤの量が、何らかの有毒物質の基準量を超えていたのかもしれない。またシーゲルは、ＬＳＤがマストのような症状を誘発しないことも確認し、当初、ウェストとピアスとトーマスが立てた仮説が間違っていたことを証明した。

本来なら1962年のウェストらによる実験でも、シーゲルの実験と同じ結果になるはずだったが、残念ながらタスコは死んでしまった。しかし、もし生き延びていたら、ひっそりと動物薬学の論文の脚注に登場しただけだっただろうが、皮肉なことに、

タスコ・ファタール

死んでしまったがために、タスコはポップカルチャーにおいて永遠の地位を築いた。新聞・雑誌の記事や（今読んでいただいている本書のような）本に登場するばかりか、タスコは音楽にも影響を及ぼしたのだ。１９９０年、シンガー・ソングライターのデイヴィッド・オアが「タスコ・ファタール」というバンドを組み、活動拠点であるヴァージニア州周辺でマイナーながらカルト的人気を集めた。タスコ・ファタールの「The Unfortunate Elephant（不運なゾウ）」という曲はタスコを追悼し、「クモはより完璧《かんぺき》な巣を作り、ゾウは倒れて死ぬ。記者はより完璧な記事を書く。共通しているのは、みんな時間の感覚を失うことだ」と歌っている。

科学文献上、これら以外にゾウにＬＳＤを

与えた研究の記録はない。そのため、幻覚体験をした厚皮動物は、タスコと１９８２年のシーゲルの実験に使われた2頭のゾウだけということになる。

しかし、ゾウはよくＬＳＤと結びつけられて登場する。麻薬による幻覚症状を英語のスラングで「ピンク・エレファント」と言うが、これは１９９０年代にＬＳＤを染《し》み込ませた吸い取り紙に、よくピンク色のゾウの絵が描かれていたためだろう。また、１９４１年のディズニー映画『空飛ぶゾウ　ダンボ』では、大きな耳のゾウが、巨大なピンク色のゾウたちがパレードする幻覚を見る。ダンボはＬＳＤではなく密造酒を飲んだのだが、麻薬使用者たちは、この場面が幻覚体験の様子を完璧に描いていると賞賛した。少なくともＬＳＤを使ったゾウを見る方法としては、実験よりも人道的だと言えるだろう。

West, L. J., C. M. Pierce, & W. D. Thomas (1962). "Lysergic Acid Diethylamide: Its Effects on a Male Asiatic Elephant." New Series, *Science* 138 (3545): 1100-3.

ゴキブリの徒競走

スタートのライトが点灯すると、ゲートが開き、走者がスタートする。彼女は一気に走路を駆け抜け、観客席が熱気に包まれる。興奮した観客たちは触角を前後に振り、お互いの体の上に乗り上げる。もちろん走者のことなどおかまいなしだ。もしかしたら彼らは、走者ではなく投光照明の光に興奮しているのかもしれない。いずれにしても走者は観客の存在によってパワーアップし、前方にぼんやり見える暗がりに向かって加速した。

1960年代後半、心理学者ロバート・ザイアンスは、ミシガン大学の研究室で長い時間を費やし、メスのゴキブリ（正確に言うとトウヨウゴキブリ）にレースをさせた。ザイアンスはストップウォッチで慎重にタイムを計り、ミニチュアのスタジアムまで作った。

このスタジアムは縦横高さ各20インチ（約50センチ）の透明のプラスチック製の立方体で、この立方体をまっすぐ横切るように透明のチューブでできた走路が設置されていた。走路の端にはスターティング・ボックスが、反対端には暗くしたゴール・ボックスが取り付けられた。さらにザイアンスは、走路の両側に透明のプラスチックの箱（別名「観客席」）も設置し、これらの箱のなかはゴキブリ（閉じこめられた観客）たちで埋め尽くされた。

最高の走りができるよう、ザイアンスは本番前の1週間、走者のゴキブリたちを1匹ずつ暗い瓶のなかに入れて、リンゴのスライスをたっぷり与えた。レース当日、ザイアンスはスタジアムのスターティング・ボックスに走者のゴキブリを1匹入れると、その後方に設置した150ワットの投光照明をつけ、走路に続くゲートを開けた。するとゴキブリは、まぶしい光を逃れ、反対端の居心地のよい暗い箱に向かって走った。ザイアンスは遊びでこんなことをしたわけではない。少なくとも本人は遊びとは認めなかった。ゴキブリは仲間に見られているときのほうが速く走るのかどうか確認したかったのだ。そのためザイアンスは、観客がいるときといないときの2回、ゴキブリを走らせた。

その結果ザイアンスは、ゴキブリはほかのゴキブリがいたほうが断然速く走ることを発見した。この事実だけなら、彼の研究はゴキブリ行動学の参考書にちらっと登場する程度だっただろうが、ザイアンスはこの発見にはより大きな意味があると主張した。

ザイアンスは、この実験で起こった現象は「社会的促進」であると指摘した。観客がいるだけで、どういうわけか走者のエネルギーが高まったのだ。そこで彼は、これが正しければ、人間にも当てはまる可能性があると論じた。ザイアンスが言うように

「他人の目は、非特異的な覚醒《かくせい》効果をもたらし、与えられた状況下で起こり得るあらゆる反応を活発にする可能性がある」。つまり観客の前のほうが、誰もいないところよりも速く走れるかもしれないということだ。

ではなぜこんなことが起こるのだろう？　ザイアンスは自動的な生理学的反射と結論づけた。つまり生き物によっては、単独でいるときは安らかな気持ちでいられるが、同じ種類の生き物がまわりにいる場合、彼らが何かしたらそれに反応できるよう警戒心が働くというのだ。こうして1匹だけのときよりも注意を払うことから、まっすぐ走るなどのタスクで成績が上がるというわけだ。しかし問題もあった。この成績向上効果があるのは、タスクが簡単なときだけだった。集中力を要するような複雑なタスクの場合、むしろ観客がいるほうが成績が下がった。エネルギーが余って、感覚に負荷がかかりすぎ、考えをまとめるのが難しくなるのだ。

ザイアンスはゴキブリ・レースの実験にひねりを加えて、このことを証明した。暗く安全なゴール・ボックスにたどり着く前に、ゴキブリに簡単な迷路を解かせたところ、予想通り観客がいるほうが迷路を解くのに時間がかかったのだ。これを人間に当てはめたらどうなるか。たとえば数学の問題のように思考が要求されるタスクを思い浮かべてみよう。ザイアンスなら、観客の前でそのようなタスクをこなすのは、あが

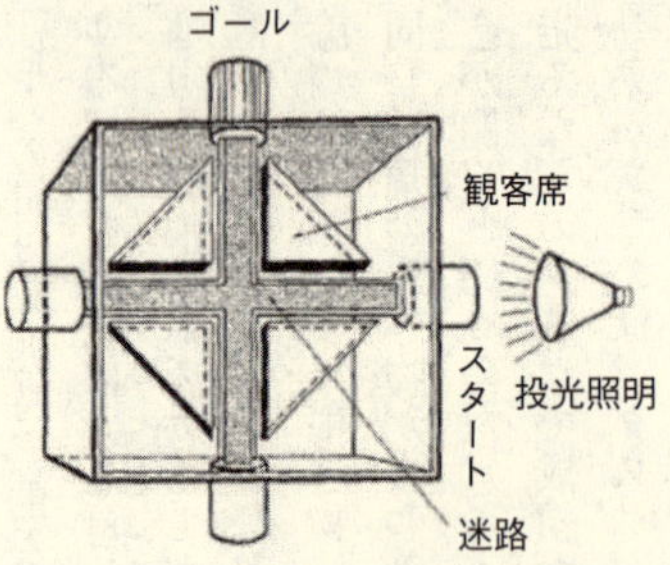

ゴキブリ・スタジアム
迷路バージョン

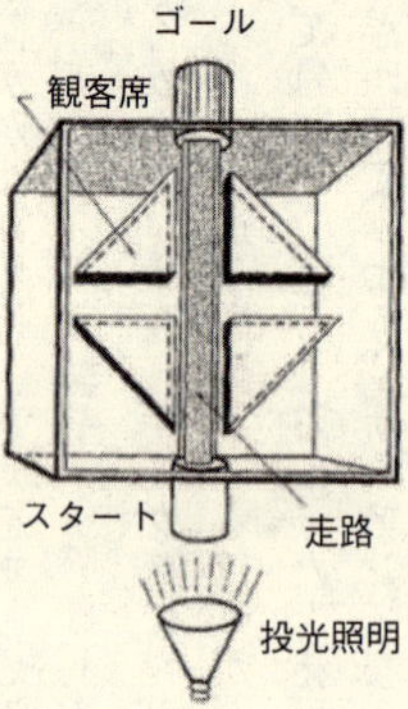

ゴキブリ・スタジアム

ってしまって成績が下がると予想することだろう。

ザイアンスが実験を行って以来、この現象について、ニワトリやアレチネズミ、ムカデ、金魚、そしてもちろん人間など、数々の生き物で実験が行われた。他人の目があると、ほぼ一定して単純なタスクでは成績が上がり、複雑なタスクでは成績が下がった。ある実験では、これを立証すべく、道の脇《わき》に座っている人がいるとジョギングをする人々のスピードが変わるかどうか望遠レンズを使って観察したところ、実際に彼らのスピードは上がっていた。さらには、マネキンが置かれていた場合でさえ、社会的促進は起こった。ウィスコンシン大学で行われた研究では、被験者が部屋に1人でいるときよりも、部屋にマネキンが置かれていたときのほうが単純なタスクをこなす効率が上がったのだ。
まだ研究されていないのは、ゴキブリが見ているときに人間のパフォーマンスが向上するかどうかだ。突然台所にこの小さな生き物が現れ、触角を振っているのを発見したときの一部の人々の逃げまどい方を見たかぎりでは、恐らく効果があるのではないだろうか。

Zajonc, R. B., A. Heingartner, & E. M. Herman (1969). "Social Enhancement and Impairment of Performance in the Cockroach." *Journal of Personality and Social Psychology* 13(2): 83-92.

目が合うとそらしたくなる理由

両者はにらみ合った。これは神経戦だ。どちらが先に目をそらすか。男は相手に全神経を集中させている。視線はまるで2本のレーザービームのように鋭く、びくともしない。相手も黒い瞳《ひとみ》で冷静ににらみ返す。5秒後、不意にヒツジはあさってのほうを向いた。そして、ひと声鳴くと、地面に小便をした。

知らない人にじっと見つめられた経験はないだろうか？　そのときあなたはドキドキしたり、落ち着かない感じがしたり、怖いと思ったりしなかっただろうか？　では、自分がヒツジになったところを想像してみよう。もし人間が自分のことをじっと見つめていて、目をそらす気配がなかったらどう感じるだろうか？　ニュージーランドのマッセイ大学の研究者たちは、まさにそういった疑問を持っていた。

この答えを求めて、研究者の1人が木の床の上でヒツジを10分間見つめつづけ、ヒツジの動きを逐一目で追った。この研究では特に、「ヒツジと目が合ったら、ヒツジが目をそらすまでヒツジの目を見つづける」ことになっていた。記録によれば、ヒツジとのにらみ合いに負けた研究者はおらず、彼らの面目は保たれた。

2001年11月に行われたこのにらめっこ実験では、合計20頭のヒツジが被験者となった。次に研究者たちは、ヒツジを見つめる人間の代わりに段ボール箱を置いた場合と、床を見つめる男性でこの実験を行い、それぞれの状況について、別の研究者が隠れてヒツジの行動を記録した。観察者たちは、ヒツジが同じ場所にじっとしている、逃げようとする、箱や男性を何度もちらちら見るなど、恐怖を感じている様子がないかを重点的に調べた。

最終データには、予想通りの結果と意外な結果が含まれていた。予想通り「段ボール箱よりも人間がいるときのほうが、どのヒツジも恐怖または嫌悪感《けんおかん》に関連した行動を見せた」。しかし意外なことに、ヒツジを見つめる男性よりも、床を見つめる男性にヒツジは恐怖感を持つようだった。ヒツジは下を向いた男性から、常に距離を保っていた。まるで「人の目を見ないヤツは信用できない」とでも言うように。なお、放尿した回数は見つめられているときのほうが多かったのだが、理由はわかっていない。

マッセイ大学の研究は、少し変わっていると思われるかもしれないが、実のところ、人間に見つめられたときの動物の反応に関する研究はたくさん行われている。こうして研究者たちに長時間見つめられた動物のなかには、イグアナ、ヘビ、カモメ、スズメ、ニワトリなどもいた。これらの実験は、特に獲物《えもの》となる動物たちが天敵からどんな視覚的手がかりを得ているかという、捕食者と被食者の関係を理解するための、より大規模な実験の一環として行われた。

研究者たちは、見つめられることで人間がどう反応するかも研究し、この研究論文を動物行動学ではなく、社会心理学系の雑誌に発表した。よくいろいろな論文にも引用されている、1972年にスタンフォード大学が行った実験では、研究者がスクーターに乗り、交差点で信号待ちをするあいだ、隣の自動車の運転手をじっと見つめた。実験者と被験者の距離は平均4フィート（約1メートル22センチ）。見つめられた人々の大半は、同じような反応を示した。彼らはたいていすぐにスクーターの運転手が自分を見つめていることに気づき、次のような行動をとった。

1~2秒後には目をそらし、明らかに落ち着かない様子を見せた。衣服やラジオをいじったり、自動車のエンジンをふかしたり、何度も信号を見たり、盛んに同乗者に話しかけたりした。なかなか信号が変わらないときには、被験者はコソコソ実験者のほうをうかがっては、目が合うとすぐに視線をそらせた。

実験者は青信号になるまで被験者を見つめ、そして被験者が何秒で交差点を渡るか計測した。ほとんどの運転手はアクセルを強く踏み込み、あっという間に信号を通過していった。このことから研究者たちは、私たち人間は凝視されると脅威と判断し、これを避ける反応をすると結論づけた。

ヒツジの実験と人間の実験の結果から、人間よりもヒツジのほうが勇敢だと思うだろう。人間に見つめられても、逃げようとはしなかったのだから。しかし、これは勇敢か否かとは関係ないかもしれない。むしろ、ヒツジは奇妙な行動をとる人間を見慣れているため、もはや私たちが何をしようと大して気にかけないと考えたほうが妥当だろう。また、少なくとも人間は見つめられてもお漏らしをすることはないと、安心してもよさそうだ。だがスタンフォード大学の研究では、被験者にこの特定の反応が起こったのか確認するすべはなかった。したがって、交差点である運転手を見つめていたら、突然彼がバツの悪そうな表情でほほ笑んだという経験のある人がこれを読んだら、あの笑顔の理由が気になることだろう。

Beausoleil, N. J., K. J. Stafford, & D. J. Mellor (2006). "Does Direct Human Eye Contact Function as a Warning Cue for Domestic Sheep (Ovis aries)?" *Journal of Comparative Psychology* 120(3): 269-79.

「忠犬」は本当に飼い主を助けるのか

ティミーが井戸に落ちた。「ラッシー、助けを呼んできて！」と暗がりのなかから ティミーが呼びかけると、ラッシーは耳を立て、井戸をのぞき込み、大急ぎで走りだす。すると、すぐに森林警備隊の人が見つかった。

「ワン、ワン、ワン」

「どうしたラッシー？　何が言いたいんだ？」と警備隊員が尋ねる。

「ワン、ワン」。ラッシーは鼻で合図すると、井戸に向かって駆けだした。心配になった警備隊員は、ラッシーのあとを追って行った。

もしあなたがティミーのように井戸に閉じこめられてしまったら、あなたの愛犬はどうするだろうか？　助けを求めて駆けだすだろうか？　木のにおいをかぎに、どこかへ行ってしまうだろうか？　救助犬として訓練を受けたイヌを飼っているのなら救助を求めに行くかもしれないが、ベーコンや近所のネコに吠《ほ》えることに人生最大の情熱を傾けているような、ごく普通のイヌの場合はどうだろう？　緊急事態にどう対応すべきか、判断できるのだろうか？

これを調べるため、ウエスタンオンタリオ大学の研究者クリスタ・マクファーソンとウィリアム・ロバーツは、イヌの飼い主12人に、広い野原を散歩中に心臓発作が起きて倒れたフリをしてもらった。飼い主たちは全員、同じ行動をとった。野原のあらかじめ決めておいた場所にペンキで印をつけておき、そこまで来たら息を荒らげ、咳《せき》をし、あえぎ、腕を抱え、倒れて、そのまま動かず地面に横たわるのだ。木に隠しておいたビデオカメラで、このあとのイヌの行動を記録した。研究者たちは、イヌが10メートル先に座っている見知らぬ男性に助けを求めるかどうかに着目していた。

実験に参加したイヌたちは、コリーやジャーマンシェパード、ロットワイラー、プードルなど、さまざまな犬種がいたが、いずれも知性を売り込むには力不足だった。イヌたちはしばらく飼い主の体を鼻で押したり、前脚で引っかいたりしていたが、その後、この機に乗じてあたりを散策しはじめたのだ。見知らぬ男性と接触したのは、トイプードル1匹だけだった。このイヌはその男性に駆け寄ると、ひざに飛び乗ったという。ただし、トイプードルは飼い主が緊急事態に陥っていることを知らせようとしたのではなく、なでてもらいたかっただけだった。きっとこのイヌは、「大変だ。飼い主様が死んじゃったから、誰かほかの人に飼ってもらわなきゃ」と判断したのだろう。

心臓発作のシナリオはイヌにはわかりにくく（イヌたちは飼い主が昼寝しているだけだと思ったのかもしれない）、見知らぬ男性が行動を起こさないため、イヌたちは何も問題ないと判断した可能性もあると考えた研究者たちは、よりドラマチックな第2の実験を編みだした。

今度は15人の飼い主に、それぞれイヌを服従訓練学校に連れてきてもらった。イヌと飼い主はロビーにいる人にあいさつして部屋に入る。すると、そこにある本棚が飼い主の上に倒れてくる（実際は本棚のどこを引っ張れば、飼い主に怪我《けが》を負わせずに本当に事故が起こったように見せられるか、研究者が事前に各飼い主に説明してあった)。本棚の下敷きになった飼い主は、イヌのリードを離し、ロビーにいる人を呼んできてくれるように頼んだ。

またしても、どういうわけかイヌたちは緊急事態に反応しなかった。イヌたちはかなり長いあいだ飼い主のそばに立ったまま、しっぽを振っていたが、助けを求めに行ったイヌは1匹もいなかったのだ。研究者たちは、「飼い主が心臓発作で倒れたときも、本棚の下敷きになったときも、イヌが第三者に助けを求めなかった事実から、イヌたちは、これらの状況を緊急事態と判断しなかったか、第三者の助けが必要なことがわからなかったと思われる」と結論づけた。つまり、愛犬が命を助けてくれるなどと期待してはいけないということだ。

しかし研究者たちは、確かにイヌが助けを求めて、飼い主の命を救った例もあることを指摘した。マスコミはこの手のニュースが大好きだ。「CMのあとは救急車を呼んだイヌのニュースをお届けします」と言って、ニュース番組の最後に心温まるエピソードを提供したいからだろう。しかし研究者たちは、こうした話は典型的なイヌの行動を物語っていると考えるべきではないという。命を救ったイヌの話は、ほとんどが都市伝説なのだ。

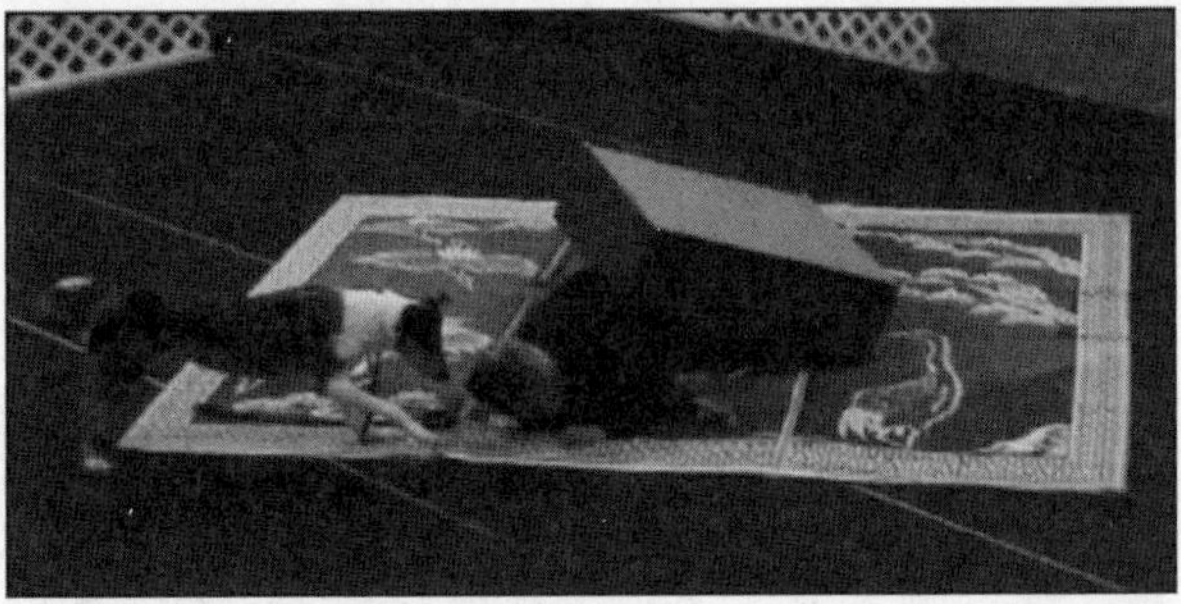

「本棚が倒れて、動けないんだ！」

都市伝説と言えば、こんな話もある。恐らくテレビ番組『名犬ラッシー』のなかで最もよく引用されるのは、「ティミーが井戸に落ちた」というせりふだろう。ティミー役の俳優ジョン・プロヴォストは著書に『*Timmy's in the Well*（ティミーは井戸のなかにいる）』というタイトルをつけたほどだ。ところが、ティミーは湖に落ちたり、砂に巻き込まれたり、ひき逃げにあったりと、さまざまな緊急事態に陥ったが、一度も井戸には落ちていないという。

Macpherson, K., & W. A. Roberts（2006）. "Do Dogs（Canis familiaris）Seek Help in an Emergency?" *Journal of Comparative Psychology* 120（2）: 113-19.

七面鳥は面喰い？

オスの七面鳥は選り好みをせず、手当たり次第に交尾しようとする。棒に刺さった頭だって例外ではない。

1950年代後半、ペンシルベニア州立大学の動物学者マーティン・シャインとエドガー・ヘイルは、オスの七面鳥を本物そっくりなメスの七面鳥の模型と一緒の部屋に入れると、「発情期のメスの七面鳥に対する反応と区別がつかない」性的反応を示すのを観察した。オスの七面鳥たちは発情した鳴き声を上げて意思表示すると、求愛のダンスを始め、羽を膨らませ、ついにはメスの模型の上にマウンティングして、交尾行動を開始したのだ。

興味を引かれたシャインとヘイルは、オスの七面鳥の性的反応を引き出す最低の刺激要素は何か知りたくなった。メスの模型から体の部位をひとつひとつ取り除いていったら、オスはどの時点で興味を失うのだろうか？　この実験の結果、かなりたくさん取り除けることがわかった。

まず、尾、脚、翼のいずれも不要であることが証明された。最後に研究者たちは七面鳥に、頭のないメスの体と棒に刺さった頭だけの二者に対する反応を観察したところ、驚いたことにオスの七面鳥はすべて棒に刺さった頭を選んだ。頭さえあれば、オスの七面鳥はその気になるのだ。研究者たちはこう記している。

体のない頭を床から12〜15インチ（約30〜38センチ）の高さに固定したところ、オスは求愛行動を始め、頭にすり寄り、頭の背後の適切な位置からマウンティングまで行った……そのあとオスは模型の頭部に反応し、足踏みしたり、尾を下げたり、総排出腔《そうはいしゅつこう》を合わせて交尾しようとしたりした。このとき、露出したオスの交接器に軽く触れて刺激を与えると射精する。なお、温めた時計皿や人間の手など、表面がなめらかで温かいものなら何でも効果的に刺激を与えることができる。

七面鳥のオスがメスの頭部に執着するのは、その交尾方法に端を発しているようだ。オスの七面鳥はメスよりずっと大きいため、マウンティングをするとメスの体はすっぽり隠れてしまい、まっすぐ伸ばした頭しか見えなくなる。そのため、メスの頭だけでもオスは性欲をかき立てられるのだ。

究極的に七面鳥を性的に興奮させるのは頭部だと確認したシャインとヘイルは、次にどういう頭だったらオスが反応しなくなるか調べるため、さまざまな頭を棒に刺してみた。そのなかには、新鮮なメスの頭、新鮮なオスの頭、「変色し、乾燥して硬くなった」2歳のメスの頭、同様に乾燥したオスの頭、バルサ材で作った木製の頭があり、木製の頭については目やくちばしがないものなど数種類用意した。

ダントツで人気があったのは新鮮なメスの頭で、乾いたオスの頭、新鮮なオスの頭、乾いたメスの頭がこれに続いた。木製の頭はどれも人気がなかった。もしかしたら七面鳥は、頭脳を持った女性が好みなのだろうか。しかし人気がなかったとはいえ、木製の頭にもオスたちが性的行動を示したことは付け加えておくべきだろう。

棒に刺さった頭に求愛する七面鳥

家《か》禽《きん》類《るい》の交尾に関心を持ったシャインとヘイルは、レグホン種のニワトリでも同様の実験を行った。この実験で2人は、七面鳥と違いレグホン種のニワトリに十分な性的刺激を与えるには、頭だけでなく体も必要であることを発見し、その結果は「多様な形態のニワトリの模型がオンドリの性的反応に及ぼす影響」という刺激的な題名の論文のなかで発表した。

簡単に恋の相手を間違える鳥は家禽類だけではなかった。コンラッド・ローレンツは、小さなセルロイドのボールに発情するセキセイインコを観察したことがある。このように、専門用語で「生物学的に不適切な物体」と呼ばれるものを相手に求愛行動を行う動物は多い。雄牛はじっとしている動物なら、ほとんど何でも雌牛として扱う。シャインとヘイルの言葉を借りれば、雄牛たちには「相手が逃げださず、乗っかれそうなら、マウンティングせよ」という生きるうえでのおきてがあるらしい。

セクシーな女性たち（棒に刺さった頭と、生きているメスの七面鳥）

　1950年代前半、ウォルター・リード陸軍病院の研究者たちは、たくさんのオスのネコに、脳の一部である扁桃体《へんとうたい》に傷をつける手術をした。すると手術を受けたネコたちは性欲過剰となり、イヌやメスのアカゲザル、年老いたメンドリと交尾しようとした。また、性欲過剰になったネコを4匹一緒にしたら、すぐにマウンティングを始め、重なり合ったという。

しかしこの性倒錯的動物の頂点に立つのは、我々ホモサピエンスである。私たちは、決して七面鳥や雄牛など、ほかの動物たちの勘違いした求愛行動を笑うことはできない。人間はあらゆるものから性的刺激を得ており、まるで際限がないように思われる。

1642年、移住したばかりのアメリカのニューイングランド地方で初めて処刑された清教徒のうちの一人、ティーンエイジャーのトーマス・グレンジャーがいい例だろう。グレンジャーは七面鳥などの動物と性行為をした罪で処刑されたのだ。彼は罪を認めながらも、動物との性交は「故郷では昔から行われていた」習慣だと主張した。「楽しきイングランド」と呼ばれた昔なら、そんなこともあったのだろう。グレンジャーの処刑は事実にもかかわらず、歴史の本に載ることはほとんどなかった。それでも、感謝祭のディナーの席で、植民地時代に思いをはせながら、雑学として披露したらおもしろいかもしれない。

Schein, M. W., & E. B. Hale（1965）. "Stimuli eliciting sexual behavior." In *Sex and Behavior*（F. A. Beach, ed.）. New York: John Wiley & Sons.

「闘牛士」になった脳外科医

闘牛場に立つ闘牛士の頭に、スペインのギラギラした太陽が照りつける。30フィート（約9メートル）先には1頭の雄牛が立っている。観客席では、人々がかたずをのんで見守っている。闘牛士が赤いマントを広げる。雄牛は片足を蹴《け》りあげると、鼻息を荒らげ、突進する。ギリギリのタイミングで闘牛士はマントをひるがえし、優雅にかわした。ところが不意に雄牛が頭を振り、闘牛士は地面にたたきつけられた。観衆が息をのむ。雄牛は闘牛士のまわりを回ると、腹部を押さえて地面にうずくまる闘牛士に向かって、ふたたび突進する。人々が悲鳴を上げる。闘牛士にとっては絶体絶命のピンチだ。雄牛はわずか1ヤード（約90センチ）先まで迫っている。あと数秒で、一巻の終わりになるかもしれない。だが、闘牛士が突然脇腹に手をやり、ベルトについたボタンを押すと、次の瞬間、雄牛の脳内に埋め込まれたチップが少量の電気を発し、雄牛の動きが止まった。そして何度か荒っぽく息をすると、おとなしく歩いて退場していった。

未来の闘牛士は、怪我を防ぐため、このように脳に制御装置を埋め込んだ雄牛と戦うようになるのだろうか？　そうなれば、闘牛のチケットの売上は落ちるかもしれないが、闘牛士の命は救えるだろう。もっとも、未来を待つ必要はない。この技術は何十年も前から存在しているのだ。エール大学の研究者ホセ・デルガドが、脳に埋め込んだチップで雄牛を制御できることを初めて実演したのは、1963年のことだった。デルガドはスペイン出身の研究者で、1950年からエール大学医学部に勤務していた。その後20年間、デルガドは、脳電気刺激（ESB）研究の先駆けとなった研究者たちのなかでも特に目立った活躍をした。

ESBを行うには、脳の異なる部位を刺激するために、頭蓋骨《ずがいこつ》のなかに針金を挿入する。この電気刺激によって、無意識に四肢を動かしたり、愛情や怒りなどの感情を引き起こしたり、食欲や攻撃性を制御したりといった幅広い影響を及ぼすことができる。この技術はジョージ・オーウェルが小説に描いたようなマインド・コントロールを思い起こさせるという批判もあったが、擁護者たちはそれは誤解であると主張した。脳の特定の部位を刺激したらどんな反応があるかを正確に予測することは難しく、思想や複雑な行動を制御するのは不可能だからだ。

デルガドの偉大な功績は、リモコンで操作できるESBチップを発明したことだ。彼はこのチップをスティモシーバーと名付けた。このおかげで、頭からコードをぶらさげずに自然に動きまわる動物たちを観察できるようになった。1960年代には、まだテレビのリモコンすら普及していなかった(しかも、レンガと同じくらい大きかった)にもかかわらず、デルガドは自分の発明をこんなたとえを使って説明している。

ガレージのドアも私の車内にあるボタンを押すだけで開閉できるし、テレビのチャンネルや音量も、アームチェアでくつろぎながら、小さな遠隔操作装置のつまみを動かせば変えられる……これらの実績から、生き物の生物学的機能を遠隔操作するという発想も理解してもらえるだろう。研究者が何らかの目的で発する電波によって、脳まで電気的刺激が到達し、その影響でネコやサルや人間などが、手脚を伸ばしたり、食べ物を拒否したり、興奮したりするのだ。

スティモシーバーを使ったデルガドの実験は、ほとんど同じパターンで行われ、被験者の脳の異なる部位を刺激し、その反応を観察した。デルガドの実験のなかでも特にセンセーショナルだったのは、ルディという名のサルを使った実験だ。デルガドはボタンを操作することで、ルディに右を向いて立ち上がり、右回りして、ポールに登り、床に降りて、うなり声を上げ、目下のサルを脅かし、またおとなしくサルの群れに戻るという複雑な一連の行動をとらせた。しかもルディはこの行動を2万回続けて行った。

デルガドはこのリモコン装置を使って、動物と同じくらい簡単に人間も動かすことができた。ある被験者の患者は、自分の意志に反して何度もこぶしを握りしめ、しまいには「先生の電気は私の意志より強いようです」と言った。また、指令を送れば不安や怒り、愛情といった感情を起こさせることもできた。デルガドはつまみを操作して、女性患者の不安を増やしたり減らしたりした。また別の女性患者は、デルガドが怒りのボタンを押すと、部屋の壁にギターをたたきつけるなど激しく怒りだし、さらに別の患者は「こんな気分は嫌です」と言いながらも、紙を力一杯引きちぎった。運のよかった患者たちは、愛情のボタンを経験した。刺激が与えられると、2人の患者は気持ちを抑えられず、デルガドに求婚したという。ちなみに患者の1人は36歳の女性だったが、もう1人は11歳の少年だった。

しかしデルガドが半永久的に名を残すことになったのは、スペインのコルドバにある農場で1963年に行われた闘牛の実験のおかげだろう。凶暴性が高いことから「勇敢な雄牛」と呼ばれるウシたちの脳に電極を埋め込み、ESBの効果を試したところ、デルガドはウシたちを振り向かせたり、脚を上げさせたり、円を描いて歩かせたりすることに成功した。さらにウシたちが「鳴き声を上げることもあり、この結果の信頼性を検証するための実験では、100回刺激を与えたところ、ウシは100回続けて『モー』と鳴いた」という。まるで近づくと音を出すおもちゃのようだ。

この実験の最後にデルガドは、1頭の雄牛とともに闘牛場に立った。アリーナの隅に立ったデルガドが雄牛の前で赤い布を振ると、雄牛は突進しはじめた。そして雄牛がわずか1フィート（約30センチ）前まで迫ったところでデルガドがボタンを押すと、雄牛は即座にぴたっと止まった。この瞬間にスティモシーバーが壊れるのではないかと気をもんだとデルガドは認めているが、完璧に機能した。デルガドは雄牛の攻撃性が瞬時に抑制されたと論じたが、急に雄牛に横を向かせたため突進できなくなっただけではないかと指摘する研究者もおり、デルガド自身、その可能性も否定できないと認めている。とはいえ、スティモシーバーがどんな指令を送ったかはさておき、雄牛を止められたことに間違いはない。

マスコミはデルガドの闘牛実験を大きく取り上げ、『ニューヨーク・タイムズ』紙は一面で紹介した。こうしてデルガドは一躍有名人になったが、ライバルの脳科学者たちは、それほど感銘を受けてはいなかった。ミシガン大学のエリオット・ヴァレンスタインは、「彼にはあいまいなものでもドラマチックに実演することを好む傾向があり、脳刺激を万能な技術かのように大げさに売り込もうとする人々に、格好の材料を与えつづけている」と言って、デルガドを批判している。

1970年代から80年代にかけて、ESBは一部の人々から非難を浴びた。彼らは、全体主義国家を作るために国民をマインド・コントロールする道具としてESBが使われることを恐れたのだ。デルガドも研究資金が底をついたためスペインに帰り、そこで生体を傷つけない脳研究に集中した。ところが10年ほど前から、ふたたびESBへの関心が高まっている。これはコンピュータや電子技術の発展もさることながら、てんかんやパーキンソン病、うつ病、慢性の痛みなどの症状に苦しむ患者たちの脳にチップを埋め込むことで、非常に大きな治療効果が得られることがわかったためだ。

さらに科学者たちは、デルガドが始めた動物をリモコン操作する実験法も復活させた。ニューヨーク市立大学ブルックリン校のジョン・チェーピン教授は、地震などの災害時に、がれきのなかに取り残された生存者を捜す救助隊の補助として利用できるよう、カメラを取り付けたネズミをリモコンで操作する方法を考案した。2007年には、中国の研究者が開発した遠隔操作できるハトのニュースが紙面を飾った。また、探知されずに船を追跡できるように遠隔操作で動くサメの開発に、米国国防総省が出資しているという話もある。そして水産業界に至っては、養殖魚の脳にチップを埋め込み、それらの魚を自由に海で泳がせたあとで捕獲できるよう、ボタンを押したら戻ってこさせる技術を研究しているという。しかし間違いなく最初にESBで億万長者になるのは、ボタンひとつでイヌにビールを持ってこさせるリモコンを開発した研究者だろう。

Delgado, J. M. R. (1969). *Physical Control of the Mind: Toward a Psychocivilized Society.* New York: Harper & Row.

第6章　恋愛の話

いつの時代も科学者たちの性生活にまつわるゴシップは、人々の関心を集めてきた。アイザック・ニュートンは生涯童貞だったとか、ニコラ・テスラは厳格な禁欲主義者だったとか、アルバート・アインシュタインには愛人がいたとか、リチャード・ファインマンは女好きだったとか、スキャンダル好きの伝記作家たちはあれこれ噂《うわさ》を流した。一方、歴代の科学者の大半は、人間の性についてはあまり関心を持たなかった。1929年、心理学者のジョン・ワトソンは著書のなかで、性に関する科学的知識の不足をこう嘆いている。「性の研究はいまだに危険をはらんでいる……明らかに性は生きていくうえで最も重要な課題であり、男女の幸福を破綻《はたん》させる最大の原因であるにもかかわらず、性に関する科学的情報はあまりにも少ない。そのうえ、私たちが知っているごくわずかな事実も、出所の怪しい情報ばかりである」

ワトソンが不満を漏らしてから数十年のあいだに、数々の科学者が人間の性に関する本格的な研究に乗りだした。この分野で最も有名な研究者は、アルフレッド・キンゼイ、ウィリアム・マスターズ、そしてヴァージニア・ジョンソンだろう。しかし、性の研究に対する風当たりが弱くなったとはいえ、まだまだ実験的研究よりも記述的研究が幅をきかせていた。心理学者ラッセル・クラークとイレーヌ・ハットフィールドが「これまで（人間の性に関する）情報源は、ほぼインタビューと自然的研究だけだったが、近頃やっと研究室で実験が行われるようになった」と述べたのは、つい最近、1989年のことである。

科学史のほとんどの時期において、人間の繁殖行動に関する実験的研究はタブー視されてきたものの、いくつかの実験は行われており、幸いその数はかなり増えてきている。そしてご想像のとおり、これらの実験はおもしろいものばかりだ。

1 「魅力」の正体

恐怖と性的興奮の関係

キャピラノ橋を渡るときは、誰でも細心の注意を払う。長さ450フィート（約137メートル）の幅の狭いこの吊り橋《つばし》は、カナダのブリティッシュコロンビア州バンクーバー近郊にあり、木とワイヤケーブルでできている。前後左右によく揺れ、風が吹くたびにきしみ、ドキッとさせられる。いつねじれて裏返しになってもおかしくないほどだ。もし橋がひっくり返ったら、渡っている人々は230フィート（約70メートル）下の岩場まで、真っ逆さまに転落するだろう。

1974年にある魅力的な女性が、この橋を渡る独身男性に声をかけた。低い手すりを握って、バランスをとりながら、彼女は恥ずかしそうに男性たちに心理学の実験に参加してもらえないか尋ねた。「景色の美しさがクリエイティブな表現に及ぼす影響」を調べているのだという。彼女は彼らが同意すると、片手で顔を隠した女性の写真を見せ、この写真についてドラマチックな短い物語を書いてほしいと頼んだ。彼らは風に吹かれて揺れる橋の上で、転落する危険については考えないようにしながら物語を書いた。

男性たちが書き終えると、女性はほほ笑んでお礼を言い、急に思いついたように、この研究について詳細を知りたければ電話してほしいと言って、グロリアという名前と電話番号を紙切れに書いて相手に渡した。

後日、彼女がインタビューした男性20人中13人が電話をかけてきた。彼らが彼女の研究に関心を持っていないことは明らかだった。彼らが関心を持っていたのは、彼女自身だったのだ。しかしこの女性は橋の上で男性をナンパしていたわけでもなければ、クリエイティブな表現と景色の美しさの関係を調査していたわけでもなかった。彼女の説明はただの作り話で、実験の本当の目的は、恐怖と性的興奮の関係を調べることにあった。

キャピラノ橋

この実験を考えた研究者は、ドナルド・ダットンとアーサー・アロンだった。

2人はキャピラノ橋のように恐怖を感じる環境のほうが、男性たちはインタビュアーをより魅力的だと感じ、より多くの男性が彼女に電話をかけてくるという仮説を立てた。

この仮説を立証するため、2人は女性にもっと安全な環境でも男性に声をかけてもらった。彼女は公園のベンチに腰掛けている人たちに「これは心理学の実験で……」と前回と同じ説明をし、また名前と電話番号を書いた紙切れを渡して、今度はドナと名乗った。この条件ではその後、23人中7人しか電話をかけてこなかった。それも決して悪い数字ではないが、驚くほどでもない。

また、両グループが書いた物語の内容にも違いが認められた。橋の上の男性たちが書いた話のほうが官能的なイメージを多く含んでいたのだ。女性との出会いに、かなり性的に興奮していたと思われる。これらの結果から、性的興奮と恐怖の関係が証明された。

実験者たちは、「興奮の誤帰属」によって恐怖が性的興奮を高めたと推論した。この理論によれば、何らかの強い感情を喚起させられる状況にいるとき、私たちは往々にして、この感情はまわりの状況ではなく、一緒にいる人によってもたらされると勘違いするというのだ。たとえば地上70メートルの吊り橋の上にいるときには厳戒態勢をとったように、心臓が高鳴り、手に汗をかき、胃はよじれたようになる。そこに魅力的な女性（または男性）が現れると、この感覚と相手を結びつけ、実際は橋から落ちるのを怖がっていただけなのに、相手に恋をしていると思ってしまうのだ。

熱愛をしたい人は、この知識を活用するといいだろう。ホラー映画を見に行ったり、オートバイで出かけたり、きしむ吊り橋の上を歩いたりして、デートの相手を怖がらせるのだ。ただし、デートのときの状況が彼女を怖がらせるのが望ましいのであって、間違ってもあなた自身が怖がられないように気をつけよう。

Dutton, D. G., & A. P. Aron (1974). "Some Evidence for Heightened Sexual Attraction under Conditions of High Anxiety." *Journal of Personality and Social Psychology* 30(4): 510-17.

「高嶺《たかね》の花」は本当にモテるのか

一般常識では、なかなか振り向いてくれない女性ほど魅力的とされているし、恋愛コラムにもそう書かれている。その道の権威だったローマの詩人オウィディウスも、

「容易に手に入るものは誰も欲せず、禁じられているものにこそ魅せられる」と言っている。ウィスコンシン大学のイレーヌとウィリアムのウォルスター夫妻はある女性に、手に入りやすい女性と手に入りにくい女性の両方を演じてもらって、この説を検証することにした。職業柄、さまざまな男性と接した経験があるため、彼女はこの役にうってつけだった。この女性は売春婦だったのだ。

この実験は彼女の職場であるネバダ州の売春宿で行われた。手順としては、客が部屋を訪れ、彼女が飲み物を出したら、「実験的操作」を始める。実験の半分は手に入りにくい女性の演技で、その場合は客に「今日会えたからといって、電話番号を教えてもらえるとか、また私に会えるとか思わないで。もうすぐ学校が始まるから時間もなくなるし、自分が気に入った人としか会わないつもりなの」と告げてから仕事に取りかかった。一方、手に入りやすい女性を演じる場合は、前者のような断りなしにすぐ仕事を始めた。

実験者たちは、客がこの売春婦をどれだけ求めているか、さまざまな方法で測定した。それぞれの客について、彼らが自分をどれだけ気に入っていそうか彼女に評価してもらい、男性がいくら支払ったか、その後1カ月間に何回戻ってきたかを記録した。データを見れば、結果は明らかだった。手に入りにくい女性ほど魅力的という説は、まったくの間違いで、警告された客のほうが、ふたたび彼女を訪ねる確率がずっと低かったのだ。売春宿の客は気むずかしい売春婦を好まないのだろう。

次に恋人紹介所で行った実験から、売春婦とその客だけでなく、あらゆる恋愛関係にこの結果が当てはまることが裏付けられた。恋愛コラムに何が書かれていようと、総じて男性は手に入れがたい女性は好きではないのだ。ウォルスター夫妻によれば、男性が好むのは、ほかの男性には冷たくて心を開かないが、自分だけは温かく受け入れてくれる女性らしい。ということは、売春婦が客に戻ってきてほしかったら、「もうすぐ学校が始まって時間がなくなるから、本当に好きな人としか会えなくなるけど、あなたのためならいつでも時間を作るわ」と言えばよいのかもしれない。もっとも、これはまだ実験によって立証されてはいないが。

Walster, E., G. W. Walster, J. Piliavin, & L. Schmidt（1973）. "'Playing Hard To Get': Understanding an Elusive Phenomenon." *Journal of Personality and Social Psychology* 26(1): 113-21.

ナンパされたければ閉店間近がおすすめ

科学の発展にカントリーミュージックが多大な貢献をしたことは間違いないが、バーにおける恋愛心理学に関するジェームズ・ペンネベイカーの研究ほど直接的な影響を及ぼした例は少ない。「Don't the Girls All Get Prettier at Closing Time」というミッキー・ギリーの名曲を聴きながら、この曲のタイトル通り「本当に閉店間際《まぎわ》になると女性はより魅力的になるのだろうか？」と疑問に思ったペンネベイカーは、これを確かめるべく、1977年のある木曜の晩、ヴァージニア大学シャーロッツヴィル・キャンパス近くのバーに学生たちの研究チームを送り込んだ。

2人ずつ3組の学生が、それぞれ夜の9時と10時半、そして真夜中にバーを訪れ、1人で飲んでいる男性と女性に心理学の調査をしていることを説明し、バーにいるほかの客の魅力を10段階評価で答えてもらった。

その結果、ギリーが正しかったことが判明した。閉店時間が迫るほど、男性は女性の魅力をより高く評価したのだ。男性客に対する女性の評価でも同じ変化が見られた。ところが同性の魅力に対する評価は逆に、時間が遅くなるほど低くなっていった（実験者たちが訪れたのは異性愛者向けのバーだったのだろう）。

ペンネベイカーはこれらの結果が、「リアクタンス理論（訳注　自由を奪われそうになったときに自由を回復しようとすること）」で説明できると論じた。決断するための時間が減るにつれて、人々はパニックになり、すべての選択肢が適切に見えてくる。バーの客の場合、家に連れて帰る相手を選ぶ時間がなくなってくると、恋愛対象となりそうな相手はみな同じくらい魅力的に見えてくるのだ。しかしながらペンネベイカーは、夜が更《ふ》けるにつれてアルコール摂取量が増えるため、判断力がにぶる可能性も認めている。酔っぱらうとどんな女性も美人に見えるという、いわゆる「ビールゴーグル効果」だ。

ペンネベイカーの実験方法もその理論も正しいように思えるが、この実験を追試したところ、結果はまちまちだった。１９８３年に行われた実験では、ジョージア州の労働者が集まるカントリー・アンド・ウェスタンのバーでは同じような結果が得られたが、大学のバーでは違った。また、１９８４年にウィスコンシン州マディソンで行われた実験では、ペンネベイカーの実験とはまったく異なる結果に終わった。閉店時間が近づくほど、特に女性の男性に対する魅力の評価が低下し、アルコール摂取量の影響は見られなかったのだ。

１９９６年にオハイオ州トレドで行われた実験では、このように実験結果がバラバラになった理由を探るべく、バーの客にもっと具体的な質問をした。その結果、閉店時間の影響は確かに認められたが、効果があったのは恋人のいない客だけだった。交際中の人たちは、バーで相手を見つける必要はないと認識しているため、ラストオーダーの時間が迫ってもプレッシャーを感じることはなく、魅力の基準を下げる必要もない。選ぶまでもなく、すでに恋人がいるのだから。研究者たちは、「これらの発見の重要な点のひとつは、パートナーを探さなければならない人（恋人のいない人）は、賢明とは言えない選択をして、あとで後悔する可能性があることだ」と警告している。もっとも、百戦錬磨の夜遊びの達人なら重々それを承知しているだろうが。

Pennebaker, J. W., M. A. Dyer, R. S. Caulkins, D. L. Litowitz, P. L. Ackreman, D. B. Anderson, & K. M. McGraw (1979). "Don't the Girls Get Prettier at Closing Time: A Country and Western Application to Psychology." *Personality and Social Psychology Bulletin* 5 (1): 122-25.

同性愛者「探知機」

実験が始まったとき、特に問題はなさそうに思えた。ボランティアでこの心理学実験に参加したスタンフォード大学の男子学生が2人ずつ部屋に案内された。お互いに自己紹介をしたあとで、2人の学生はスクリーンに向かって同じテーブルに着いた。目の前には目盛盤がある。この目盛りは「電流性皮膚反応装置」の出力を示しているのだと、研究者のダナ・ブレーメルが説明した。

ここから様子がややおかしくなる。この装置は、これから見せる写真に対する被験者の潜在意識の反応を示し、写真には一部服を脱いだ男性が写っているという。ブレーメルは次の点を強調した——目盛りの動きは被験者の同性愛的興奮度を表し、同性愛的感情が強い場合は「針が振り切れる」と。ただし学生を安心させるため、目の前の目盛りを見られるのは被験者自身だけであり、すべてのデータは匿名《とくめい》で扱われることを保証した。

最後にブレーメルは作業内容について説明した。被験者は目盛りの数値を記録し、もう1人の被験者の数値を予測する。そして基本的にこの実験の課題は、相手がどれだけ同性愛的かを予測することだと告げた。

スライドの映写が始まった。部分的に服を脱いだ男性が写っているというブレーメルの言葉は冗談ではなかった。モデルの男性たちはほとんどヌードで、さまざまな誘惑的なポーズをとっていた。各被験者は写真を見てから、自分の前にある目盛りを確認した。目盛りは、まるで生きているかのように激しく動いた。電流性皮膚反応装置によって、被験者たちは自分が性的に興奮してきたことを知った。実験が進み、ますますきわどい写真が映しだされるようになると、針はさらに力強く振れはじめた。まるで人さし指を立てて左右に振りながら、「悪い子ね。なんていやらしいことを考えているの！」と責めているようだ。この装置は、自分が同性愛者であることを伝えていた。

美しさにこだわる都会派のメトロセクシャルな男性が増えた現代なら、スタンフォード大学の学生も潜在的に「同性愛的傾向」があると言われたところで、軽く笑い飛ばすことだろう。しかしこの実験が行われたのは、1950年代後半だった。これは主人公の1人が同性愛者のテレビドラマ『ふたりは友達？ウィル＆グレイス』がヒットするずっと前だ。当時のアメリカ社会では、同性愛の人々は激しく非難され、あからさまに差別を受けていた。同性愛者だというだけで、合法的に解雇されたり、軍隊への入隊を拒否されたり、さらには刑務所に送られたりもしたのだ。米国精神医学会は同性愛を精神疾患の一形態と見なしていた。そのため当時の大学生は、自分が同性愛者だと言われたら簡単に受け流すことはできなかった。

そのため自分の目盛りが急上昇するのを見た被験者は、驚きとともに恐怖を覚えたに違いない。被験者は静かに数値を記録しながら、隣の男子学生の数値を予想しようとした。一刻も早く実験を終えて、部屋を出て行きたかったことだろう。しかし実のところ、被験者が心配すべき理由はなかった。同性愛者であることを暴露されることはなかったし、そもそも目盛りは実験者たちが操作していて、写真が生々しくなるにつれて数値を上げていったのである。これを疑った被験者は8人だけだった。そのほかの90人は全員この策略にまんまと引っかかった。ブレーメルは「だましていたことを打ち明けたときに被験者が見せた安堵《あんど》の表情から、この作戦は効果があったと思われる」と言っている。

ブレーメルの本当の目的は、同性愛のように社会的に非難されている性質が自分にもあると知ったときの、被験者の反応を調べることだった。道連れにするため、他人にも同じ望ましからぬ性質を押しつけるのだろうか？　実験室でもう1人の被験者の数値を予測した際、被験者たちは自分と同じ程度の数値を選ぶ傾向があり、実験前の審査で自尊心が高いとされた人ほど、特にこの傾向が強かった。

しかしながら、ブレーメルの実験が現在でも人々の記憶に残っている主な理由は、この発見にあるのではなく、その手法にある。つまり、心理学研究のために被験者をだます場合、どこまでやったら行き過ぎかという議論の際に、この研究が一例としてよく引用されるのだ。この実験を批判する人たちは、何も知らない大学生に実は自分が潜在的同性愛者であると思い込ませるのは、科学的に正当化できる範囲をはるかに超えているという。もし被験者のなかに本当の同性愛者の学生がいて、目盛りの針が揺れるのを見ながら、世間に自分の秘密が暴露される脅威を感じていたとしたら、それがどれだけ恐ろしいことか想像してみてほしい。

とはいえ現代では、科学者たちが二の足を踏むような題材も、リアリティー番組が何のためらいもなくこぞって取り上げる。2004年にFOXテレビは『Seriously, Dude, I'm Gay（マジメな話、オレはゲイなんだ）』という番組を制作した。これは異性愛者の出演者が、いかに友だちや家族をだまして、自分が同性愛者であると信じさせられるかを競う内容だった。この番組は世間から多くの批判を受け、放映されずにお蔵入りとなったが、制作会社の重役が知恵を絞り、この番組を作り替えてブレーメルの実験を現実に基づいたゲーム番組として放送する日も遠くはないだろう。その場合、番組名は『Seriously, Dude, You're Gay（マジメな話、キミはゲイなんだ）』のほうがいいかもしれない。

Bramel, D. (1962). "A Dissonance Theory Approach to Defensive Projection." *Journal of Abnormal and Social Psychology* 64 (2) : 121-29.

2 セックスは永遠の謎《なぞ》

世界初、セックス中の心拍数計測実験

1927年、アーンスト・ボアズ博士とアーンスト・ゴールドシュミット博士は、心拍数測定器を発明した。この医療機器のおかげで、医者は長時間にわたって患者を煩《わずら》わせずに心拍数を測定することが可能になった。だが現在の感覚からすると、この心拍数測定器は非常に煩わしそうに思える。2本のゴムひもで銅の電極を胸に固定するのだが、この電極には100フィート（約30メートル）のコードが取り付けられており、それが巨大な記録装置につながっているのだ。心拍数測定器につながれるのは、特別長いリードにつながれるようなものだった。それでもコードさえ気にしなければ、何でもいつも通りにできる。そこで新しいおもちゃを与えられた子どものように、ボアズとゴールドシュミットは、思いつくかぎりのあらゆる行為中の心拍数を測ってい

った。

2人はボランティアを募り、ニューヨークのマウント・サイナイ病院に来てもらい、立ったり、歩いたり、体操をしたり、ダンスしたり、座ったり、話したり、食事したりといった日常動作中の心拍数を測定した。ポーカーをする人々を観察していた2人は、心拍数測定器がはったりを見抜くのに役立つことも発見し、「特にあるプレーヤーは、いい手のときは必ずわずかながら心拍数が上がった」と記録している。

2人はトイレに行く人も監視した。その人の心拍数は「トイレに入るとき、86。排便中、89。手洗い中、98」だったという。

あらゆる行為をくまなく調査しようとした2人は、夫婦の性交渉中の心拍数も測定した。この結果には目を見張るものがあった。オーガズムに達したときの心拍数は148・5に達していたのだ。この数値は激しい運動を含む、あらゆる行動時の記録を超えていた。「心拍数を表す曲線から、循環器系に負担がかかったことは明らかだ。これは一部の性交中または性交後の突然死の原因を解き明かしている」と2人は警告している。

2人は別の事実にも気づいた。「図47（左頁）は第1日目の晩の記録を示している。これによると女性の心拍数には4回のピークがあり、各ピークがオーガズムを表して

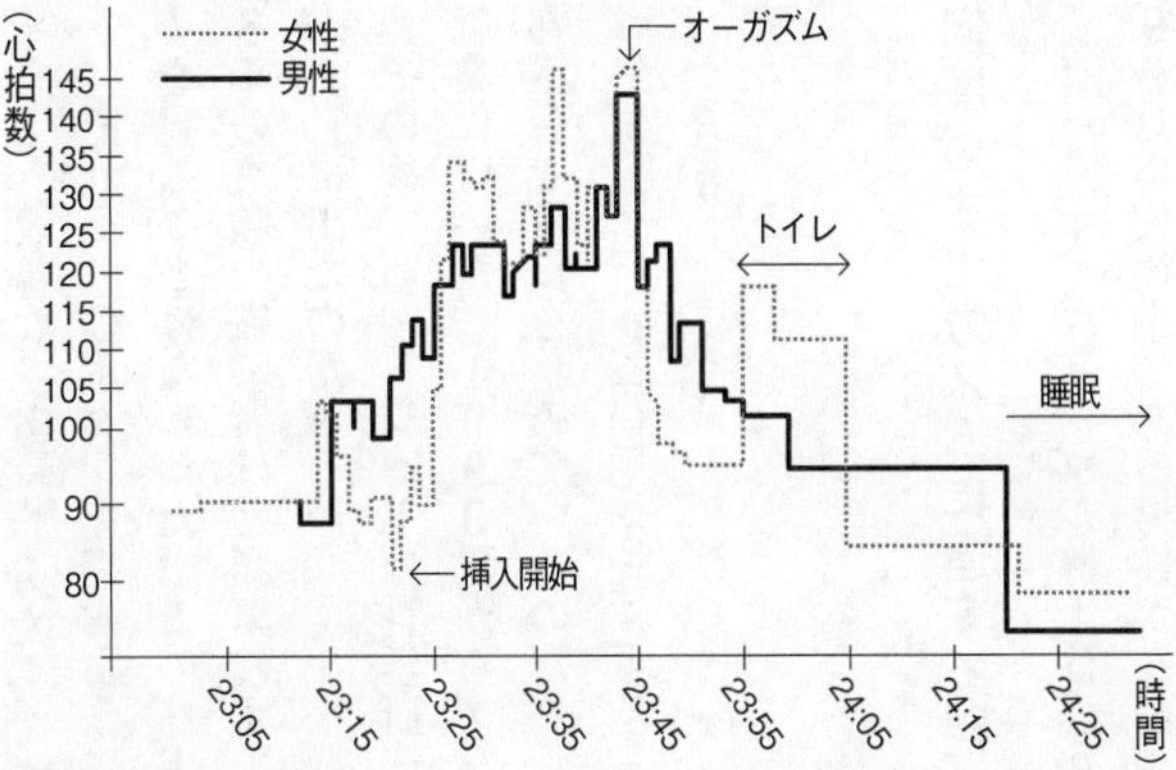

性交渉中の心拍数

いる」。4回も！　研究者たちはまるで「ここには特に見るべきものはない、次に行こう」とでも言うように、この点にはこれ以上言及しなかったが、胸に取り付けたゴムひもも、電極から伸びているコードも、隣の部屋の観察者たちも、この妻の集中力を損なわなかったことは明らかだ。

次に性交中の心拍数を測定したのはロスコー・G・バートレット博士で、30年近くあとのことだった。その際、バートレットは被験者のプライバシーを守るため、過去の研究者たちよりもずっと念入りに手順を考えた。実験の行われた場所も被験者（3組のカップル）の身元も公表せず、被験者を知っていたのは仲介人1人だけで、バートレット自身も知らなかった。各カップルは研究施設に到着すると、個室に入り、自分たちで電極を取り付け、「挿入、オーガズム、抜去」のときにそれぞれのボタンを押すように指示された。建物を去るまで、研究者が被験者の姿を見ることはなかった。このバートレットの実験に参加した3人の女性は、1928年の実験の被験者ほど頻繁にオーガズムに達していない。プライバシーを守る配慮が裏目に出たのだろうか。

その後、バートレットは科学研究をやめ、よりセックスとスキャンダルに縁のある職業に就いた。1993年からメリーランド州選出の共和党議員として、アメリカ連邦議会で議員を務めているのだ。

Boas, E. P., & E. F. Goldschmidt (1932). *The Heart Rate.* Baltimore, MD: Charles C. Thomas.

何度もオーガズムに達する男

ビバリー・ウィップル博士は、女性の健康と性を専門に研究していた。ところが1990年代後半、ある男性が変わった身体能力があると言ってきた。彼女は興味をそそられた。この男性（ウィップルは名前を明かさなかった）は、何度もオーガズムに達することができるというのだ。

女性の多くは何度もオーガズムを感じることができる。前節で紹介したように、ボアズ博士とゴールドシュミット博士も1928年の実験の際、そういう女性に遭遇した。しかし男性の場合、オーガズムに達すると性的反応を遮断するホルモンが全身に流れ、一時的にオーガズムに達することができない状態になる。これ以前の研究でも、みずから射精を抑制する訓練をして、何度もオーガズムを感じられるようになった男性の例はわずかながら記録されていたが、ウィップルの被験者の才能はこれを超えていた。この男性は、射精しながらオーガズムに達したあと、すぐにまた何度もオーガズムを経験できるのだという。

ウィップルは教授として勤務するラトガーズ大学付属看護大学の人間生理学研究室に、この謎の男性を招待した。彼女の計画した実験はシンプルなものだった。実験室で椅子《いす》に腰掛け、男性にできるかぎり長く技を披露してもらうのだ。

彼は期待に応《こた》えた。36分間で6回オーガズムに達し、6回射精して見せたのだ。実験室というとても快適とは言いがたい環境にもかかわらず、この間ずっと男性は勃起《ぼっき》したままだった。男性の腕には血圧計、親指には心拍数測定器が巻かれ、目の前に置かれた赤外線カメラでは常に瞳孔《どうこう》の直径を測定しており、窓の向こうでは研究チームがこの様子を観察していた。しかもこの実験室にはクーラーがなく、男性が6回でやめたのもそのためだった。とても蒸し暑くて続けられなかったらしい。男性は、もっと快適な環境なら10回以上続けられると断言した。

ウィップルがこの研究を発表すると、同じ能力を持つというたくさんの男性が彼女に連絡してきた。こうした超人たちの存在は、科学的には興味深いかもしれないが、同じ能力に恵まれなかった大半の男性にとっては、あまり慰めにはならない。

Whipple, B.(1998). "Male Multiple Ejaculatory Orgasms: A Case Study." *Journal of Sex Education and Therapy* 23(2): 157-62.

性的指向を変える快楽ボタン

患者B19は問題を抱えた青年だった。高校を中退してからというもの、倉庫係や用務員、工員といった出世の見込みのない仕事を転々とし、ついには軍隊に入隊するが、それもつかの間、同性愛の傾向があるとして追い出された。除隊後は路上生活者となり、麻薬や男性相手の売春に手を染めた。チューレーン大学のロバート・G・ヒース博士の目に留まったとき、B19は無気力や倦怠感《けんたいかん》、劣等感、絶望感、疎外感《そがいかん》を抱いており、本気で自殺を考えることも多いと語っていた。

ヒースはB19を一目見たときから、当時考えていた実験の被験者にうってつけだと思った。ヒースは脳の電気刺激について研究中で、特に中隔野を専門としていた。中隔野を刺激すると、強い快楽や性的興奮が生じる。ヒースはこの特徴を利用して、人々の行動に影響を与えられないかと考えていた。B19のような同性愛者を異性愛者に変えられないだろうか？

快楽を誘発するという中隔野の変わった特性を発見したのは、マギル大学のジェームズ・オールズとピーター・ミルナーで、1954年のことだった。2人がネズミの脳に電極を差し込み、中隔野に軽いショックを与えたところ、ネズミがこの刺激を楽しんでいるように見えた。それどころか、ネズミはこの刺激を渇望《かつぼう》した。レバーを押すと刺激が得られることをネズミに教えると、まもなくこのネズミは、1時間に2000回もレバーを押すようになった。ネズミはエサも食べずにレバーを押しつづけ、母ネズミは子ネズミを顧みずに刺激を求めた。こうしてオールズとミルナーは、中隔野は脳の快楽中枢《ちゅうすう》であると結論づけた。

ヒースはオールズとミルナーの発見を、すぐに人間の被験者に応用した。脳には快楽中枢のほかに懲罰中枢とも言える「嫌悪系《けんお》」があることを発見したヒースは、これらの領域を刺激することで、人間を一時的に殺人鬼にも、世界で一番幸せな人にも変えることができた。ヒースはある女性の脳に細いチューブを挿入し、刺激を与える神経伝達物質アセチルコリンを直接快楽中枢に注入したところ、30分以上にわたり強いオーガズムを経験したと記録している。

B19を異性愛者に変える実験は1970年に行われた。ヒースはテフロンで絶縁した直径0・003インチ（約0・076ミリ）のステンレスの電極をB19の脳の中隔野に挿入し、3カ月後、手術の傷が完全に癒《い》えるのを待ってB19の改造計画を開始した。ヒースはまずB19に成人映画を見せた。実験室でB19が「男性と女性の性交渉および関連行動」を座って見ているあいだ、脳波計で彼の脳の活動を観察したところ、特別な反応をまったく示さなかった。B19はおとなしく椅子に座っていて、彼の脳波は「低振幅の活動」を見せただけだった。

こうして同性愛者であること（もしくは異性愛者向けの成人映画に興味がないこと）が証明されたB19の中隔野に、ヒースは刺激を与えはじめた。毎日数分間、脳に軽いショックを加えたのだ。B19はこの刺激が気に入り、覚醒剤《かくせいざい》の一種、アンフェタミンを摂取したときの感覚に似ていると言った。これを1週間続けると、B19は目に見えて機嫌がよくなった。以前よりもよく笑うようになり、リラックスした様子で、性的衝動がわきあがると言うこともあった。

そこでヒースは、ボタンを押せば自分で1秒間刺激を与えられる装置を作った。この装置をB19に与えるのは、チョコレート依存症の人を洋菓子店に連れて行き、好きなだけ食べさせるようなものだった。あるときには、3時間の実験のあいだに、B19はボタンを1500回押した。これは約7秒に1回の割合だ。「本人の言動から判断して、これらの実験中、B19は抗《あらが》いがたいほど強い幸福感と気分の高揚を経験する段階まで達してしまったため、装置を外さねばならなくなった」とヒースは言う。各実験の最後になるとB19は泣きごとを言い、「あと1回だけボタンを押させてくれ!」と言って、快楽ボタンを取り外さないよう懇願したという。

この段階になると、B19は高揚感に包まれ、リビドーも高まり、看護師も含め、ほぼあらゆるものに性的関心を示すようになった。そしてヒースがふたたび成人映画を見せると、B19は「性的に興奮し、勃起し、マスターベーションをしてオーガズムに達した」。本当に人が変わってしまったのだ。

それから数日のあいだ、B19の興奮状態はますます高まり、ヒースは次の段階に進むときが来たと判断し、B19に女性と性交渉を持つ機会を与えることにした。これはB19にとって初めての経験だった。それまでの相手は全員男性だったのだ。ヒ州の司法長官の許可を得ると、ヒースは21歳の売春婦を自分の実験室に呼んだ。ヒースはあらかじめこの若い女性に、状況が少し変わっていることを告げたが、それでも彼女はこの仕事を50ドルで引き受けた。2人のプライバシーに配慮して、ヒースは実験室に黒いカーテンを吊るし、キャンドルとバリー・ホワイトのレコードでムードを盛り上げた。とはいえここはあくまでも研究所であって、売春宿ではなかった。準備のため、ヒースはB19に好きなだけ快楽ボタンを使わせた。そして準備が整うと、B19を女性のもとへ連れて行った。

女性は「変わっている」どころではないと思ったに違いない。B19は快楽ボタンで高ぶっていただけでなく、彼の脳波を観察できるように頭からワイヤが出ていたのだから。そして隣の部屋では、研究者たちが行為が始まるのを待っていた。

B19はゆっくりとスタートした。最初の1時間は緊張した様子でぐずぐずしながら、「麻薬体験や同性愛者であること、自分の欠点や悪い癖」について語った。当初、女性は彼の好きなようにさせていたが、1時間たったころから落ち着きがなくなった。1日中実験室にいることになるのを恐れたのだろう。彼女は時間を節約するため、みずから服を脱ぎ、彼の隣に横たわった。通常はあまり刺激的な記事が載ることのない行動療法と実験精神医学の学術誌「*Journal of Behavior Therapy and Experimental Psychiatry*」に掲載されたヒースの論文は、この時点から突然男性誌「ペントハウス・フォーラム」の投稿欄のようになる。

女性は忍耐強く、協力的な姿勢で、しばらく男性に手で体をさわらせ、観察してみるよう勧め、特に敏感な場所を教え、初めて生殖器および胸部に触れる被験者を促した。男性はときどき質問しながら、自分の動作と進め方について、助けを求めた。これに対し女性は率直かつ参考になる回答をした。こうしたやりとりが20分ほど続いたあとで、女性は男性の上に乗った。すると男性は、遠慮がちながら挿入に成功した。その後、性交中に女性はオーガズムに達し、男性も明らかにそれに気づいていた。こうしてかなりの刺激を受けた男性は、体位を変えれば自分がイニシアチブを取れるかもしれないと提案した。新しい体位になると男性は、オーガズムに達するのをしばしば遅らせ、快楽経験を引き延ばそうとした。そして、実験室という環境で、電極という妨害があったものの、男性は射精に成功した。

使命達成だ！　少なくともヒースに言わせれば、B19はれっきとした異性愛者にな

った。数日後、ヒースはすっかり男らしくなったこの若者を一般社会に送りだした。

そうして1年後に経過を確認したヒースは、明らかにB19の異性愛的傾向が継続して

いると知って満足した。B19は夫のある女性と関係を持ったと報告したのだ。残念な

がら、B19は2回同性愛的関係を持ったとも告白した。その理由を「金が必要なとき、

売春が一番手っ取り早いんだ」と述べたという。それでもヒースは実験が成功したと

断言し、「中隔野を刺激して、望ましい行動を促進し、望ましくない行動を阻害する

方法が、将来効果的に使われるようになる」と予言した。

その後、B19がどうなったのかは明らかになっていない。B19は本当に異性愛者に

転向したのだろうか？　それとも一時的な経験だったのだろうか？　断定はできない

が、後者のほうが有力に思える。

　ヒースは中隔野に刺激を与える実験を続けたが、同性愛者を異性愛者にする実験は

もう行わなかった。その後1970年代にかけて、ヒースは電池式の「脳ペースメー

カー」の開発に取り組んだ。この装置は長時間脳に弱い刺激を与えることができ、特

に暴力的な人や、うつ病患者を穏やかな気持ちにさせるのに効果を発揮すると、大き

な期待が寄せられた。しかしながら医学界は、ヒースの発明を受け入れるのに二の足を踏んだ。あまりにもマインド・コントロールに似た印象があったからだ。脳の電気刺激がふたたび注目されるようになったのは、ごく最近になってからである（第5章の「『闘牛士』になった脳外科医」参照）。

さらに、ティモシー・リアリーらが大流行を予言したにもかかわらず、純粋に娯楽を目的とした中隔野への電極移植がはやる兆《きざ》しもない。ほかの興奮剤のほうが人気があるだけかもしれないが、世界の人々はいつか快楽ボタンを押せるようになるのだろうか。

Moan, C. E., & R. G. Heath（1972）. "Septal Stimulation for the Initiation of Heterosexual Behavior in a Homosexual Male." *Journal of Behavior Therapy and Experimental Psychiatry* 3:23-30.

なぜ女性は誘いを断り、男は簡単に乗るのか

ある晴れた日のことだった。若い男性が考えごとをしながら、1人で大学の構内を

歩いていた。彼はそこそこ魅力的だったが、自分のことを特別モテるタイプだとは思っていなかった。ところが突然美女が彼を呼び止め、「キャンパスでときどき見かけていたのだけど、あなたとてもステキね。今夜一緒に寝ない？」と誘った。若者は彼女をしげしげと眺め、あぜんとしつつも興味がわいてきて、「どうやら今日はかなりついているらしい」と思った。

だが、彼はついていたわけではなかった。本人は知らなかったが、この気の毒な男性は、1978年にフロリダ州立大学のキャンパスで行われた実験に巻き込まれただけだったのだ。

事の始まりはラッセル・クラークの社会心理学の授業中だった。先に紹介したジェームズ・ペンネベイカーの「閉店間際になると女性の魅力が増すか」という実験について説明しながら、クラークが何気なく、口説き文句を考えるのはいつも男性で、女性は指を鳴らすだけで男が駆け寄ってくると言ったところ、数人の女子学生が一概にそうは言えないと反論したのだ。そこでクラークは、「現実に男性と女性のどちらが見知らぬ人からの性的誘いを受け入れやすいか、実験してはっきりさせよう」と持ちかけた。学生たちもこれに同意し、この変わった実験が行われることになった。

クラークの教え子9人（女性5人、男性4人）がキャンパスを歩きまわり、面識のない魅力的な異性を見つけたら声をかけ、冒頭のように相手を誘った。

結果は驚くほどのものではなかった。女性は1人も誘いに乗らず、実験者の男性を追い払うこともしばしばだった。一方、男性は75パーセントが喜んで応じ、なぜ夜まで待たなければならないのか尋ねた男性もたくさんいたという。また、断った男性はたいてい「結婚しているので」と言って謝った。こうしてついに男性は簡単に落とせることが証明された。

また、やや消極的なアプローチに変えて「今夜、部屋に来ない？」と誘った場合も結果はほぼ同じで、男性の69パーセントが同意したが、女性で同意したのは6パーセントだけだった。しかしもう少し当たり障《さわ》りのない、「今夜、一緒に出かけない？」という誘いの場合は、男女とも半数が同意した。クラークが最も驚いたのはこの結果だった。声をかけさえすれば、魅力的な女性の2人に1人はデートしてくれることを知っていたら、独身時代、あんなに苦労しなかったのに、とクラークは冗談を飛ばした。

しかし、この研究論文を発表するまでには10年以上の歳月を要した。どの学術誌も掲載を拒否したのだ。クラークはしばらく投稿を控えた時期もあったが、あるセミナーでたまたま話をしたイレーヌ・ハットフィールドが、協力してくれることになった

(イレーヌ・ハットフィールドは、本章で先に紹介した、本当に手に入りにくい女性ほど魅力的と感じるのかについて調査していたイレーヌ・ウォルスターと同一人物である)。ハットフィールドはクラークの論文に手を加え、共著者となった。そして2人は論文の投稿を再開したが、またもや掲載を拒否されつづけた。その理由として、ある査読者はこう記している。

この研究はあまりにもとっぴで、重要性に乏しく、ふまじめであり、興味深いとは言えない。フロリダ州立大学の中庭で、他人にこんなくだらない質問をした結果などを気にする人がいるだろうか。もっとも、「レッドブック」や「マドモワゼル」「グラマー」「セルフ」といった女性誌なら喜んでこの論文を掲載するだろう。また、この論文には欠点を補うだけの社会的価値もない。

彼らが発表をあきらめかけたころ、ついに「*Journal of Psychology & Human Sexuality*」誌が掲載を許可し、クラークとハットフィールドはみごとに名誉を挽回《ばんかい》した。この論文は、主要なメディアからも学界からも、大いに注目されることとなったのだ。2003年に「*Psychological Inquiry*」誌はこの研究を「新たなる古典」と称賛した。

この実験がいつまでも人気を博しているのは、男女の性的姿勢の違いをはっきりと浮かび上がらせたからだ。時代が変わっても、これらの姿勢は変わっていないらしく、クラークが1982年と90年に同じ実験を行ったところ、結果はほぼ同じだったという。

ではなぜ女性は誘いを断り、男性は受け入れるのだろうか？　これは社会生物学的遺産だとクラークは考えている。彼の説によれば、女性は産める子どもの数に限りがあるため、性交渉の相手についてより選り好みをするように進化したという。そのため子どもの父親となる人物について、よく確認する必要があるのだ。一方男性は、何人でも子供を作ることができるため、いつでも準備万端でいるほうが優れた戦略と言える。しかし多くの批評家は異を唱え、これらの姿勢は社会的に学習したものに過ぎない、もしくは女性は危険だと判断して、誘いを断っているのだと主張した。これに対しクラークは、女性の半数が赤の他人からのデートの誘いに応じていることから、彼女たちは恐怖心よりも、パートナーとしてふさわしいかどうかを見極めるための時間が欲しいという動機に基づいて行動している可能性があると反論した。

理由はともあれ、（1990年以降も状況はあまり変わっていないと思われることから）男女の姿勢の違いは十分明らかである。したがって、もしあなたが平均的な男性の場合、キャンパスで突然魅力的な女性が近づいてきて、一緒に寝ないかと誘われたら、「喜んで」と答えるよりも「誰がこの実験をしているの？」と聞いたほうがいいだろう。

Clark, R. D., & E. Hatfield（1989）．"Gender Differences in Receptivity to Sexual Offers." *Journal of Psychology & Human Sexuality* 2(1): 39-55.

性交時の「体毛移動率」

１９９０年代半ば、アラバマの法医学研究所の６人の職員に、変わった宿題が出された。家に帰ったらパートナーと性交渉をして、そのあとすぐにパートナーのお尻《しり》の下にタオルを敷き、彼女の陰毛をよくとかすように命じられたのだ。これは性交渉後の毛づくろいの練習ではなく、タオルの上に落ちた抜け毛をすべて回収し、その後の実験に使うためだった。

長年にわたり法医学者たちは、性的暴行を受けた被害者の体に残っている他人の毛を探す訓練を受けていた。もし毛が見つかれば、容疑者を絞り込むうえで重要な証拠となる。しかし法医学者たちは、通常の性交中にパートナー同士のあいだで抜け毛が移動するのかどうかはわかっていなかった。移動は頻繁に起こるのだろうか？　まれな出来事なのだろうか？

そこでアラバマの研究者たちは、6人の職員に先の宿題を出し、数カ月間で110枚のタオルを集めた。そして、そのすべてを丁寧に調べ、合計334本の陰毛と7本の頭髪、20本の体毛と、1本の動物の毛を採取した。この際、どこで動物の毛がついたのかは問題にしないことにしよう。

本人のものでない陰毛（つまりパートナーの毛）がついていたタオルは19枚だけだった。つまり移動率はたかだか17・3パーセントということになる。また、男性から女性に移動するよりも、女性から男性に移動することのほうが2倍以上多かった。なお、性交中の体位によって移動する本数が著しく変わることはなかったという。

この実験では性交直後に理想的な環境で毛を回収したことを勘案し、研究者たちは、性的暴行の場合には容疑者の体毛はほとんど採取できないという結論に達した。したがって、「体毛が発見されなかったからといって、性交渉がなかったとは断定できない」ということになる。この実験は、今でも陰毛移動研究の分野では最先端の研究である。

Exline, D. L., F. P. Smith, & S. G. Drexler（1998）. “Frequency of Pubic Hair Transfer During Sexual Intercourse.” *Journal of Forensic Sciences* 43（3）: 505-8.

ペニスは精子をかきだす「スコップ」である

知の探求のためなら、科学者は深海や火山の火口、月面など、どんなへんぴなところへも行く。そしてゴードン・ギャラップの場合、それは大人のおもちゃを扱うハリウッド・エキゾチック・ノベルティーズという店だった。そこでギャラップはゴム製の陰茎と人工膣《ちつ》を購入したのだが、これは自分の楽しみのためではなく、あくまでも研究用だった。

ニューヨーク州立大学オルバニー校の実験室で、ギャラップは偽《にせ》の精液を作った。興味のある人のためにレシピを紹介すると、7ミリリットルの常温水に7・16グラムのコーンスターチを加え、5分間混ぜ合わせるのだ。こうして「性体験豊富な3人の男性が、粘性、質感ともに人間の精液に最も近いと認めた」液体ができあがった。

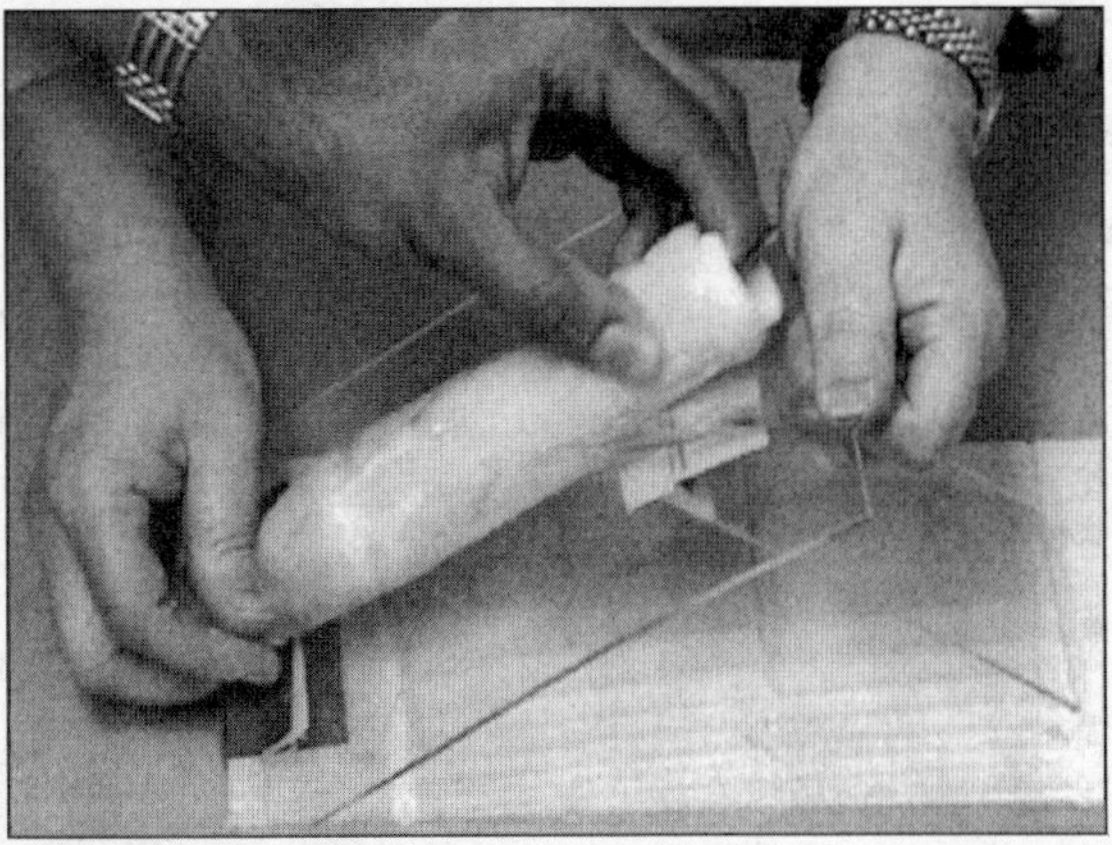

精液移動実験。亀頭冠のなかに液体が溜まっている

ギャラップと研究チームは、この偽精液を慎重に人工膣に流し込み、ゴムの陰茎を奥まで押し込んだ。彼らは大きさの異なるゴム製陰茎および濃度の異なる偽精液を使って、この作業を繰り返した。

別に実験室で性教育が行われていたわけではない。この性交渉のシミュレーションは、膣内における精子の流体力学を検証するためだった。ギャラップは、人間の陰茎頭部が独特な形状に進化したのは、精液をすくうスコップのような働きをするためだと論じた。ギャラップによれば、別の男性のすぐあとに女性と性交渉を行う場合、この形状が男性に有利になるという。ライバルの精子をかきだし、代わりに自分の精子を残せるからだ。

ギャラップの実験により、陰茎がきわめて効率的に膣から精液をかきだせることが証明された。陰茎が人工膣に完全に挿入されると、「精液は陰茎小帯を通って陰茎の下を流れ、棒状部前面の一番上の亀頭冠の裏に集められ」、抜き出される際に90パーセントもの精液を一緒にかきだせるというのだ。

ギャラップの説は議論を呼んだ。もしスコップのように機能するのであれば、射精後も摩擦運動を続けた場合、自分で自分の精子をかきだすことになり、進化上不利になると批評家たちは指摘した。これに対しギャラップは、陰茎が過敏になったり、勃起が持続しなかったり、不応期（性交後、一時的にホルモンの作用によって男性の性的反応が遮断される期間）になるなど、射精後の摩擦運動を禁じる生物学的メカニズムが多数存在すると主張し、これに反論した。

ギャラップが論争を巻き起こしたのは、これが初めてではなく、2002年に精液が抗うつ剤の役割を果たすという研究結果を発表した際も、大ニュースになった。この実験に参加した293人の女性のうち、パートナーがコンドームを使わない女性のほうが、使っている女性よりも平均して幸福度テストの点が高かったのだ。すぐにギャラップは、この実験結果はコンドームを使わないことを奨励しているわけではないと注意を促した。何にせよ、性病にかかったら、かなり憂うつになることは間違いない。

ギャラップの研究結果を考慮すると、陰茎はアイスクリームをすくうスクーパーのようだと思うかもしれない。どちらも粘性のある物質をすくい取るからだ。ただし精液とアイスクリームにはひとつ大きな違いがある。アイスクリームを食べると女性は幸せな気持ちになり、腹部の肉付きがよくなるが、アイスクリームを食べても妊娠することはないのだ。

Gallup, G. G., R. L. Burch, M. L. Zappieri, R. A. Parvez, M. L. Stockwell, & J. A. Davis. (2003). "The Human Penis as a Semen Displacement Device." *Evolution and Human Behavior* 24:277-89.

セックス中に笑っていると妊娠しやすい？

子どもを授かる確率を上げるために、夫婦が変わったことをするのはよく知られている。特定の体位でのみ性交をしたり、月の満ち欠けに合わせて性交を行ったり、さらには男性が温めた下着を着用するというカップルもいる。しかし、ピエロを雇うという手はどうだろうか？　精子の提供者としてではなく、女性を楽しませるために雇うのだ。もし最近の研究結果が正しいなら、これは試す価値があるかもしれない。

シェヴァシュ・フリードラー博士は、イスラエルのアサフ・ハロフェ医療センターで体外受精胚移植を受ける女性に、「プロの医者兼ピエロとの個人的対面」を楽しんでもらう場を設けた。このピエロは患者のベッドのそばで芸を演じた。シェフ・シュロミ・アルグッシと名乗るピエロに扮《ふん》したフリードラーみずからが、手品をしたりジョークで笑わせたりしたのだ。

このピエロ療法を受けた女性の93人中33人が妊娠した。35・5パーセントの割合である。一方、シェフ・シュロミに会わなかった女性93人のうち、妊娠したのは18人（19パーセント）だけだった。このピエロは患者たちに、文字通り魔法をかけたのだ。フリードラーは「ピエロ療法は独創的かつ体外受精胚移植に有効な補助的診療法であることが判明した」と結論づけた。

フリードラーは、医師になる前にフランスでパントマイムの勉強をした経験があり、これがピエロ療法のアイデアを思いつくきっかけとなった。ユーモアが女性の抱えるストレスを和らげたために、妊娠率が上がったのではないかと考えられている。

もちろんピエロやパントマイム・アーティストを怖がるピエロ恐怖症の女性には、

ピエロ療法は使わないほうがいいだろう。もっとも、避妊したいと思っているのなら話は別だが。

Friedler, S., et al. (2006). "The Effect of Medical Clowning on In Vitro Fertilization and Embryo Transfer Treatment," in *Abstracts of the 22nd Annual Meeting of the European Society of Human Reproduction and Embryology*. Poster 563. i216.

第7章　赤ちゃんの話

実験者たちは赤ちゃんが大好きだ。かわいくて、いいにおいがするのも理由のひとつだが、何と言っても、赤ちゃんは格好の研究材料なのだ。赤ちゃんを研究することで、社会的影響を受けていない人間の原初の精神状態をかいま見ることができる。そのため、変わった状況で行われた乳幼児の科学実験には事欠かない。新生児実験が初めて行われたのは、はるか昔、プサムテク1世がエジプトを統治していた紀元前7世紀までさかのぼる。

プサムテクは、エジプト人こそ最も歴史の古い民族だと信じていた。ところがフリギア人も自分たちこそ最古の民族だと言い張った。そこで決着をつけるために、プサムテクは実験を行うことにした。人里離れた小屋に新生児を2人隔離したのだ。毎日羊飼いが赤ちゃんたちに食べ物を与え、世話をしたが、その際ひと言も口をきかなかった。プサムテクは、この赤ちゃんたちが最初に発する言葉こそ人類最初の自然言語であるという仮説を立てた。そして2年経過後のある日、羊飼いが小屋の戸を開けると、子どもたちが「べーコス」と叫んでいるのが聞こえた。羊飼いはこれをプサムテクに報告し、プサムテクがこの言葉の意味を確認したところ、フリギア語でパンという意味だった。こうしてプサムテクは、最古の民族の座をフリギア人に譲った。

しかしながら現代の学者たちは、仮にこの物語が実話だとしても、子どもたちは恐らく羊飼いが飼っていたヒツジやヤギの声をまねしていただけだろうと言っている。このため、プサムテクの研究は史上最古の実験であるだけでなく、最初の失敗例となった。

赤ちゃんに恐怖を植えつける

1919年、ハリエット・レーン保育園でのこと。美しい女性がマットレスの上にネズミを放した。ネズミは鼻をピクピクさせ、においをかいだ。そして布の上を横切り、ずんぐりした丸顔の赤ちゃんに走り寄った。「アルバート坊や、ネズミを見てごらん」と女性が言った。アルバートはのどを鳴らすと、手を伸ばし、指でネズミの毛をなでた。するとそのとき、「バン!」という大きな音がした。アルバートの後ろに立っていた中年男性が、スチールの棒を金づちでたたいたのだ。まるで銃声のようだった。アルバートはギクリとした。そして息をのみ、唇を震わせて、泣きだした。

金づちを持っていたのは、ジョンズ・ホプキンス大学の心理学教授ジョン・ブローダス・ワトソンだった。この実験については、無意味に赤ちゃんを怖がらせただけだという人もいれば、近代心理学に革命をもたらす実験だという人もいた。

この実験の目的は単純明快だった。ワトソンは生後11カ月のアルバートにネズミを怖がらせることができるか試していたのだ。しかし、その理由はやや複雑だった。

まずは実験の手法から説明しよう。のちに「リトル・アルバート」として知られるようになる赤ちゃんのアルバートにワトソンが初めて会ったとき、アルバートはあまり物を怖がらなかった。ワトソンの説明によれば、アルバートは「無反応で感情を表さず」、さらに「非常に冷静だった」という。白いネズミやウサギ、イヌ、サル、サンタクロースのマスク、火のついた新聞など、さまざまなものを見せられても、アルバートはそれらをじっと見るだけで、興味を示さなかった。

ワトソンはアルバートの勇敢な性格を変え、彼に恐怖を教えることにした。最初の実験の時間にワトソンの助手で大学院生のロザリー・レイナーが、アルバートにネズミを見せた。アルバートは2回手を伸ばし、ネズミに触れた。そして、その都度ワトソンは金づちでスチールの棒をたたいた。アルバートはこの耳障《みみざわ》りな音を聞くたびにビクッとしたが、（少なくともまだこの段階では）泣かなかった。

実験者たちはアルバートに1週間の休みを与え、その後、実験を再開した。何度も何度もアルバートにネズミを見せ、彼がネズミに触れるや否《いな》や、棒をたたいた。するとすぐにアルバートはネズミに注意するようになった。ネズミと恐ろしい音とを関連づけるようになったのだ。しかしアルバートは、そう簡単には恐怖に屈せず、親指をくわえながら、かたくなに実験者たちを無視しつづけた。しびれを切らせたワトソンは、アルバートの親指を口から引っ張りだすと、またネズミを見せ、「バン！」と棒をたたいた。

この過程を7回繰り返し、ワトソンとレイナーはついに望みどおりの結果を得た。アルバートはネズミを一目見ただけで、棒をたたかなくても泣きだすようになったのだ。こうしてアルバートはネズミを怖がることを覚えた。

その後1カ月半にわたり、ワトソンとレイナーは定期的にアルバートをテストした。すると、2人が何度かあの怖い音に関するアルバートの記憶をよみがえらせたこともあって、ネズミに対する恐怖心が持続していただけでなく、以前は怖がらなかったものにまで恐怖の対象が広がっていた。ウサギやイヌ、毛皮のコート、毛糸、サンタクロースのマスク、そしてワトソンの髪ですら、見たとたんにべそをかいて泣きだすようになったのだ。

ワトソンはこの逆のプロセスを行い、アルバートが新しく学んだ恐怖を取り除こうとしたが、その機会には恵まれなかった。アルバートの母親がアルバートとともにこの地を去ってしまったからだ。その後、この子がどうなったのかは定かでない。

ワトソンは、アルバートにネズミと快感とを結びつけることを教えて、恐怖心を克服させるつもりだった。彼は、さまざまな方法でこれを成し遂げられたはずだと記している。たとえば、アルバートにネズミを見せるたびにキャンディを与えたり、ネズミがいるときにはアルバートの性感帯を刺激したりするといった方法だ。「最初は唇、その次は乳首、そして最後に生殖器を試すのがよいだろう」とワトソンは述べている。このタイミングでワトソンのもとを去ったのは、アルバートにとって幸運だったかもしれない。

では、乳児にネズミを怖がらせることで、ワトソンは何を達成したいと思っていたのだろう？　これは心理学を哲学ではなく、より科学的にする試みだった。心理学者たちは、感情や精神状態、潜在意識といった、あいまいで漠然としたものについて考えるのに時間をかけすぎているとワトソンは感じており、それよりむしろ刺激と反応の関係のように、測定可能な視覚的行動に注目すべきだと考えていた。ある人に何かが起こると(刺激の発生)、この人は特定の反応をする。つまり作用Aが反応Bを引き起こすと考えれば、すべて測定可能であり、とても科学的だ。ワトソンの考えでは、患者がソファーに横たわり、自分の感じていることについて話す必要などなく、その代わりに刺激と反応の関係を調べれば、科学者たちは患者の行動をコントロールできるようになるはずだった。つまり望ましい反応を引き出すためには、その人に適切な刺激を与えればいいだけのことだった。ワトソンがあるときこう豪語したのは有名な話だ。

10人ほどの元気な乳児と私独自の育児環境を与えてもらえれば、その子の才能や好み、傾向、能力、適性、祖先の人種にかかわりなく、医者や弁護士、芸術家、商人、それに物ごいや泥棒など、皆どんな専門家にでも育てられると保証します。

ワトソンが「リトル・アルバート実験」を行ったのは、スチールの棒をたたくなどの単純な刺激が、幅広く複雑な感情——具体的にはネズミやイヌ、ウサギ、毛糸、髪の毛、毛皮のコート、サンタクロースに対する恐怖心――を子どもに教えられることを証明するためだった。ワトソンはこの実験で、フロイト派心理学に打撃を与えようとしたのだ。フロイト派心理学者たちは、アルバートの恐怖心は性的衝動の抑圧のせいだと主張したことだろうとワトソンは皮肉を言った。

ワトソンはみごとに主張を通し、みずから行動主義と名付けた彼のアプローチは、その後50年間、心理学研究の中心的学派となった。そのため多くの人々が、リトル・アルバート実験は革命的だと認めているのだ。しかし、この実験はドラマチックだったかもしれないが、科学としては三流で、乳児にしつこく嫌がらせをすれば泣くということを証明しただけだと言って批判する人も多い。

ワトソンは乳児の実験を続けたかっただろうが、その機会は得られなかった。ワトソンの妻が、彼が助手のレイナーと浮気していることに気づいたためだ。その後の離婚調停で、裁判官はワトソンの行動の過《あやま》ちを指摘し、このスキャンダルが原因で、ジョンズ・ホプキンス大学を去らねばならなくなったのである。

その後流れたセンセーショナルな噂《うわさ》によると、ワトソンはレイナーと関係を持っただけでなく、自分との性交中に心拍数などの生理反応を測定したりするなど、彼女をさまざまな性的実験に使っていたらしい。これがワトソンが解雇された本当の理由だと言われており、一説によれば妻がこの研究の記録を発見したのだという。いずれにしても、このようなゴシップを立証する手段はない。実際、ワトソンは人間の性的反応に関する研究に興味を示していたが、もし本当にそのような実験をしていたなら、誰かに話していただろう。ワトソンは性について率直に話し合うのをためらうような人物ではなかった。

学界のブラックリストに載ってしまったワトソンは、ニューヨークのマディソン街に向かい、華やかな広告の世界に飛び込んだ。そして自分の刺激反応理論をこの世界で大いに活用し、コーヒー、ベビーパウダー、歯磨き粉など、いろいろな商品の宣伝を企画して成功した。彼が導入した技術はこんにちでも使われている。ワトソンは、商品を買うなど消費者に望みどおりの行動をとらせるには、正しい刺激を与えるだけでよいと考えた。なかでも、必ず効果があるのは性的刺激だった。もし消費者の性感帯に触れることが許されたら、ワトソンは実行していたことだろう。その代わりにワトソンは、視覚的興奮で妥協した。今度ビキニ姿でビールを売る女性を見かけたら、ジョン・ワトソンに感謝しよう。

Watson, J. B., & R. Rayner (1920). "Conditioned Emotional Reactions." *Journal of Experimental Psychology* 3(1): 1-14.

食べたいものだけ食べさせるとどうなるか

「お野菜も食べなさい」

「食べたくない」

「なら全部食べるまで、食卓にいなさい」

「エーーーーーン!」

　これはごくありふれた夕食の光景だ。両親は必死になって、嫌がる子どもに栄養のあるものを食べさせようとする。

　子どもの食べたいものだけ食べさせられたら、どんなにか楽なことだろう――疲れ果てた親たちが情報交換していると、たいてい誰かがこう提案する。そして必ず別の誰かが、「そうね。それに子どもに好きなものを食べさせたら、自然にバランスのとれた食べ物を選んだっていう実験をした人がいなかった?」と口をはさむ。

　そういう研究をした博士がいたことは事実だ。博士の名前はクララ・デービスで、彼女の研究は都市伝説のように広まっているが、実際のところ、この研究結果については賛否両論ある。

1928年に行われたデービスの研究は、本章の冒頭で紹介したプサムテク1世の実験の料理版のようなものだった。プサムテクは、まだ誰の言葉も聞いたことのない赤ちゃんたちを観察して、人類最初の自然言語を発見しようとしたが、同様にデービスは、固形食を与えられたことがなく、大人の味覚や習慣とは無縁の子どもたちを観察して、人類の自然な食習慣を発見しようとした。これらの子どもたちは、肉食を好むのだろうか？　菜食または雑食性の食事を好むのだろうか？　さらに重要なのは、子どもたちはバランスのとれた食べ物を自動的に欲するのか、ということだった。

デービスは離乳食を始めたばかりの生後7カ月から9カ月の子ども3人を被験者に、クリーブランドのマウント・サイナイ病院で実験を始めた。3人の子どもたち、ドナルドとアールとエイブラハムは、それぞれ個別に食事をとった。食事の時間になると、看護師が子どもの前にトレーを置いた。このトレーには鶏肉《とりにく》、牛肉、カリフラワー、卵、リンゴ、バナナ、ニンジン、オートミールなどの異なる食べ物の入った皿がのっていて、子どもたちはこのトレーから好きなものを好きなだけ食べられた。その際、看護師たちには食べ物の与え方について、特別な指示が出された。

子どもたちに食事を与える際は、直接食べさせたり、どれを食べるべきか指示したりしてはいけなかった。看護師たちには、スプーンを持ってそばに座り、しゃべったり動いたりしないよう指示した。そして子どもが食べ物に手を伸ばしたり、指をさしたりした場合だけ、その食べ物を1さじすくい、子どもが食べようとして口を開けたら中に入れてあげた。看護師は子どもが食べたものや食べなかったものについて意見を言ったり、食べ物を指さしたり、特定の食べ物に子どもの注意を向けさせたり、子どもが手を伸ばした食べ物を与えるのを拒否したりしてはいけなかった。子どもが手で持って食べたりしても、マナーについて口をはさんだり、正したりもしなかった。そうして確実に子どもが食べるのをやめてからトレーを片付けた。食事には通常20～25分かかった。

当初、子どもたちのマナーはお世辞にもよいとは言えず、手や顔を皿に押しつけたり、食べ物を床に投げたり、食べてみて気に入らなかったものを床にまき散らかしたりした。しかし子どもたちはすぐに流れを理解した。そしてずんぐりした指で、小さな王子様のように皿を指さし、期待もあらわに口を開き、食べ物が入ってくるのを待つようになった。

デービスの実験で出された標準的な食事：加工乳、全乳、調理した骨髄、生の牛肉、調理した牛肉、鶏肉、海の塩、普通の塩、生のニンジン、調理したカブ、カリフラワー、ライ麦のクラッカー

3人の子どものうち2人は6カ月間、もう1人は1年間この食事法を続けた。デービスは、そのデータを検証した結果、人間は間違いなく雑食性であるという以外に、生来の食事の好みを識別するのは不可能だということに気づいた。当初子どもたちは無作為に試食していたが、まもなくお気に入りの食べ物ができ、トレー上の食器の位置を変えても、その食べ物を見つけた。ところが彼らの好みは、数週間ごとに何の前触れもなく変わり、看護師たちは「今週、ドナルドは卵に夢中」と言ったかと思えば、それが「肉」や「シリアル」に変わることもあった。量で比べた場合、子どもたちが最もよく選んだのは、牛乳と果物とシリアルで、最も選ばれることが少なかったのは、骨髄や内臓、海の魚だった。

子どもたちは自分が必要とする食料について、賢明な選択をしていたのだろうか？

ここで留意すべき点は、この実験が行われたのは、ビタミンの働きなどが科学的に解明される前だということだ。したがって現代の感覚からすると、彼女の分析は決して正確とは言えない。基本的にデービスは子どもたちをじっくり観察して、まるまる太っていれば栄養が足りているようだと判断し、子どもたちは自分で必要な食料を正しく選択したと断言した。実験中、子どもたちはインフルエンザや百日咳《ひゃくにちぜき》、水ぼうそうにかかったが、デービスはこれらの病気を重要視していなかった。もっとも、病院で病原菌にさらされていたことを考えれば、実際これらの病気に大きな意味はなかったのかもしれない。

しかしデービスは、食習慣の自己調整メカニズムが存在するという、非常に興味深い証拠をひとつ提示した。子どもたちの1人アールは、実験開始時にくる病（訳注　乳幼児の骨格異常を伴う病）の症状があった。そこでデービスはくる病に効能があるとされるタラの肝油もトレーに加え、この魚臭い液体をアールがみずから進んで飲んでくれることを期待した。驚いたことに、アールは期待に応《こた》え、くる病が治るまでの3カ月間肝油を飲みつづけ、その後飲むのをやめた。恐らく彼の体が、自分に必要な薬を欲したのだろう。もしくは単なる偶然だったのかもしれないが、判断は難しい。

デービスは実験が成功したと発表したが、食卓での自由放任主義を勧めるものではないと釘《くぎ》を刺した。デービス自身も認識していたが、彼女を批判する人々がよく指摘したように、この実験には仕掛けがあった。子どもたちの選択肢のなかには、不健康な食べ物が入っていなかったのだ。デービスは子どもたちに、缶詰や乾燥食品、加工食品、ピーナツバター・サンドイッチ、チョコレートミルク、チーズ、バタースコッチプリン、アイスクリーム・サンデーのように、正しい食習慣から逸脱するような、おいしいけれど体に悪い誘惑的な食べ物は与えなかったのである。

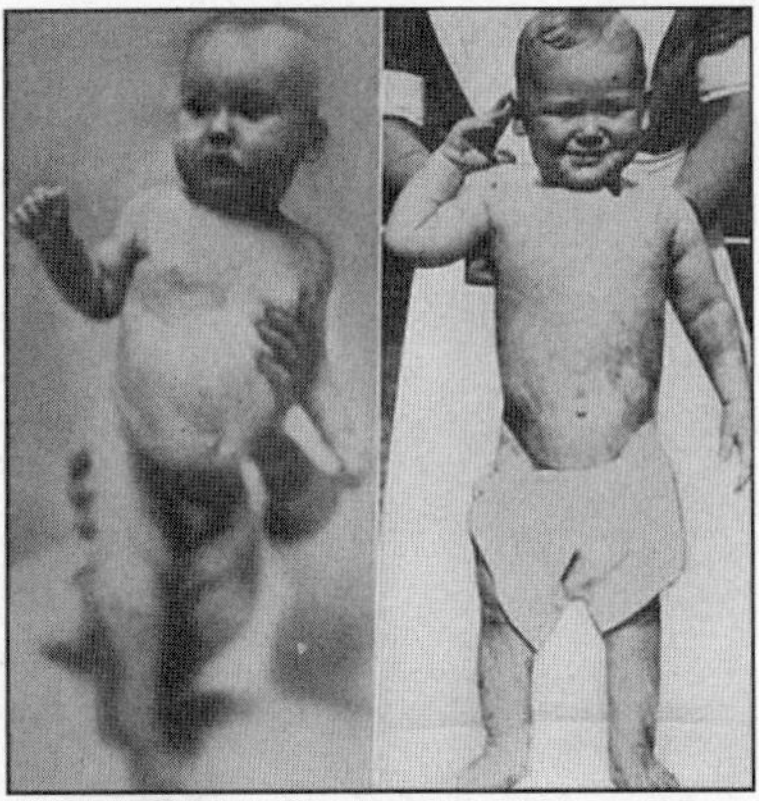

6カ月間デービスの食事法を行う前と後のアール

もしお子さんがいて、デービスが行ったのと同じ食事法を試したければ、ためらうことはない。きっと害はないだろう。しかし気をつけなければならないのは、その前にジャンクフードを一切あげないことだ。ファストフード店の子供用メニューや甘いシリアル、ホットドッグ、缶入りパスタやポテトチップスやチーズピザ、オレオや炭酸飲料などを与えてはいけない。そうしないと、自分の好きな食べ物を選べることになって目を輝かせた子どもが、5秒もたたないうちに、調理した骨髄やホウレンソウ、生のニンジン、加工されていない全粒粉やカリフラワーを見て「エーーーーン!」と泣きだすに違いない。ここで大半の親たちは、子どもに缶入りパスタを与え、ときどき無理やり野菜も食べさせるほうが楽だという結論に達するだろう。

Davis, C. M. (1928). "Self-Selection of Diet by Newly Weaned Infants: An Experimental Study." *American Journal of Diseases of Children* 36 (4): 651-79.

覆面男にくすぐられつづけた気の毒な赤ちゃん

1933年、リューバ家でのこと。赤ちゃんがベビーベッドに寝かされていた。そこへ突然、ベッドルームのドアを開けて男が入ってきて、赤ちゃんに歩み寄った。目のところに小さな切り込みのある段ボール箱をかぶっている。男は何も言わず、赤ちゃんを見下ろすように立った。まるで一切のボディーランゲージを禁じられているかのように、じっとしている。そして腰をかがめて、赤ちゃんの脇《わき》の下をそっとつついた。赤ちゃんは彼を見上げてほほ笑んだ。男は小さくうなずくと、まるであらかじめパターンが決められていたかのようにくすぐりつづける。あばら骨からあごの下、首の側面、ひざの裏、そして最後に足の裏に指をはわせた。この間、一切音は立てない。そして子どもが笑うと、男性は飛びのき、日誌を取り出して、数分間忙しそうに何かを記入しつづけた。

知らない人がこの光景を見たら、不審に思うだろう。この男性は何をしているのだろう？ 侵入者だろうか？ 子どもを誘拐しようとしているのかもしれない。しかし心配する必要はまったくなかった。この男性はアンティオック大学の心理学教授クラレンス・リューバ博士で、子どもの父親だった。この怪しげな行動は、くすぐったく感じるという現象を理解するための実験の一部だったのだ。

リューバはなぜくすぐられると人は笑うのか不思議に思った。くすぐられるのは、それ自体、おもしろいことではない。それに度を超すと痛みすら覚える人も多い。では、くすぐられて笑うのは、幼少期にほかの人がくすぐられて笑う様子を見て学んだ反応なのだろうか、それとも生得的反応なのだろうか？

くすぐられて笑うのが学習による反応なら、くすぐられても笑わない子どもを育てられるはずだとリューバは考えた。この実験を成功させるには、くすぐることが笑いを誘発する場面を一切子どもに見せないようにする必要がある。かがみ込んで子どもをくすぐるとき、母親は笑ってはいけないし、きょうだいが脇の下をくすぐられて、笑いながら奇声を上げる様子も見せてはいけない。もし笑うという反応が生得的なものなら、いずれにしても子どもは笑うようになるだろう。もし学習によるものなら、くすぐられても子どもはぽかんとしているだけのはずだ。

これは簡単な実験ではないが、科学のためリューバは挑戦した。

リューバは自宅で実験を行った。一日中、他人の家の子どもの反応を観察するのは、なかなかできることではない。そこでリューバは生まれたばかりの自分の息子を被験者とし、研究記録では「男性R・L」と呼んだ。

リューバの行く手には、ひとつだけ障害があった。彼の妻だ。妻が1回クスッと笑っただけで、研究が台無しになってしまうかもしれない。リューバのリポートには、あいまいに「母親の協力を引き出すことができた」とだけ書かれていて、彼女がこのアイデアにどう反応したのかはよくわからない。彼女は笑ったのだろうか？　それとも目を丸くして、「一体何のために」と詰め寄ったのだろうか？　ともあれリューバは、妻の賛同を得ることができた。

こうしてリューバ家では、実験の時間を除いて、子どもをくすぐってはいけなくなった。そして実験中は、笑わずに子どもをくすぐらなければならなかった。実験の際には、厳しい基準を順守した。くすぐる人は必ず12インチ（約30センチ）×15インチ（約38センチ）の段ボール箱で顔を覆《おお》い、「顔は隠れているが、段ボール箱のなかでも笑わずにいかめしい表情」を保ったという。また、くすぐり方はいつも同じで、最初は軽く、次に激しく、脇の下、あばら骨、あご、首、ひざ、足の順で行った。その際、ときどきタッセル（ふさ）を使うこともあった。

実験時間以外にも守らなければならないガイドラインがあり、「笑っている人が見えたり、笑い声が聞こえたりするときや、〝高い高い〟や〝いないいないばー〟をして子どもが笑っているとき、または笑いそうになっているときにくすぐってはならない」と決められていた。特に母親のために、このルールは冷蔵庫に貼《は》られていたことだろう。

ガイドラインは守られ、実験は進んでいった。ところが残念なことに、ある日ちょっとした失敗をしてしまった。1933年4月23日、リューバは妻からの告白を記録している。息子をお風呂《ふろ》に入れたあと、「笑顔で『たかい、たかーい』と言いながら、高い高いをしていたとき」にルールを破ってしまったというのだ。これだけで実験が水の泡になったのかどうか断定はできない。ただ明らかなのは、生後7カ月のときに男性R・Lがくすぐられて楽しそうに笑ったということだ。

それでもリューバはあきらめなかった。1936年2月に娘の「女性E・L」が生まれると、彼は同じ実験を繰り返した。だが、またしても同じ結果となった。娘も生後7カ月のときにくすぐられて笑ったのだ。自分の子どもがあまりにも平凡に育ってしまい、リューバががっかりしたことは想像にかたくない。リューバは、くすぐられて笑うのは生得的反応に違いないと結論づけた。世界初のくすぐられても笑わない子どもを育てる機会はもうなかった。

この実験のせいで子どもたちは精神的ダメージを受けなかったのだろうか？　覆面をした男性を極度に怖がるようになったりはしなかったのだろうか？　追跡調査が行われなかったため、いずれも答えはわかっていない。

58年後、偽《にせ》くすぐり機を使った研究（第2章参照）の際にクリスティーン・ハリス博士がこの研究を引用したが、科学界はリューバの研究にほとんど関心を示さなかった。それでも大衆文化のなかにリューバの実験の影響がかすかに確認できる。1970年代に放送されたテレビ番組『スパイディ・スーパー・ストーリーズ』のあるエピソードに、ティクラー（くすぐる人）という覆面をした悪者が登場するのだ（ティクラーは指につけた羽で人々を笑わせ、窃盗を働いていた)。単なる偶然と言われれば、そうかもしれない。しかし自分の研究がなかなか進まずしびれを切らせたリューバが、家を抜け出し、マンガに登場する大悪党役という新たなキャリアを築いたと想像するのは、なかなかおもしろい。

Leuba, C.(1941). "Tickling and Laughter: Two Genetic Studies." *Journal of Genetic Psychology* 58:201-9.

チンパンジーを人間と一緒に育てるとどうなるか

ウィンスロップとルエラのケロッグ夫妻は、養女のグアが普通の子どもと違うことは最初から承知していた。こぶのある突き出たひたいや、もみあげのように顔の両側に生えている黒い毛などの身体的特徴だけでなく、ほかにも違いはあった。たとえば跳ねることもそうだ。グアはジャンプ力が抜群で、窓からベッドに飛び移ったり、ポーチから地面に飛び降りたりもできた。また、びっくりすると本能的に2~3フィート(約60~90センチ)飛びのくこともあった。ほかの赤ちゃんなら、ただ不思議そうにあたりを見まわすだけだろう。

人々は夫妻に、「グアが変わっているのは当然だよ。チンパンジーなんだから!」と言った。しかしケロッグ夫妻はこのような表面的な違いは無視することにしていた。2人の目には、グアは小さな女の子に見えていたのだ。大半の子どもより毛深いことは認めていたが。

ウィンスロップ・ケロッグがこの実験を思いついたのは、1927年のことだった。当時、コロンビア大学の大学院で心理学を学んでいたケロッグは、動物に育てられた人間の子どもの記事を読んだ。こうした子どもたちは人間社会に戻ったあとでも、うなり声を上げたり、四つ足でのそのそ歩いたりして、人間というより動物のようにふるまったという。そこでもしサルを人間の家族として育てたら、サルは二足歩行をし、ナイフとフォークで食事をするなど、人間のような行動を学ぶだろうかとケロッグは考えた。ケロッグはチンパンジーを家で育てて、この問題を解明しようと妻のルエラに提案した。決してチンパンジーを檻《おり》に入れたり、ペットのように扱ったりせず、人間の子どもにするように抱きしめたり、話しかけたり、スプーンで食べ物を与えたり、服を着せたりしようというのだ。少なくともケロッグは、この実験から環境と遺伝の関係を理解するうえで価値のある情報が得られると考えた。

ルエラはこのアイデアに反対だった。彼女のほうが常識的だったことは確かだ。しかし1931年にケロッグは、社会科学研究評議会から研究に十分な助成金を受け取り、フロリダのオレンジパークにあるエール類人猿実験場からチンパンジーを提供してもらえることになった。そこでルエラもしぶしぶ夫の計画に協力することを承諾し、2人はフロリダへと新しい娘に会いに行った。

これは絶好のタイミングだった。ケロッグ夫妻の息子ドナルドが生まれたばかりだったのだ。おかげでケロッグは、チンパンジーと人間の子どもを一緒に育てるという、貴重な機会に恵まれた。こうして2つの種の発育を比較した詳しいデータを集めることができる――。

グアは1931年6月26日にケロッグ家に到着した。彼女は生後7カ月半。ドナルドは10カ月だった。赤ちゃんたちを対面させたとき、両親は心配そうに付き添い、険悪な雰囲気になったらいつでも2人を引き離せるように身構えていた。しかしその必要はなかった。ドナルドはすぐにグアに夢中になり、手を伸ばして彼女に触れた。最初グアはそれほどドナルドに関心を示さなかったが、2回目に会ったときには、ドナルドに対して並々ならぬ好意を抱いていた。そしてグアは身を乗りだして、ドナルドにキスした。この瞬間から、2人は離れがたい親友になった。

すぐにケロッグ夫妻は、この実験はフルタイムの仕事であることを悟った。お風呂に入れたり、食事をさせたり、おしめを替えたりといった通常の乳幼児の世話に加え、夫妻は子どもたちの食事や睡眠、歩行、遊びの様子などを詳しく記録したため、常に作業に追われることとなったのだ。そのなかで夫妻は、変わった反応を目にした。たとえばグアは、なぜか毒キノコを非常に恐れた。夫妻はにおいに対する反応も記録している。ドナルドは香水のにおいが好きだったが、グアは嫌いだった。さらにスプーンで2人の頭をたたいたときの音の違いまで確認した。

　スプーンの腹や似たような形状のものでたたくと、音で頭骨の違いがわかる。最初の数カ月間、ドナルドの頭はにぶいゴッンという音を立て、グアの頭は木製のクロケットのボールまたはボウリングの球を木づちでたたいたような、より鋭い音を立てた。

　ケロッグ夫妻はドナルドとグアの能力を試す実験も考案した。たとえば「クッキーを取る実験」では、部屋の真ん中にひもで吊《つ》るしたクッキーを取る方法をどちらが早く思いつくか比べ、「音のする位置確認実験」では、頭にフードをかぶせ、自分の名前を呼ぶ人がどこに立っているかわかるか調べた。これらの実験ではグアのほうがドナルドよりも確実に成績がよく、チンパンジーのほうが人間よりも早く成長することを裏付けた。したがって、チンパンジーが1点獲得。

しかしケロッグ夫妻はグアの発育だけでなく、どれだけ人間ぽくなったかにも関心があった。この結果はまちまちだった。グアはいくつかの人間的な行動を覚え、ときどき二足歩行をしたり、スプーンで食事をしたりした。しかしその他の点においては、どこからどう見てもチンパンジーらしかった。ケロッグの言葉を借りれば、グアは「激しい食欲と感情」を持った生き物だった。たとえば誰かが服を着替えただけでも、グアは混乱して怖がった。また、ケロッグは繰り返しグアに「パパ」と言わせようとしたが、言葉を話す能力は身につかなかった。それにドナルドはすぐに「パット・ア・ケーキ（訳注　日本の〝せっせっせ〟のような遊び）」を覚えたが、グアはまったくこの遊びを理解しなかった。そこで、今度は人間が1点獲得。

とはいえ正確に言えば、ドナルドもおしゃべりなほうではなく、実験開始から9カ月のあいだに学んだ言葉は3つだけだった。つまりドナルドがグアに圧勝したのは、パット・ア・ケーキだけだったということになる。しかも、そのドナルドの発声がケロッグ夫妻を悩ませた。ある日、ドナルドはお腹《なか》がすいたことを伝えようと、グアがエサを求めるときの大きな鳴き声をまねしたのだ。次の瞬間、うなり声を上げながら四つ足で歩く野生児になった我が子の姿が、夫妻の脳裏をよぎった。人間の遊び友だちのほうが息子の発育にはよいのではないかと気づいたケロッグ夫妻は、1932年3月28日にグアを類人猿実験場に送り返し、その後のグアの消息は伝えられていない。

もし9カ月以上実験が継続していたら、グアはもっと人間のようになっていただろうか？　この答えは間違いなく「ノー」だ。現在では研究も進み、霊長類学者はこう断言できるようになった。チンパンジーは野生動物であり、たとえ人間の家族に育てられても、いずれ生来の野性が戻ってくる。したがって、この時点でケロッグ夫妻が実験を中止したのは、英断だったと言えるだろう。

残念ながら、毎年わざわざ苦労してこの教訓を学ぼうとする人がいる。チンパンジーは1頭4万ドル以上するというのに、ペットにする人が引きもきらない。しかしチンパンジーの赤ちゃんは、わずか数年で途方もなく力の強い大人のチンパンジーに成長し、言うことを聞かせるにはスキルとトレーニングが必要となる。大人のチンパンジーは気が強く、いたずら好きで、すぐに物を壊す。ちょっとでも飽きればカーテンを引っ張りおろしたり、家具を倒したりと面倒なことをする。加えて飼い主が家のなかで最も大切にしている物を見抜き、それをわざと壊すくらい賢くなるのだ。考えてみれば、これは典型的な妹や弟の行動と大して変わらない。ということは、もしかしたらグアも普通の妹らしく育っていたということだろうか。

Kellogg, W. N., & L. A. Kellogg（1933）. *The Ape and the Child: A Study of Environmental Influence upon Early Behavior.* New York: McGraw-Hill Book Company, Inc.

自家製「子守機」で育てられた赤ちゃん

最初の子どもには何かと手がかかった。洗濯物もたくさん出たし、掃除も大変だった。赤ちゃんをベビーベッドから出すときに油断すると、腰を痛めそうにもなった。そこで１９４３年に妻が２人目の子どもを身ごもったとき、バラス・フレデリック・スキナーは子育ての重労働を軽減するために、自分の科学的知識を活用し、ある道具を発明した。本人はそれを子守機と呼んだが、その後「ベビーボックス」という名で広く知られるようになった。

心理学研究のおかげで、スキナーは機械作りに長《た》けていた。10年以上前、ハーバード大学の大学院生だったころ、スキナーはオペラント・チャンバーもしくはスキナー・ボックスと呼ばれる装置を開発。この箱にネズミやハトなどの動物を入れ、動物がレバーを引くと、エサなどの褒美《ほうび》がもらえる仕組みになっていた。本章で先に紹介した、リトル・アルバート実験を行ったジョン・ワトソンが始めた心理学の流派である行動主義を公《おおやけ》に支持していたスキナーは、この箱を使って褒美の頻度を変えることで、動物の行動を劇的に変化させ、ほぼどんなことでも訓練できることを証明した。たとえばプリニーと名付けられたネズミは、まずレバーを引いてビー玉を落とし、それを拾って穴に入れるとエサがもらえることを学んだ。

第二次世界大戦中、スキナーはさらに意欲的な研究に乗りだした。ハトを訓練して、ミサイルを誘導させようとしたのだ。ミサイル先端のノーズ・コーンにつながれたハトがスクリーン上の標的まで導くのだが、なんとこのシステムは、少なくとも当時の電子誘導システムと同程度には機能したという。しかしこのアイデアはあまりにもとっぴだったため、軍部は同プロジェクトの資金を削減した。意気消沈したスキナーは、子守機製造にクリエイティブな才能を傾けた。ハト誘導型ミサイルに比べると、新しいプロジェクトは子どもの遊びのように思えたことだろう。

その子守機は、高さ6フィート（約183センチ）、幅2・5フィート（約76センチ）の大きな箱だった。赤ちゃんのいる床は高さ3フィート（約91センチ）のところにあり、上下にスライドする安全ガラスの窓から外の様子をうかがえるようになっていた。暖房器具と加湿器と空気フィルター付きで、室内には暖かく新鮮な空気が循環し、さらに防音壁が外部の音を遮断した。

この子守機にはいろいろ便利で安全な機能があった。内部が暖かいため、子どもは衣服も布団《ふとん》も要らず、おしめだけしていればよかった。そのため洗濯物はほとんど出ない。また、雑菌から守られて落っこちる心配もない。床にはローラーに巻かれた10ヤード（約9メートル）の長い帆布（キャンバス地）が敷かれており、汚れたら巻き取ってきれいな部分を出すだけでよかった。さらに赤ちゃんがいる床は通常のベビーベッドより高いところにあるため、親は腰に負担をかけずに子どもを出し入れできた。このように、スキナーの発明は至れり尽くせりだった。

スキナーの娘デボラは、この子守機を試す実験台となった。そうして9カ月間そのなかで過ごしたデボラは、むずかることもなく、健康そのものだった。そこで、この発明は成功したと判断したスキナーは、世間に公表することにした。学術誌は避け、論文を女性誌「レディース・ホーム・ジャーナル」に送ったところ、これを読んだ同誌の編集者たちは、風変わりで娯楽性のある記事と判断し、タイトルだけ手を加えて掲載した。スキナーがつけた「赤ちゃんの世話も近代化」というタイトルを「箱入り赤ちゃん」に変えたのだ。

この記事に対する世間の反応が芳《かんば》しくなかったのはタイトルを変更したせいだと言って、スキナーは同誌を非難しつづけた。その後スキナーが、どれだけ母親の時間が節約でき、赤ちゃんにとっても快適か、この機械の利点をいくら人々に理解させようとしても、「赤ちゃんを箱に入れるなんて！」という意見が根強く残った。地元紙に「こんなに常軌を逸したばかばかしい発明は聞いたことがない。母親が少しばかり手を抜くために、動物のように人間の赤ちゃんを檻に閉じこめるなんて」と投稿した読者もいた。ある高校の英語のクラスは全員で、直接スキナーに「この『革命的製品』で、あなたはオルダス・ハクスリーの『すばらしい新世界』に登場する、箱で育てられた植物のような人々が暮らす社会を作れると証明しました」と書いた手紙を送った。また、子守機を急速冷凍陳列棚にたとえた批評家もいた。

スキナーの子守機は、赤ちゃんの行動を調整するために作られた巨大なスキナー・ボックスであるという考えが定着した。スキナーは、ベビーボックスという名称がスキナーボックスと似ているため、「私たちが娘をネズミやハトのように実験に使ったと思われても仕方がない」と認めている。しかしこれは事実ではなかった。実際のところデボラは、実験というより、試しに子守機に入れられただけだったからだ。スキナーは正式な実験を行い、子守機で育てた子どもと普通のベビーベッドで育てた子どもを10人ずつ比較したいと考えていたが、結局実現しなかった。

有無を言わせず人間版スキナー・ボックスに入れられていたデボラについて、1950年代から60年代にかけて数々の都市伝説が生まれた。噂によれば、デボラは大人になって精神障害を患《わずら》い、父親を訴え、自殺したということだが、実際にはデボラはごく普通に成長し、ロンドンを拠点とする芸術家として成功した。おもしろいことに芸術評論家は彼女の絵について、「『ガラスのプリズム』を通して見た景色を再現しているように見える。乳幼児のころ窓から見た景色の記憶が表れているのだろうか」と指摘している。

子守機への反応は悪いものばかりではなく、一部の人々は熱心にこの発想を受け入れた。ただし、この機械の商業生産をもくろんだスキナーが接触した大手食品メーカー、ゼネラル・ミルズのあるエンジニアによると、支持者はたいてい「長髪の人々か、冷淡な科学者」だったらしい。こうした人々は、ゼネラル・ミルズが関心を持っている購買層ではなかった。

それでもスキナーはついに、クリーブランドのビジネスマン、J・ウェストン・ジャブと生産契約を取り交わした。ジャブは相続人の「heir（エア）」と空気の「air（エア)」をかけて、この商品を「エア・コンディショナー」という名称で売り込もうと考えた。しかしその後、ジャブは詐欺師《さぎし》であることが判明し、1台も生産しないまま、スキナーが貸した500ドルを持って逃げてしまった。

その後1950年代には、エンジニアのジョン・グレイがこの割に合わない仕事に関心を持った。グレイは「エアクリブ（空気のベビーベッド）」という名称を思いつき、実際に数百台売った。だが1967年にグレイが亡《な》くなると、エアクリブも彼とともに葬《ほうむ》られた。今では運よくネットオークションで見つけでもしないかぎり、エアクリブを手に入れることは難しい。

イメージ的に重大な問題を抱えていたものの、実際のところ子守機はまともな（少なくとも無害な）発想だった。スキナーの支持者たちは、何百人もの子どもたちがこの装置で育てられ、健康で良識ある人間に育ったことを証拠に挙げ、彼の発想が健全であったと主張している。しかし一般の人々は、子どもを箱に入れるという考えにまだまだ抵抗を感じている。もしかしたら、このように高度に機械化された環境で育てると、子どもが型にはまった人間になってしまうと思っているのかもしれない。

Skinner, B. F. (October 1945). "Baby in a Box." *Ladies' Home Journal*: 30-31, 135-136, 138.

布製お母さんと金網製お母さん

「いつまでも言うことを聞かなかったら、お母さん、あなたたちを置いて出て行くわよ。そして代わりに、ガラスの目と木のしっぽのある新しいお母さんに来てもらうからね」

1882年に初版が刊行されたルーシー・クリフォードの短編小説『*The New Mother*（新しいお母さん）』では、業《ごう》を煮やした母親が子どもたちにこう警告する。クリフォードは暗くて気味の悪いおとぎ話を書いていたことから、読者はこれから何が起こるかうすうす想像できた。子どもたちはいたずらをやめず、失意のうちに母親は荷物をまとめて出て行ってしまう。その数時間後、新しい母親が現れ、激しくドアをたたく。恐れおののいた子どもたちが窓からのぞくと、骨ばった長い腕と2つのガラスの瞳《ひとみ》が光るのが見える。新しい母親が木のしっぽを一振りすると、ドアは壊れてしまった。恐怖に震えながら、子どもたちは森に逃げ、落ち葉に埋もれながら地面に横になって眠り、野生のブラックベリーを食べながら、残りの生涯を森で過ごし、決して家に戻ることはなかった。これが母親の言うことを聞かなかった代償だった。

出版後1世紀以上たった今でも、この話を読むと背筋が寒くなる。それは根源的な感情に訴えるからだ。愛情と安全の究極的象徴である母親のイメージを機械的な恐ろしいものに変える――1950年代にハリー・ハーロウが行った「布製の母」実験がセンセーションを巻き起こし、いまだに人々を魅了している理由もこれと同じだ。

ハーロウはウィスコンシン大学の心理学教授だった。彼は愛情の性質に関心があり、そのなかでも特に母親に対する乳幼児の愛に着目していた。しかし一般的な人間心理において愛は過大評価されていて、決して科学の対象ではないとされ、心理学者たちも、乳幼児が母親のそばにいたがるのはただ単に母乳が目当てなのだと言って取り合わなかった。愛とは所詮《しょせん》、飢えの苦しみを癒《いや》すための努力に過ぎないというのだ。先に紹介した、リトル・アルバートに恐怖心を植え付けたジョン・ワトソンに至っては、子どもをあやしてばかりいると、その子の性格が変わり、泣き虫で恐がりになると言っている。

そんなバカな話はないとハーロウは思った。愛は空腹を満たすためだけではないと確信していたからだ。実験室でアカゲザルを育てながら、この小さいサルたちが母親との肉体的接触を渇望《かつぼう》し、母親と触れ合うことで元気づけられていることにハーロウは気づいた。人間の子どもがぬいぐるみや抱き人形に執着するように、母親と離ればなれにされた子ザルは、母親の代替物に執着し、檻の床に敷いた柔らかい布のマットなどに、いとおしそうに抱きつくようになる。これは空腹と同じくらい強い生への原動力だ。

愛情は母乳を求める欲求に過ぎないという主張を、ハーロウは検証することにした。ハーロウは生まれてすぐ子ザルを母親から引き離し、自分でデザインした2つの代理母がいる檻に入れた。代理母のひとつは「布製の母」と呼ばれ、木片をゴムとスポンジとタオル地でくるみ、電球で温めたものだ。ハーロウが熱心に語ったところによると、布製の母は「柔らかくて温かく、優しくて無限の忍耐力があり、24時間そばにいてくれて、決して子どもをしかったり、怒って子どもに手をあげたり、かみついたりしない母親」だった。しかしながら、布製の母は母乳を与えられず、温かくて柔らかい肌にすり寄らせてあげることしかできなかった。

もうひとつは「金網製の母」だった。スチールの針金はとても抱きつきたいと思えるような代物《しろもの》ではなかったが、金網の母は母乳を与えることができた。

子ザルは抱擁と母乳のどちらを選ぶのだろう？　ハーロウは子ザルがそれぞれの代理母と過ごした時間を細かく記録したが、結果はすぐに明らかになった。サルにとっ

金網製の母は母乳を与え、布製の母は心地よさを提供する

布製の母

ては、どちらがよりよい母親かはっきりしていた。子ザルたちはずっと布製の母にすり寄っていて、金網の母のもとにいるのは母乳を吸う数秒間だけで、飲み終わるとすぐに布製の母のもとへ戻った。これらの子ザルたちが栄養よりも心地よさを重視していたのは明らかだった。

この実験は数十年間定説とされてきた心理学的教義によって、真っ向から否定されたが、ハーロウはあきらめなかった。

子ザルは必死に布製の母にしがみついていたが、だからといって布製の母に問題がなかったわけではない。その子ザルたちは、臆病《おくびょう》で社交性のない、変わり者に育ったのだ。子ザルたちは部屋の隅で縮こまって、人がそばを通るたびにキーキー鳴き声を上げ、ほかのサルたちはこれらの子ザルに近づかなかった。一方の金網の母だけに育てられた子ザルはさらに変わっていた。この2つの代理母には基本的な要素がかけていたことに気づいたハーロウは、科学的にこれを解明することにした。子どもと母親の関係において、重要な要素とは何なのだろう？

ハーロウは素材から検証しはじめた。代理母をタオル地、レーヨン、ビニール（ハーロウはシェークスピア作品の「スムーズな恋は本物ではない」という台詞《せりふ》にかけて、これを「リノリウムの恋人」と呼んだ）、目の粗いヤスリなど、異なる素材に包んでみたところ、子ザルたちは何よりもタオル地を好み、タオル製の母がいると自信を持って行動した。そこでハーロウは、よい母親は柔らかくなければならないと断定した。

次にハーロウが調査したのは温度だった。ハーロウは「ホット・ママ」と「コールド・ママ」を用意した。ホット・ママは体に熱したコイルを入れて温度を上げ、コールド・ママのなかには冷水の入ったチューブが通っていた。サルたちにとってみれば、コールド・ママは死んでいるも同然で、子ザルたちはできるかぎりコールド・ママを避けた。ここから得られる結論は、よい母親は温かくなくてはならないということだ。

最後にハーロウは動きを検証した。本物のサルの母親は、常に歩きまわり、木にぶ

子ザルの母親は本物のイヌだった

らさがったりしている。そこでハーロウは「スイング・ママ」を考案した。スイング・ママは、床上2インチ（約5センチ）の位置にサンドバッグのようにぶらさがっていた。ハーロウは「現在では、性的に奔放なスインガーと呼ばれる人々が母親になるのも珍しくはない。したがって唯一《ゆいいつ》新しいのは、母親がスインガーになったという点だ」と冗談を言っていた。驚いたことに、子ザルたちはスイング・ママに見守られて育ったサルは、スイング・ママが一番好きで、著しく順応性が高かった。ただし、母親が揺れる布製のサンドバッグの割には順応性が高いと言ったほうが正しいかもしれないが。以上の結果から、よい母親は柔らかくて、温かく、動くことが条件ということがわかった。

スタンフォード大学で博士号を取得したあと、しばらくハーロウの研究室に勤務していたウィリアム・メイソンは、後年この研究を発展させ、子ザルにとって完璧《かんぺき》な代理母を見つけた。この代理母はすべての基準を満たしていた。柔らかくて温かく、動くこともできるのだ。それは雑種の犬だった。イヌに育てられたメイソンの子ザルたちは、至って普通だった。もしかしたら若干、自分たちのアイデンティティーについて混乱していたかもしれないが、子ザルたちは賢く、機敏で、陽気な性格に育った。

一方、イヌのほうも子ザルにぶらさがったりされるのを気にする様子はなかった。

その後、ハーロウの研究は陰うつなものになっていった。母と子の愛を強める要素を特定したハーロウは、このきずなが簡単に失われるほど弱いものでないか調べることにした。怠慢な親に育てられた子どもが経験する問題を解決するうえで役に立つよう、こうした子どもたちと同じような境遇のサルを求め、ハーロウはさまざまな形の乳幼児虐待《ぎゃくたい》を行う母親を作った。シェーキング・ママはときどき激しく体を揺らし、子ザルは部屋の反対側まで放りだされた。エアブラスト・ママは圧縮空気を激しく噴出して子ザルを吹き飛ばした。そしてブラススパイク・ママからは先の丸まった真鍮《しんちゅう》のとげが定期的に出てきた。

しかし母親がどんなにむごいことをしようと、子ザルたちは気を取り直し、戻ってきてはまた同じ目にあった。子ザルはすべてを許していた。彼らの愛情は、揺らぐこともへこむこともなければ、吹き飛ばされることもなかった。これらの実験に使われた子ザルの数はわずかだったが、結果は明らかだった。

ハーロウは優秀な母親が備えているべき要素をいくつか特定したが、彼が作った代理母たちは究極的なテストには受からなかった。子ザルたちは、生きて呼吸をしているメスザルがいる場合は、決してどの代理母も選ばなかったのだ。つまり母親への愛に関するかぎり、本物の母親の代わりになれるものはないということだろう。

Harlow, H. F. (1958). "The Nature of Love." *American Psychologist* 13 (12): 673-85.

赤ちゃんを見てブレーキを踏むわけ

必死で犯人を追うパトカーが、サイレンを鳴らしながら通りを疾走している。角を曲がると、突然、わずか数メートル先で通りを横断する歩行者の姿が目に飛び込んできた。「しまった!」しかも歩行者の女性は、ベビーカーを押しているではないか!

警察官はブレーキを踏み込み、ハンドルを切る。タイヤがきしみ、ゴムが舗装した道路にこすれる。パトカーは縁石に乗り上げ、消火栓にぶつかり、建物に激突。そこらじゅうが水浸しになった。幸い女性とベビーカーの赤ちゃんは無事だった。パトカーのなかでは警察官たちが胸をなで下ろしていたが、犯罪者たちははるか彼方《かなた》へ逃げてしまった。

ハリウッド映画のカーチェイス・シーンを見ても、人々は懸命にベビーカーをよけようとすることがわかる。歩行者が大人1人だけの場合よりも、運転手は必死になるように思える。これは本当だろうか？　現実に運転手たちは、大人たちよりもベビーカーを注意深く避けているのだろうか？

1978年、カリフォルニア大学ロサンゼルス校の研究者たちは、実験でこれを試した。この実験では、ロサンゼルスの交通量の多い4車線道路で、実験者の女性が横断歩道に足を踏みだし、彼女1人のときと、ショッピングカートを押しているとき、そしてベビーカーを押しているときに、それぞれ車が止まるまでに何台通り過ぎるか数えた。

幸い研究者たちは本物の赤ちゃんを危険にさらすことはせず、ベビーカーは空っぽで、運転手にもそれがすぐにわかった。しかし研究者たちは、運転手にベビーカーが空だとバレても問題はないと考えた。ベビーカーがあるだけで、運転手たちはより慎重に停車するという仮説を立てていたからだ。

研究者たちは正しかった。実験者が1人で立っていたときには、1台目が止まる前に平均で約5台の自動車が通過し、ショッピングカートを押していたときには3台が通過していったが、ベビーカーを押していたときには、それが1台まで激減したのだ。ベビーカーを見て運転手たちが早く止まったのは、赤ちゃんおよび赤ちゃんに関連するあらゆるものに、怒りを抑制する作用があるからだと研究者たちは結論づけた。赤ちゃんには、人々から非暴力的で親切な行動を引き出す力があるのだ。どの文化にも、小さい子どもに対する暴力を強く禁ずる習慣がある。サルですら、オスのサルは攻撃をかわしたいときに子ザルにすり寄るという。

興味深いことに、研究者たちは偶然これと並行して、別の現象を発見した。ある種のドライバーは、ほかのドライバーよりも女性が1人で立っているときによく止まったのだ。

特に若い男性のドライバーは、魅力的な若い女性実験者が1人で立っているときによく停車する傾向があった（数件の事例では、実際に彼女に声をかける人までいた）。今後の研究では、この発見を高齢の男性など、ほかの歩行者でも試してみるとよいだろう。

赤ちゃん《ベビー》を見たら止まるという推論に、もうひとつ付け加えるべきだろう。ドライバーは、かわいい女の子《ベィブ》を見たときにもよく止まると。

Malamuth, N. M., E. Shayne, & B. Pogue（1978）. "Infant Cues and Stopping at the Crosswalk." *Personality and Social Psychology Bulletin* 4(2): 334-36.

究極の赤ちゃん映画

公園などでカメラを片手に赤ちゃんを追いかけたり、レストランで子どもが食べ物を床に投げつけている様子を撮影したりしている人たちを見たことがあるだろう。彼らは子どもを誇りに思い、子孫のために、初めて歩いた瞬間や初めてニンジンを食べた瞬間、初めてモゴモゴとのどを鳴らした瞬間など、子どもたちのありとあらゆる行動を記録に残しているのだ。

毎年、誇り高き親たちは赤ちゃんのビデオを合計で数十万時間（もしくは数百万時間）分撮っている。しかし、デブ・ロイを超える人はいないだろう。子どもが6カ月になった2006年1月時点で、ロイは子どものビデオを2万4000時間分撮りためていた。子どもが3歳になるまでに40万時間分の音声と映像を集める予定である。

ロイは自宅のいろいろな部屋に11台の頭上全方向性メガピクセル魚眼レンズ付きビデオカメラとマイク14本を設置し、この壮大なプロジェクトを行っている。こうして文字通り、子どものあらゆる動きと発話を記録するのだ。1日約300ギガバイト分ものデータが、地下室にある容量5テラバイトのディスクキャッシュに次々送り込まれている。このシステムを導入して以来、電気代が4倍に跳ね上がったという。

ロイがこのようなことをしているのは、何も親バカだからではない。もっとも、それも理由のひとつであることは間違いないが、彼はマサチューセッツ工科大学（MIT）メディア研究所認識機械研究グループのリーダーで、妻が妊娠したとき、これは子どもの言語習得過程を調べる絶好の機会だと考えたのだ。そこで、生まれた日から3歳になる（2008年半ば）まで、子どもが見たり聞いたりするものをほぼすべて記録する計画を立てた。その記録をMITの強力なコンピュータで分析し、子どもが言語を理解できるようになるために、どのような視覚的・言語的糸口を利用しているのかを調べる。全データを蓄積するため、世界最大規模である100万ギガバイトの記憶システムが作られた。そして、MITのエンジニアがデータから言語習得モデルの構築を試みる。うまくいけばこのモデルを使って、人間の子どもが言語を習得する方法をまねた機械学習システムが作れるかもしれない。

ロイは家庭での発話という意味の「Speech at Home」を縮めて、この実験を「ヒューマン・スピーチオム計画」と名付けたが、マスコミは、出場者たちがひとつ屋根の下で一緒に暮らし、24時間ビデオで撮影されるテレビのリアリティー番組『ビッグ・ブラザー』をもじって、「ベビー・ブラザー計画」と呼んでいる。

だが、『ビッグ・ブラザー』の出場者と違うのは、ロイが自分のプライバシーを完全にはさらけだしていない点だ。部屋に設置されたカメラにはすべてスイッチがついていて、取消ボタンのように、その行動の最後の数分を消すことができる。ロイはシステムを導入してから6カ月間で、109回この取消ボタンを使ったと言っているが、理由は明かしていない。もしロイが「しまった、汚い言葉を使ってしまった」と思ってこのボタンを使ったのだとすると、記録を消去したことで、この計画を台無しにしかねない。MITの研究者たちは、「この子はどうやって、こんな汚い言葉を覚えたのだろう」と頭を悩ますことになるからだ。その場合、もちろんロイは世の数百万の親たちと同じ言い訳を使うだろう。テレビのせいに違いないと。

Roy, D., et al. (2006). The Human Speechome Project. Presented at the 28th Annual Conference of the Cognitive Science Society. https://www. media. mit. edu/cogmac/publications/cogsci06.pdfで入手可能。

第8章　トイレは最高の読書室

その昔、中世の時代には、トイレはわずかしか存在せず、お城の小塔のてっぺんに取り付けられていた。排泄物《はいせつぶつ》は斜面を滑り降りて、その下のお堀に落ちる仕組みになっていたため、誰もお堀で泳ごうとはしなかった。『聖グレゴリウスの生涯』の著者は、この高台の席にいる孤独な時間を「誰にも邪魔されずに読書ができる」と言って称賛した。この発言から、名は知られていないがこの作家こそ、史上初のトイレ読書愛好家の1人と見なされている。こんにちでは多くの人々が、便座の上で最高の読書を楽しんでいる。それにこの本を読みながら、今まさにトイレに腰掛けている読者もいることだろう。

トイレ読書愛好家は2種類に分けられる。リラックス派と仕事派だ。リラックス派の人々にとって、トイレは避難所であり、静寂の場である。『*Our Common Ailment, Constipation*（身近な病気、便秘）』の著者、ハロルド・アーロン博士は、「読書は適切なパフォーマンスを行ううえで非常に有効な、最初の弛緩感《しかんかん》を誘発する」と指摘している。一方、仕事派は身体機能のために費やす、このわずかな時間さえも無駄にしない。チェスターフィールド卿《きょう》は、「時間管理の得意な紳士は、自然の呼び声に応《こた》え、トイレで過ごすわずかな時間すら無駄にはせず、こうした時間を活用して少しずつラテン語の詩を読み、やがて読破する」と言っている。

そこで、この章はあらゆる信条のトイレ読書愛好家に捧《ささ》げたいと思う。これから紹介する変わった実験の数々は、いずれもトイレに関連した話だ。これらの話が、最高のパフォーマンスを生むムード作りに貢献できるよう願っている。

吐《と》瀉物《しゃぶつ》を飲んだ医者の話

ベッドに横たわりながら、黄熱病患者はうめき声を上げた。肌は黄ばみ、赤や茶色の斑点《はんてん》ができ、体には腐敗臭が染《し》みついている。突然、この患者は体を起こし、ベッドの横に身を乗りだした。濃いコーヒーのかすのような黒い吐瀉物が、患者の口から勢いよく吐きだされた。患者の横に腰掛けていた若い医師は、慣れた手つきで吐瀉物をバケツで受けると、患者の背中をたたきながら「全部出してしまいましょう」と声をかけた。最後に糸を引いた黒い粘液の塊が数滴、患者の口から滴《したた》り落ちると、患者はベッドに崩れた。医師はバケツを数回揺すって湯気を上げている液体を混ぜると、近くで観察した。強烈な悪臭がするが、医師の顔には一切不快そうな表情は見られない。それどころか、医師は静かに吐瀉物をカップに注ぐと、口元に運び、ゆっくり慎重にそれを飲み干した。

吐瀉物を飲んだこの医師はスタビンス・ファースだった。黄熱病の大流行が続き、フィラデルフィアの人々に大打撃を与えた19世紀前半、黄熱病は伝染病ではないと信じていたファースは、勇敢にも自分の体を黄熱病にさらし、この説を実証しようとした。

当初、黄熱病の被害を目にしたときには、ファース自身もほかの人々同様、黄熱病は伝染病だと思ったと認めている。しかし、その後の状況を観察していたファースは、この説に疑念を持つようになる。黄熱病は、夏の酷暑のあいだは猛威をふるったが、冬が近づくとすっかり終息したのだ。なぜ気候が伝染病に影響したのか？　ファースは考えあぐねた。常に患者に接していたにもかかわらず、どうして自分は感染しなかったのだろうか？　黄熱病は「高まる興奮が引き起こす疾患」であり、暑さや食べ物、騒音などの刺激が過剰になったために起きたとファースは考えた。そして、冷静になりさえすれば、この病気にはかからないという仮説を立てた。

この非伝染性説を立証するため、ファースは一連の実験を計画した。まずファースはイヌを部屋に閉じこめて、患者が吐いた、黄熱病特有の黒い吐瀉物に浸したパンを与えた（吐瀉物が黒くなるのは、消化管から大量出血するためだ）。イヌは病気にならなかった。それどころか「3日目の終わりには、それが大好きになり、パンなしで吐瀉物だけ食べるようになった」という。ペットフード会社の人は、メモしておくとよいかもしれない。

この実験の成功に励まされたファースは、人体実験を始めた。被験者は彼自身だった。

　1802年10月4日、血液を数滴採取するため、私は左腕のひじと手首のあいだを切開した。その切開口にまだ新しい黒い吐瀉物を入れた。その後、若干炎症を起こしたが、3日間で完治し、傷口も速やかに癒着した。

ファースの実験はどんどん大胆になっていった。さらに深い傷を作って黒い吐瀉物を流し込んだり、点眼したり、小鍋に入れて熱し、蒸気を吸い込んだり、熱した吐瀉物から出る蒸気で部屋を満たし（吐瀉物サウナ）、2時間その部屋で空気を吸いつづけたりした。このときファースは、「激しい頭痛と少し吐き気を感じ、大量に汗をかいた」が、ほかに問題はなかったという。

そしてファースは口から吐瀉物を取り込みはじめた。まずはこの黒い物質を錠剤状にして飲み込んだ。次に2分の1オンス（約14グラム）の新しい吐瀉物を水に混ぜて飲んだ。ファースはこう記している。「味はごくわずかな酸味があった。もしこの直前の2回の実験によって、このにおいと味に慣れていなかったら、嘔吐する結果となっていたことだろう」。最後にファースは勇気を振り絞り、混じりけもなく、薄めてもいない黒い吐瀉物を一気に飲み干した。この味に慣れていたファースは、論文に黒い吐瀉物リキュールのレシピまで載せている。

黒い吐瀉物を布で裏ごしし、瓶の3分の2まで入れてコルクなどで栓をして、1〜2年置いておくと、薄い赤色になり、アルコールが入っているような味になる。

みずから感染しようとする超人的な努力にもかかわらず、ファースは黄熱病にかからなかった。そこでファースは、すぐにも自分の説が証明されたと発表しようと考えたが、黄熱病に汚染された液体は、まだほかにもあった。血液と唾液《だえき》、汗、そして尿だ。ファースはさらなる試練に耐え、これらの液体を腕の傷口にたっぷり塗りつけた。最も大きな反応を示したのは尿をつけたときで、「ある程度の炎症」を起こしたという。しかしそれもすぐに治まり、ファースはまたしても黄熱病に感染しなかった。

ファースは、これで自分の仮説が証明されたと宣言できると思った。黄熱病は非感染性に違いない。しかし残念ながら、ファースの説は間違っていた。現在では、蚊が媒介するＲＮＡウイルスによって、黄熱病が蔓延《まんえん》することがわかっている。それならファースが観察したように、黄熱病が流行する季節が限られていることもうなずける。冬に黄熱病が下火になったのは、蚊が減ったからなのだ。

黄熱病に感染した人の血を腕の傷口にこすりつけたことを考えると、なぜファースが黄熱病にかからなかったのかは、ちょっとした謎《なぞ》である。カリフォルニア大学デービス校教授で、感染病の専門家であるクリスチャン・サンドロックは、ファースはただ単に運がよかったのだろうと述べている。黄熱病は、西ナイルウイルスなど、蚊が媒介するほかの感染症同様、直接血流にウイルスが入らないと感染しない。したがってファースは、全身に塗りたくるのに適したウイルスを偶然選んでいたとも言えるだろう。もしこれが天然痘（てんねんとう）ウイルスだったら、助かってはいなかったはずだ。

黄熱病の原因に関するファースの仮説は間違っていたものの、彼の実験がまったく無駄になったわけではなかった。ファースは医学博士号取得の必要条件を満たすために、この研究結果をペンシルベニア大学に提出し、みごと博士号を取得したのだ。もし今、論文委員会の基準が厳しいと不満に思っている大学院生がいたら、ファースの例を覚えておくといいだろう。ファースに比べれば、どれだけ簡単に博士号が取れるかわかるはずだ。

Ffirth, S. (1804). *A treatise on malignant fever; with an attempt to prove its non-contagious nature.* Philadelphia: Graves.

犬のフンの形をしたファッジ

犬のフンを想像してみてほしい。何週間も前、どこかのイヌが芝生に残していったものだ。照りつける太陽でこんがり焼かれ、表面がカリカリになっている。これを拾って食べてみたいと思う人はいるだろうか？　もちろんいないはずだ。

では今度は、次の実験に参加しているつもりで想像してみよう。時は１９８６年、あなたはペンシルベニア大学の学生だ。食べ物の好みに関する研究に参加するため、小さくて四角い実験室に座っている。ファッジをひとつもらって食べたところ、甘くてとてもおいしかった。研究者はもう２つファッジをくれたが、もちろん今回は仕掛けがある。左側のファッジは円盤形に成形されているが、右側にあるもうひとつのファッジは「驚くほどリアルなイヌのフン」の形をしているのだ。

「どちらがいいか教えてください」と、まじめな口調で研究者が尋ねる。

これは、嫌悪感《けんおかん》の心理学を専門とするポール・ロジンが企画した研究の一環として、被験者に尋ねた質問だった。研究チームに返された答えは、驚くものではなかった。参加者は圧倒的に円盤形のファッジを好んだのだ。最高２００ポイントの選択尺度で被験者に評価してもらったところ、円盤形はもう一方のファッジよりも約50ポイント高い点を獲得した。

研究者たちは被験者を相手に数々の気持ちの悪い食べ物を試した。各実験に用いた食べ物はどれも衛生的なもので、細菌感染の危険性はまったくなかった。ただし、必ずひとつは胃がムカムカするようなものが用意された。

おいしいファッジ

研究者たちは被験者に、キャンドルスタンドを浸したリンゴジュースと消毒済みの乾燥したゴキブリを浸したリンゴジュースを出した。ゴキブリをグラスに落として、かきまぜながら「どちらが飲みたいですか？」と尋ねたところ、ゴキブリジュースは選択尺度が100ポイント低かった。また、清潔なゴム製の流しの栓とゴムでできた吐瀉物の模造品のどちらを口にくわえたいか質問したところ、流しの栓が圧勝した。未使用のハエたたきでかきまぜたスープと新品のおまるに入れたスープでは、被験者は両方とも「遠慮したい」と答えた。

研究者たちは、この研究結果は「共感呪術の法則」がアメリカ文化にも機能している証拠だと主張した。最初に共感呪術という言葉を使い、この法則を解説したのは19世紀の人類学者ジェームズ・フレイザーで、世界中の「原始的」文化の信仰体系を百科事典のようにまとめあげた名著『金枝篇』のなかで紹介されている。

フレイザーは2つの信仰が何度も登場することを指摘した。ひとつ目は「一度接触

したものは、常に接触している」という感染呪術で、不快な物体が中立的な物体に触れると、中立的な物体もこの接触によって不浄のものとなるという。ゴキブリを浸したジュースがまさにこの例だ。2つ目は「象徴はその物体と同等である」という類感呪術で、似通った形態のものは共通する性質を持つという。たとえば、ある人に似せて作ったブードゥー教の人形は、その人と同等になる。言い換えれば、フンに似たファッジはフンと同じくらい気持ち悪いということだ。

現代社会に生きる我々は、自分たちのことを非常に理性的だと思いがちだ。正しい衛生原理や病気が感染する仕組みを理解しているし、単なる迷信になど左右されないと思っている。しかしながら、私たちは迷信に左右されている。研究者たちが言ったように、被験者たちは「通常は文字使用以前の文化や第三世界の文化だけに当てはまると考えられている、いくつかの思考パターンに脚光を当てた」のだ。興味深いのは、この2つの信仰は非論理的であると誰もが気づいていて、共感呪術の法則が現実的でないこともわかっているのに、イヌのフン型ファッジを食べる気にはならないことだ。

Rozin, P., L. Millman, & C. Nemeroff (1986). "Operation of the Laws of Sympathetic Magic in Disgust and Other Domains." *Journal of Personality and Social Psychology* 50(4): 703-12.

トイレのスペースインベーダー

大学構内のトイレの個室に男性が１人座っている。彼がここに来てから、もう１時間以上が経過した。足元には本の山があり、これらの本のあいだには潜望鏡が隠されている。この潜望鏡で彼はドアの下から、小便器の前に立っている男性が用を足す様子をのぞき見している。潜望鏡を通して、尿が陶器の便器をつたって下水に流れ込むのが見える。尿が止まった。すると個室の男性はすかさず手に持ったストップウォッチのボタンを押した。

個室の男性はのぞき屋ではない。実は有名な研究者で、科学実験を行っていたのだ。少なくとも本人は、これは実験だと言って譲らなかった。

この妙な場面の舞台は「アメリカ中西部の大学にある男性トイレ」だった。１９７０年代半ばのことである。ではまず、トイレに入ってきて、知らないうちに実験の被験者にされた、恐らく学生と思われるこの架空の人物を追ってみよう。仮にジョーと呼ぶことにする。

膀胱《ぼうこう》に圧迫感を感じ、ジョーはトイレに飛び込んだ。個室が2つと床から伸びた小便器が3つ、目に入る。個室のひとつは使用中で、足元には本が積んである。これが隠れた観察者だ。しかしジョーは個室は無視して、まっすぐ小便器に向かった。真ん中には男性が立っていて、右には「使用不可。清掃中」という札がかかっていた。そこでジョーは左の小便器に直行した。

ジョーは真ん中の男性の隣、正確には16インチ（約40センチ）離れた位置に立ち、チャックを下げた。この瞬間、個室にいる男性がこっそりストップウォッチのボタンを押した。

ジョーは隣に立つ男性が気になっていた。近すぎて、あまり落ち着いて用を足せないかもしれない。だがジョーは本当にせっぱつまっていたため、他人が近くにいることは考えないようにして、集中した。ついに膀胱の筋肉がゆるみ、尿が出はじめた。個室にいる研究者は潜望鏡をのぞき込みながら、尿が流れ落ちるのを確認すると、ストップウォッチの別のボタンを押した。

18秒後、ジョーの用は済んだ（個室の観察者がストップウォッチの別のボタンを押した）。ジョーはチャックを上げ、手を洗いに洗面台に向かった。真ん中の男性がまだ用を終えていないことに気づいたジョーは、「かわいそうに、何か問題があるのだろう」と思った。そして手をふくと、たった今実験に参加したとはつゆ知らず、満足げにトイレをあとにした。

何も知らないほかの被験者たちが入れ代わり立ち代わりトイレを訪れ、この中西部の大学で、多少のバリエーションはあるものの、同じような場面が60回繰り返された。

トイレでのこの秘密活動の目的は、ひとえに「対人距離が近くなると、排尿開始の遅滞および排尿継続時間の短縮を招くか」を確認することだった。簡単に言うと、混雑していると感じると男性は排尿しにくくなるかということだ。非科学的レベルでは、たいていの男性がしにくくなると言うだろうし、これはまぎれもない事実である。たとえば「ステージ恐怖症」など、この現象を表す俗な表現は多数存在する。しかし研究者たちは噂《うわさ》ではなく、経験的データを求めていた。混雑具合と「排尿開始」との関係を確認できれば、他人が近づきすぎたり、自分のスペースに侵入してきたりしたときに、体が反応してストレスのサインを示すことを立証できると研究者たちは考えた。

実験者たちは、被験者が他人とさまざまな距離の位置に立って用を足さなければならないように、トイレ内の環境に手を加えた。「近距離状態」では、研究者が真ん中の小便器を使い、一番右に「使用不可」の札をかけ、被験者が研究者の左隣を使わなければならないように仕向けた。「中距離状態」では、研究者が一番右に立ち、被験者と研究者のあいだに「使用不可」の札を下げた。そして、これらと比較するための対照群として、「使用不可」の札を3つの小便器のうちの2つにかけ、被験者が比較的プライバシーを守られた状態で用を足せるようにした。こうして個室の研究者は、被験者たちが排尿を始めるまでの時間と排尿の継続時間を測った。

この結果から、「対人距離が近くなると、排尿開始が遅れ、排尿継続時間が短くなる」ことが証明された。知らない人と隣り合わせで立たなければならなかった被験者たちは、平均8・4秒待ってから放尿を始め、その17・4秒後に用を終えた。中距離の被験者の場合はこれより少しましで、待ち時間は6・2秒、継続時間は23・4秒だった。しかし対照群の場合、待ち時間はわずか4・9秒で、被験者たちは24・8秒かけてゆっくりと放尿を楽しんだ。つまり膀胱がいっぱいになった男性は、トイレが混んでいると、安堵《あんど》感《かん》を得られるまでに3・5秒余分に時間がかかるということだ。場合によっては、この3・5秒が非常に長く感じられることだろう。

権威ある学術誌「*Journal of Personality and Social Psychology*」に論文を発表したところ、この研究はあらゆる人から高い評価を得たわけではなかった。ハーバード大学医学部のジュラルド・クーチャーは、「失笑せずにはいられないような取るに足らない研究」と非難し、この論文のせいで「トイレを実験場所にした研究の洪水が起こる」との懸念《けねん》も表明した。しかし現在では、この心配は無用だったと言うことができる。トイレでの研究はどちらかと言うとゆっくりながら着実に滴り落ちるようなペースで行われている。洪水のようにできないのは、見知らぬ人々が近くに立って、じっと見ながら待っているからかもしれない。

Middlemist, R. D., E. S. Knowles, & C. F. Matter (1976). "Personal Space Invasions in the Lavatory: Suggestive Evidence for Arousal." *Journal of Personality and Social Psychology* 33:541-46.

集団で用を足すアリ

マレーシアの熱帯雨林に雨が降りはじめる。蒸し暑くまとわりつくような空気のなかをしずくが深い茂みへと落ちてゆく。水滴が落ち、木の葉が揺れる。巨大な竹が嵐《あらし》の力に揺さぶられ、カタウラカス・ムティカス種のアリたちが何年もかけて作った巣に、雨水が降り注ぐ。巣を守らなければ。働きアリたちが結集し、巣の入り口に自分たちの体を押し込み、頭で水を遮断する。しかしこれでは不十分だった。漏れた水が入ってくる。幸い、対処法を心得ているアリたちがいた。数時間後、雨はやみ、巣はすっかり乾ききっていた。

マレーシアの熱帯雨林で長年アリの研究をしたヨアヒム・モーグとウーリッヒ・マシュウィッツは、アリの生態について詳しく理解したつもりでいた。しかしカタウラカス・ムティカス種は謎だった。彼らはどうやって巣から水を出したのだろう。

多くのアリは水を口に含んで運び、外で吐きだす。しずくを背中に乗せて運ぶアリもいる。しかしモーグもマシュウィッツも、カタウラカス・ムティカス種がこのような行動をしているのを見たことがなかった。何かほかの方法を使っているらしい。

この謎を解くため、2人はフランクフルト大学の研究室にカタウラカス・ムティカス種の群れを持ち帰り、人工的に洪水を起こす実験を行った。2人は黄色く着色した水を2ミリリットル直接巣に注入した。すると、アリたちは即座に黄色い水を飲めるだけ飲みはじめた。そして20分後、アリたちはいっせいに巣から出て行った。その後2人は、次のような行動を観察した。

アリたちは数センチ横に移動し、膨腹部を垂直に上げた。すると、すぐに膨腹部の先から透明な水滴が現れた。その水滴はみるみる大きくなり、数秒後に滴り

排尿中のアリ

落ちた。

アリたちは自分の体を使って、水を運び出していたのだ。2人は観察結果を検証するため、もう一度同じ実験を行ったが、結果は同じだった。2人の計算によると、巣を乾かすまでに、3030回分の排尿が必要だった。

それまでアリに関して、このような「集団排尿行動」が観察されたことはなかった。モーグとマシュウィッツはほかの種でも実験してみたが、同じ戦略を採用しているアリはおらず、洪水対策に自分たちの膀胱を使っているアリはカタウラカス・ムティカス種だけと見られる。

カタウラカス・ムティカス種の集団排尿は、まさに進化の謎だ。アリがこれほど独創的な巣防衛手段を開発したとは驚きである。集団でトイレに行ったのが男子学生だったら誰も感心しないだろうが。

Maschwitz, U., & J. Moog (2000). "Communal Peeing: A New Mode of Flood Control in Ants." *Naturwissenschaften* 87:563-65.

自分の子どもと他人の子どものおむつはどちらが臭いか

排泄物は不快なものだ。誰もさわりたいとは思わないし、実際、どうにかしてさわらずに済ませようとする。この不快感のおかげで、私たちは細菌感染から守られている。しかし、心理学者トレバー・ケースとベティー・レパチョリ、リチャード・スティーブンソンは、この不快感が子育ての障害にならないのはなぜだろうと考えた。赤ちゃんはかわいらしいし、いとおしく感じるものだが、驚異的な排泄物生産機でもある。母親たちはどうして自分以外の人間の排泄物に近づき、処理することに嫌悪感を覚えて尻込《しりご》みしないのだろうか？　研究者たちは、恐らく「発生源効果」が不快反応を和らげているのだと推論した。排泄物、その他の不快な物質も、自分の子どもなどの身近なものから発している場合、不快感が弱まるというのだ。

この説を検証するため、研究者たちは13人の母親を募集して、「赤ちゃんのにおい実験」に参加してもらった。これはやや遠回しな表現である。実際のところ各被験者たちは、自分の子どもと他人の子どもの汚れたおむつのにおいをかいで、どちらが不快感が少ないか評価するよう依頼されたのだ。

実験開始前に母親たちは、自分の子どもが汚したばかりのおむつを提出。実験者は、比較するために別の赤ちゃんのおむつも準備した。おむつは鮮度を保つために冷蔵庫で保管され、実験の2時間前に取り出して室温に戻し、実験が始まるころには理想的な状態で悪臭を放っていた。

母親が外見で自分の子どものおむつを識別できないように、各おむつはフタのあるプラスチックのバケツに入れられた。バケツのフタには穴があって、そこから〝アロマ〟が漂うようになっており、母親たちはこの穴に鼻を近づけてにおいをかいだ。

母親たちは合計3つの実験に参加した。最初の実験では、おむつの入ったバケツには何も書かれていなかった。2回目と3回目の実験では、被験者の子どものおむつか、「誰かほかの赤ちゃん」のおむつか、バケツに書かれていた。しかし、そのうちのひとつの実験では、表示を逆にしていた。

くさいおむつのにおいをかいだあと、母親たちはそれぞれのにおいについて、どれだけ不快に感じたか評価した。結果は歴然としていた。母親たちは自分の子どものにおいを好んだのだ。表示なし、正しく表示、間違った表示のいずれの条件でも、母親たちは、自分の子どものおむつは他人の子どものおむつよりも不快感が少ないと感じた。そして驚いたことに、バケツに表示がなく、誰のおむつなのか母親たちには一切わからなくして行った実験で、この結果がもっともはっきり現れたのだ。

結果があまりにも顕著だったため、研究者たちは比較用のおむつが特別臭かったのではないかと疑ったが、汚れたおむつを準備した研究者は、そのようなことはないと保証した。どのおむつも「同じくらい強烈で、耐えがたいほど不快だった」という。

母親たちが自分の子どもの排泄物のにおいを好んだ理由として、研究者たちは2つの可能性を挙げている。何度も接しているうちに、においに慣れてしまったか、「血縁者のものであることを示す何か」を感知することができるかのどちらかだろうというのだ。ケースとレパチョリとスティーブンソンは、さらなる解明を未来の研究者たちに託した。

この実験は、「私たちがどれほど臭くて、醜くて、不快であっても、必ず1人、母親だけは自分を素晴らしいと思ってくれる」というメッセージの究極の裏付けと言えるだろう。

Case, T. I., B. M. Repacholi, & R. J. Stevenson (2006). "My Baby Doesn't Smell as Bad as Yours: The Plasticity of Disgust." *Evolution and Human Behavior* 27:357-65.

男のおならはガス総量が多く、女性は濃度が濃い

石器時代のある日、史上初のギャグが披露されようとしていた。

洞穴に住む小さな一団が、こん棒を手に忍び足で森を歩いている。至るところに危険がひそんでいるため、油断は禁物だ。先頭の男性が突然立ち止まり、仲間に音を立てないよう合図した。すると全員がその場にぴたっと止まった。天敵の立てる物音を聞き逃さないよう、全神経を集中させている。先頭の男性はゆっくり前後を確認すると、仲間によく耳を澄ますように合図した。そして、1発おならをして大声で笑った。

この腸にガスの溜《た》まった石器人の話から、おならは常に物笑いの種だったことがわかる。おならの持つこっけいなイメージのせいか、あまりまじめな研究対象とされることがないが、それでもおならの研究で生計を立てている人もいる。ガスが溜まりすぎると非常に不快で苦痛であると、彼らはむなしく指摘をする。ほかのみんながどん

なに笑おうと、誰かがこの問題を研究しなければならない。もっと最近の古典的ジョークに言い換えると、大半の人にとって、おならはただのおならだが、おなら博士たちにとっては、おならが飯の種なのだ。

健康な被験者が1日平均どれだけの量の腸内ガスを放出しているか、1991年まで正確に解明されなかったことからも、おならの研究がどれだけ遅れているかわかるだろう。シェフィールド大学人間栄養センターが行った研究では、10人の被験者（男女各5人）を採用。全員が肛門《こうもん》から40ミリの深さまで「柔軟なガス不浸透性チューブ」を挿入した状態で24時間生活することに同意していた。手術用テープで固定されたこのチューブはビニール袋につながっていて、ガスはまったく漏れない作りになっていた。研究者たちは次のようにして、これを確認した。

2人のボランティアが1時間下半身をお湯につけていたが、一切漏れ（泡）は確認されず、ガスは袋に回収されたことから、このガス採集システムの性能は立証された。

腸内ガスが確実に発生するよう、被験者たちは通常の食事のほかに煮豆を200グラム食べた。被験者がトイレに行きたくなったときには、袋を閉じてチューブを取りはずし、できるだけ速やかに用を済ませて、またチューブを挿入した。1日分回収した段階でガスの容量を測定したところ、平均705ミリリットルだった。被験者は平均して8回放屁《ほうひ》したと報告していることから、1回につき約90ミリリットルということになる。女性と男性の量に差はなく、少なくともこの分野においては、男女が平等であることがわかった。

さらに衝撃的なことに、おならのにおいの原因となるガスが科学的に特定されたのは、1998年になってからのことだった。ミネアポリス復員軍人援護局センターのマイケル・レビット博士が、1991年の実験と同じように、袋につながったチューブを直腸に挿入して、16人の健康な被験者のおならを回収した。彼らもガスの発生量を増やすため、実験前夜にインゲン豆を食べさせられた。そして、注射器を使って袋からサンプルを取り出すと、2人の審査員がにおいの強さを評価した。

まったくにおいのしない環境で、審査員たちは注射器を鼻から3センチ離して持ち、ゆっくりガスを出すと、数回これをかいだ。においは均等に0（「無臭」）から8（「非常に不快」）までの9段階で評価された。

こんな仕事、まっぴらごめんだと思われるかもしれない。

においの強さは硫黄ガス（硫化水素、メタンチオール、硫化ジメチル）の量に比例していた。これらのガスを分離し、ひとつずつ審査員にかがせたところ、彼らはそれぞれのにおいを「腐った卵」「傷《いた》んだ野菜」「甘いにおい」と表現した。そこでレビットは硫化水素が悪臭のもとであり、一方、甘ったるいにおいがするのは硫化ジメチルが多い場合であると判断した。

興味深いことに、レビットの研究では男女の違いも判明した。女性のおならは「男性のおならよりも、硫化水素の濃度が非常に高く（p値が０・０１未満で有意）、においの濃度も高かった（p値が０・０２未満で有意）」という。しかし男性も負けてはおらず、発生させたガスの総量では女性を上まわっていた。したがって、今回も男女の戦いは引き分けに終わったと言えるだろう。

Suarez, F. L., J. Springfield, & M. D. Levitt（1998）. "Identification of gases responsible for the odour of human flatus and evaluation of a device purported to reduce this odour." *Gut* 43: 100-4.

第9章　ハイド氏の作り方

人間性には2つの側面がある。善人の面と悪人の面だ。一方が他方より強くなるきっかけは、何なのだろう？　ロバート・ルイス・スティーブンソンの小説に登場するヘンリー・ジキル博士の場合、それは「未知の不純物」を含む塩だった。この塩の溶液を作って飲んだジキル博士は、恐ろしい殺人鬼、ハイド氏に変身した。ジキル氏（つまりスティーブンソン）同様、実存する科学者たちのなかにも、人間の持つ悪の面に魅力を感じている人は多い。彼らは、人間がどんなきっかけで無礼な態度をとったり、反社会的になったり、攻撃的になったり、残酷になったりするのか研究している。

恐ろしいことに、科学者たちが出した結論によれば、たいていの場合、ジキル博士の結晶塩のように手の込んだものは必要ない。人間の悪い部分を引き出すには、その人物をそれに適した環境に置くだけで十分だというのだ。この章でのちほど紹介するフィリップ・ジンバルドーは、かつて「適切もしくは不適切な状況的圧力を加えれば、どれほど恐ろしい行為であっても、人間がかつて行ったことのある行為なら、誰にでも行わせることができる」と言っている。もちろん逆もまた真なりで、適切な状況下にあれば、どんな人も聖人になれるのだ。こういう利他的な行動を研究している研究者も多い。しかし本音を言えば、たいてい善人の話よりも悪人の話のほうがおもしろいものだ。

なぜドイツ人はユダヤ人の強制収容に反対しなかったのか

タイトな白いTシャツを着た神経質そうな男性が、体を乗りだし、マイクに向かって「生徒さん、答えは何ですか?」と尋ねた。

返事はない。数秒後、男性は大きな声で「生徒さん、答えをお願いします」と促した。

突然、壁の向こう側から叫び声がした。「回答は拒否します。ここから出してください」

「まず質問に答えてください。さもなければ、ショックを与えますよ」と男性は言った。

「絶対に回答はしません。ここに閉じこめておくことはできないはずです。出してください。出せと言ったら、出すんだ！」

男性は座ったまま振り返り、すがるような目で後ろに立っている白衣の研究者を見上げた。「彼は答えないんじゃないでしょうか」

研究者は穏やかに答えた。「もし生徒がある程度の時間内に答えなかったら、それは回答が間違っていたと見なしてください」

「でも、向こうで叫んでいるじゃないですか。彼はあそこから出たいんですよ」

「続けてください」

「彼の様子を見に行ったほうがいいかもしれません。心臓が弱いって言っていたし……」

「あなたが続けないと、実験は成立しないのです」

男性はため息をつくと、また前を向いた。そして、自分の前の計器パネルを見つめる。パネルには30個のスイッチが並んでいる。各スイッチには電圧が記載され、左端が15ボルト、それから順に15ボルトずつ電圧が上がり、右端は４５０ボルトになっている。315ボルトのスイッチの下には、「非常に激しい衝撃」という警告が書かれている。男性はこの315ボルトのスイッチの上に、そっと指を置いた。しかし彼は指を離し、ふたたび振り返って、研究者の顔を見上げた。

「人殺しの責任は取りたくありません」

「責任は私にあるのです。やってください」

どうしていいのかわからないという様子で、男性は頭を振った。目はうつろで、恐怖心がかいま見える。男性は肩をすくめ、また元の位置に戻ると、「仕方がない」とつぶやいた。

男性は前に乗りだし、マイクに向かって「生徒さん、その答えは間違っています」と言うと、スイッチを押した。身の毛もよだつような叫び声が壁を震わせた。

あなただったら、他人の命令に従って、罪のない人を拷問《ごうもん》したり、殺したりするだろうか？　こう聞かれたら、ほぼ全員が否定するだろう。しかし、ほぼ全員が間違っている。スタンリー・ミルグラムが1960年代前半にエール大学で行った服従実験では、ごく普通の人々でも、特に白衣を着た人に命令されると、恐ろしい行動をとることが証明された。

ミルグラムがこの実験を思いついたのは、ホロコーストについて考えているときだった。ドイツの国民は、なぜ数百万人ものユダヤ人を強制収容所へ送るという命令に従ったのだろうか？　ドイツ人気質には、非常に権威に屈しやすい特別な要素が含まれているのだろうか？　それとも、このような従順さは人間心理に共通することなのだろうか？　もし命令されたら、アメリカ人でも同じことをしたのだろうか？

この謎《なぞ》を解明するため、ミルグラムは無作為に被験者を選び、徐々に不快で残酷な行動をとるよう権威者から求められる状況に彼らを置いてみることにした。研究者たちは、被験者に無理強いはせず、「どうぞ続けてください」「あなたが続けないと、実験は成立しないのです」「ほかに選択肢はありません。続けてください」などと、ただ口頭で命令するだけで、たとえ被験者が立ち上がって出て行っても、罰を与えることはなかった。被験者たちは、この依頼にどう対応したのだろうか？

被験者たちは、郵便局員や教員、販売員、工員など、ごく普通の人々だった。ミルグラムが新聞の求人広告で、約1時間の「記憶と学習に関する科学実験」に参加したら4ドルの報酬を出すという条件で参加者を募ったところ、応募してきた人たちだった。

実験が行われるエール大学相互作用研究室に到着すると、被験者は緻密《ちみつ》に計画された実験の各段階について説明を受けた。まず、若くてまじめそうな研究者が被験者に会い、次にボランティアに紹介した。そのボランティアは感じのよい丸顔の男性で、40代後半の会計士ということだった。しかしこの研究者とボランティアは2人とも役者で、1時間にわたる実験中に彼らが演じる役について、入念にリハーサルをしていた。ミルグラムはマジックミラーの反対側に隠れ、すべての出来事を観察した。

若い研究者は実験について、被験者にウソの説明をした。研究者によれば、これは罰が学習に及ぼす影響を調べるための実験だという。ボランティアの男性と被験者は、それぞれ「生徒」か「教師」のどちらかになる。教師は2つずつペアになった単語を読み上げ、生徒はそれを暗記する。そして研究者は、生徒が間違った回答をしたら、教師はショック発生器のスイッチを押して生徒を罰するよう指示した。しかも、間違えるたびにショックは大きくなっていくという。

2人はくじを引いて生徒役と教師役を決めるのだが、偽《にせ》のボランティアは必ず生徒役になった。そのあと研究者は生徒を電気椅子《いす》につなぐ演技をした。手首にゲル電極を取り付け、身動きできないように拘束する。不安そうな表情で、生徒はショックによって持病の心臓病が悪化しないか尋ねる。研究者はその懸念《けねん》を退け、こう告げる。

「電気ショックは非常に大きな痛みを伴いますが、組織に損傷を残すことはありません」

次に研究者は、教師役の被験者を隣の部屋へ案内する。そこには電圧パネルが設置されており、研究者は機械の操作を説明する。そうして教師はパネルの前に座り、研究者は被験者の後ろに離れて腰掛け、実験が始まった。

実験の始まりはいつも平穏だった。教師はペアになった単語を読み上げていく。「ブルー／ボックス」「ナイス／デイ」「ワイルド／ダック」。そのあとで教師は各ペアの最初の単語を読み、続けて正解の単語を含む4つの単語を読み上げる。「ブルー、スカイ／インク／ボックス／ランプ」。そして教師は生徒が対《つい》になる単語を答えるのを待った。

最初の数組は正解だった。被験者は、この分ならパネルの右端で待ちかまえる恐ろしいスイッチを使わずに済むかもしれないと思ったことだろう。ところが単語のペアはどんどん難しくなり、生徒がついに間違える。「不正解」と言いながら、被験者は電圧パネルのスイッチを押す。続けて生徒がまた間違える。次のショックはやや強めだった。そうしてどんどん電圧は強くなっていった。

教師が75ボルトのスイッチを入れたとき、生徒は隣の部屋でも聞こえるくらいはっきり「うっ」という声を上げた。120ボルトになると、生徒の反応もより激しくなり、大声で「うっ、痛いっ！」と叫んだ。150ボルトに達すると、生徒は実験を中

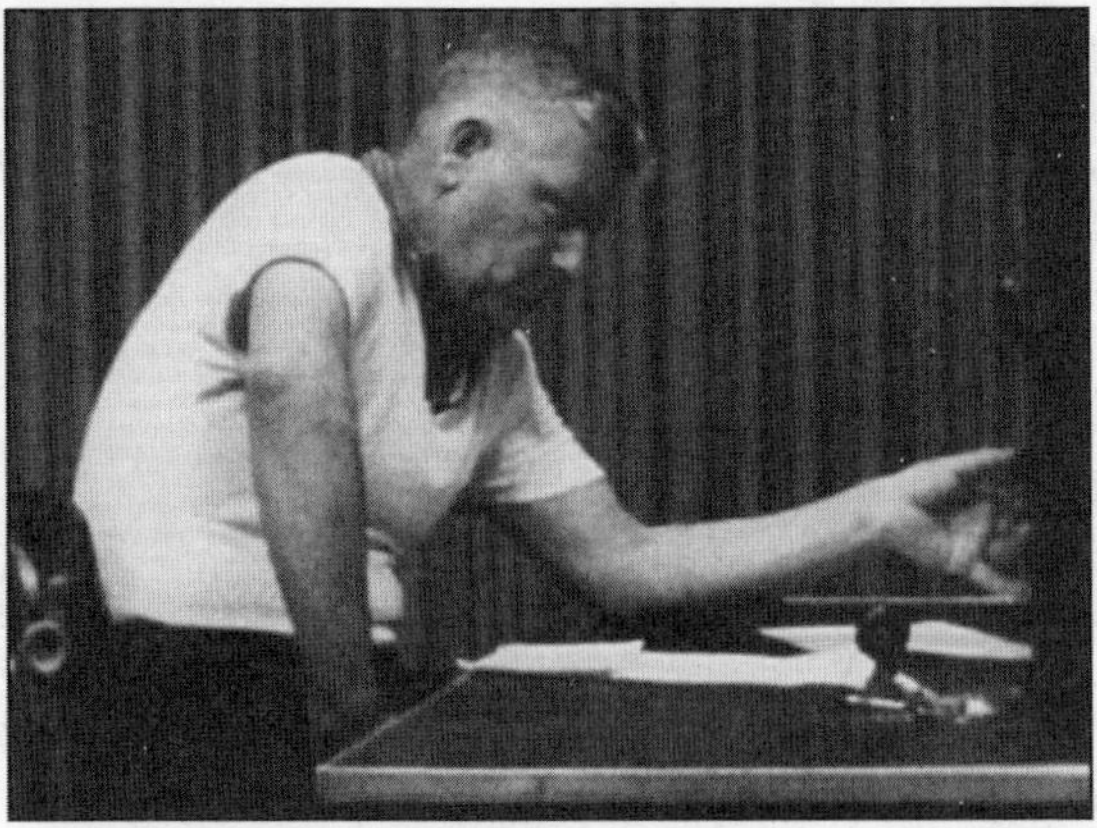

ショック発生器を操作する教師役の被験者

止して解放するように求め、騒ぎはじめた。だが、生徒の叫び声はテープレコーダーから流されていた。実際には誰も電気ショックなど受けてはいなかったのだ。しかし教師役の被験者はそれを知らず、彼らの耳には叫び声が恐ろしいほどリアルに聞こえていた。

被験者の多くが汗をかき、震えはじめた。唇をかみしめ、指のツメが手のひらに食い込むほどこぶしを握りしめる。ヒステリックに笑いだす被験者もいた。そして、誰もが指示を求めて研究者を振り返った。「今度はどうしたらよいでしょう?」研究者は穏やかな口調で相手を安心させ、「どうぞ続けてください。あなたが続けないと実験は成立しないのです」と促した。

（左）スタンリー・ミルグラム。（右）服従実験をもとにCBSテレビが1975年に制作したドキュメンタリードラマ『The Tenth Level』でスタンリー・ミルグラムを演じるウィリアム・シャトナー

これは真実の瞬間だった。被験者は電圧パネルのどこまで行くだろうか？　２００ボルト？　３００ボルト？　４００ボルト？　どの時点で被験者は後ろを振り返り、「もうだめです」と言うのだろうか？　それとも途中でやめたりせず、最後の４５０ボルトまでスイッチを押しつづけるのだろうか？

実験を行う前、ミルグラムは電圧パネルの最後のスイッチまで行く人は１人もいないだろうと考えていた。意見を聞いた精神科医も、全員ミルグラム同様、最高の電気ショックを与える被験者は、１０００人に１人だろうと予想していた。

しかし被験者たちが実際にとった行動は、これらの予想を打ち砕いた。なんと、約３

分の2の被験者が、最後まで研究者の指示に逆らわなかったのだ。彼らは苦しみ、汗をかき、震えていたが、それでもスイッチを押しつづけた。生徒が叫びだし、心臓が弱いのだと訴え、外へ出してくれと苦しそうに叫んでも、被験者たちはスイッチを押した。300ボルトのスイッチを押したあと、生徒が不気味に沈黙し、明らかに気絶したか、死亡したと思われるときでも、被験者たちはまだスイッチを押しつづけた。彼らは450ボルトに達したあとも、最後に研究者がやめるように告げるまでスイッチを押しつづけた。

彼らは連続殺人犯でもサディストでもない。平均的なアメリカ国民だ。しかし彼らは、白衣の男性に指示されれば、無実の人でも進んで殺す。数年後、CBSのテレビ番組『60ミニッツ』のインタビューで、ミルグラムは複雑な表情を浮かべながら、次のように述べた。

この実験で1000人の人々を観察し、実験結果から得た印象および情報に基づいて判断しますと、もしナチスドイツで見られたような強制収容所をアメリカ国内に造った場合、どの中堅都市でも強制収容所の職員を十分確保できるでしょう。

ミルグラムはこの実験をさまざまに応用し、服従の限界を探った。そして、犠牲者との距離が服従の度合いに大きく影響することを発見した。犠牲者の姿が見えず、声も聞こえない場合、服従の度合いは100パーセントで、壁をたたく音が聞こえるだけだと65パーセントだった。しかし犠牲者にショックを与えるには、彼の手を金属板に押しつけなければならない場合だと、30パーセントまで下がった。もちろん30パーセントでも、驚くほど高い数字だ。性別などのほかの要素は結果にほとんど影響しておらず、女性の被験者も男性の被験者と同じくらい進んで犠牲者にショックを与えることが証明された。

ミルグラムの服従研究の結果を聞くと、人間の性《さが》に失望する。平均的な人々は、それがどんなに残酷で不公正だろうと、進んで命令に従うというのだ。しかし、同時期にシカゴで行われた類似の実験結果と比べたら、人類の株はさらに下がるだろう。シカゴの研究者たちはアカゲザルを檻《おり》に入れた。サルがエサを手に入れるには、鎖を引っ張らなければならないのだが、ここに仕掛けがあった。鎖を引くと、隣の檻にいるサルに高周波ショックが加えられるのだ。隣人の苦しむ姿を目撃すると、過半数のサルが二度と鎖を引かなくなった。ほかのサルに苦痛を与える代わりに、サルたちは自分が飢えに苦しみ、なかには12日間も耐えたサルもいた。言い換えれば、サルたちは私たち人間にはできなかったこと、つまり「ノー」と言うことができたのだ。どうやら人間は、親戚《しんせき》であるサルたちから、まだまだ学ぶべきことがありそうだ。

Milgram, S. (1974). *Obedience to Authority: An Experimental View.* New York: Harper & Row.（『服従の心理』山形浩生訳、河出書房新社、2008年）

子イヌにショックを与えつづける

1963年にスタンリー・ミルグラムが服従実験の結果を発表したとき、科学界は大きなショックを受けた（ただし電気ショックではない）。ほかの研究者たちは、この結果をとても信じられなかった。そんなに簡単に被験者を操ることができるのだろうか？　ミルグラムは何か間違いを犯したに違いない。研究者たちは数々の追試を行い、ミルグラムの研究結果を自分たちの予想通りの路線に戻す方法を模索した。そのなかでも、1972年にチャールズ・シェリダンとリチャード・キングが行った実験は傑出していた。

シェリダンとキングは、ミルグラムの実験の被験者は、犠牲者が偽物だと疑っていたという仮説を立てた。そう考えると、彼らが目を見張るほど従順だったのもうなずける。ただゲームに付き合っていただけだったのだから。この可能性を調べるため、シェリダンとキングは、本当に犠牲者にショックを与えて、ミルグラムの実験を再現することにした。もちろん人間をこの実験の犠牲者にすることはできない。そこで彼らは、人間の次に最適な犠牲者、かわいらしいふわふわの子イヌを使った。

この実験では、床に電流の流れる箱に子イヌを入れた。箱のなかには信号機が取り付けられていた。被験者は全員ボランティアで参加した心理学部の学生で、子イヌは点滅する光と点灯したままの光を区別する訓練を受けているという説明を受けた。信号の光の具合によって、子イヌは箱の右側または左側に立つはずだが、もし間違えたら、被験者はスイッチを押してイヌにショックを与える。ミルグラムの実験同様、間違えるたびに電流を15ボルトずつ上げることになっていた。

被験者たちが立っている位置からは、信号を見ることができなかった。見えるのは子イヌの位置だけだったため、被験者たちは渡された表に基づいてイヌの反応を判定した。

シェリダンとキングはこの実験の重要性を強調し、「子イヌにおける臨界融合頻度

（ＣＦＦ）」を調べているのだと説明した。実験会場に来さえすれば報酬（コースの単位）は保証するとも言った。

実験が始まると、子イヌはすぐにたくさんの間違いを犯した。実のところ、子イヌは訓練を受けておらず、正しい答えを判断することすらできなかった。被験者たちに渡した表と実際の信号の光には、まったく関連性がなかったのだ。子イヌにしてみれば、ただランダムにショックを与えられているようなものだった。

電圧が高まるにつれて、子イヌはまず吠《ほ》えはじめ、次に飛び跳ねるようになり、最後には苦痛のあまりうなり声を上げるようになった。被験者たちは恐れおののいた。そして、そわそわしながら歩きまわり、息が荒くなり、子イヌにどちらに立つか手で合図するようになった。涙を流す被験者も少なくなかった。それでも大多数（26人中20人）の被験者が、最高の電圧までボタンを押しつづけた。これにより、ミルグラムの研究結果が裏付けられた。

この論文のなかで研究者たちは、電流を制限していたため、子イヌに身体的な害は残らないと述べていたが、心理的有害性については触れていなかった。このかわいそうな子イヌが、散歩中、信号を見るたびに怖がって震えるようになったとしたら、原因は明らかだろう。

Sheridan, C. L., & R. G. King (1972). "Obedience to Authority with an Authentic Victim." *Proceedings of the Annual Convention of the American Psychological Association* 80:165-66.

「ネズミの首を切れ」と言われた人はどんな顔をするのか

若い女性が手にネズミを持っている。ネズミが逃げようともがくため、女性はさらにしっかりとつかんだ。「本当にこんなことさせるんですか?」と彼女は尋ねる。女性の前に立っている研究者はうなずいた。「でも、どうして?」こう言うと、女性は突然笑った。まるで今自分が置かれている状況が信じられないかのような、引きつった、ぎこちない笑いだ。「この実験のためには、あなたが続けてくれることが重要なのです」と研究者が答える。女性の笑いは涙に変わり、ほおをつたってこぼれ落ちた。「どうか勘弁してください。お願いします」と彼女は懇願する。すると研究者は「あなたがやってくれないと、実験を進められないのです」ときっぱり言い放った。

スタンリー・ミルグラムが不快な命令に人々がどれほど容易に従うかを示し、世界を震撼《しんかん》させた数十年前に、ミネソタ大学で若い大学院生が、実験室で同じような光景を目にした。

それは1924年のことで、この大学院生はカーニー・ランディスだった。博士課程の研究の一環として、ランディスは表情について調べていた。あらゆる感情に関して、それぞれに特有の表情があるのか解明しようとしていたのだ。恐怖を感じたときに誰もが見せる、特定の表情があるのだろうか？　不快感を覚えたときや興奮したときなどはどうだろう？

答えを導きだすために、ランディスは被験者を1人ずつ実験室に呼んだ。被験者が顔面のどの筋肉を使っているかわかりやすいように、彼は焦《こ》がしたコルクで被験者の顔に線を引いた。顔に線を引かれた被験者たちは、どこかの部族の兵士のような風貌《ふうぼう》になった。ランディスはさまざまな方法で被験者にいろいろな感情を経験させ、感情が被験者の顔に表れたところを写真に収めた。

当初、被験者が置かれた状況は、ごくありきたりのもので、被験者はジャズを聴いたり、聖書を読んだり、ウソをついたり、アンモニアをかいだりした。

しかし状況は徐々に非日常的になっていく。ランディスはカーテンの裏で「バンッ」と突然クラッカーを鳴らしたり、皮膚病患者や、みだらな場面あるいは芸術的な裸体を写した写真を見せたりして、被験者のそれぞれの表情を撮影したのだ。

次に登場したのは、怪しげなバケツだった。「手を伸ばしてみてください。そして、何を感じたか教えてください」とランディスは被験者たちに言った。被験者たちは慎重に中に手を入れた。「うわっ」。被験者たちは不快感に顔をしかめた。水のなかにいる3匹のぬるぬるしたカエルに触れたのだ。「そうです。でも、それだけではありません。まわりもさわってみてください」とランディスは続けた。被験者たちが言われたとおりにすると、今度はバケツにつないだワイヤから強力な電気が「バチッ」と音を立てて流れた。

しかし、これらはすべて単なる序曲に過ぎなかった。次の実験こそがとどめの一撃だったのだ。ランディスは生きた白いネズミをトレーにのせて運んできて、「これを左手に持ち、このナイフで頭を切断してください」と言った。

被験者たちは耳を疑いながら、ランディスをじっと見つめた。このような依頼は予想外だった。被験者たちは、ランディスが本気で言っているのか尋ねた。彼が本気だと答えると、被験者たちはためらいながらナイフを手に取ったが、また元に戻した。男性の被験者の多くが悪態をついた。女性のなかには泣きだす人もいた。被験者たちは実験を中止するよう頼んだが、ランディスは彼らを促した。顔に線を描いた被験者たちが、ナイフを片手にネズミを見下ろしている図は、なおさら未知の部族が偉大なる実験の神にいけにえを捧げる準備をしているようだった。

説得には手間がかかったが、最終的に被験者の75パーセント（20人中15人）がランディスに従った。彼らは自分の手のなかでもだえる生きたネズミの頭を切断したのだ。この割合は、その後エール大学でミルグラムが行った電気ショックによる実験から判明した服従者の割合とほぼ同じだ。

だが、この作業はなかなか順調に進まなかった。ランディスは「急ごうと努力すると、手先が狂い、切断に余計に時間がかかる結果となった」と記している。なお、被験者がランディスに従わなくても、ネズミが命拾いすることはなかった。切断を拒否した5人の場合、ランディスがナイフを手に取り、代わりに作業をしたのだ。いずれにしても、彼はネズミを生かしておくつもりはなかったらしい。

被験者の大半はミネソタ大学の大学院生仲間だったが、ランディスは高血圧症の13歳の少年も被験者に加えた。少年の高血圧は情緒不安定が原因ではないかと考えた医師たちが、心理学部に少年を紹介したからだった。しかし、無理やりネズミの首を切らされたことが、どれだけ少年の症状を悪化させるか考えるべきだっただろう。

ランディスは、ミルグラムより約40年前に実験における服従という現象に遭遇していたが、自分の発見の重要性に気づくことはなかった。被験者たちが常軌を逸した依頼に従ったという事実のほうが、その依頼を実行しているときの彼らの表情よりも、ずっと興味深いなどとは思いもよらなかったらしい。結局のところ、被験者たちはあまりにもいろいろな表情を見せたため、ランディスは各状況に特有な表情を発見することができなかった。たとえばネズミの首を切っているときの表情には、苦笑いや泣き顔もあれば、ランディスが「笑筋のわずかな収縮と頰骨筋《きょうこつきん》の中程度の収縮、上まぶたの低下」によって起こる「興味を引かれて注目する表情」と呼んだ表情もあった。

1962年にランディスは亡《な》くなったが、そのころミルグラムはランディスの実験よりずっと有名になる服従実験を行っていた。これは実験をしていると、よく起こることである。ひとつのことを証明しようと科学者が実験を開始すると、まったく関係ないが、ずっと興味深い現象を偶然見つける。そのため、優秀な科学者なら心得ていることだが、実験中に変わった現象が起こらないか、常に注意深く観察するべきなのだ。すぐ目と鼻の先、またはナイフの刃の下に、偉大なる発見が隠れているかもしれないのだから。

Landis, C. (1924). "Studies of Emotional Reactions, II., General Behavior and Facial Expression." *Journal of Comparative Psychology* 4(5): 447-509.

人は「匿名《とくめい》」になると残酷になる

1967年、オレゴン州立大学でのこと。ある冬の寒い日に、1台の自動車が歩道に乗り上げて止まった。助手席側のドアが開き、黒い袋に身を包んだ男性が降りてきた。布の下からは足しか見えない。バランスをとるため男性が左右に体を揺すっているあいだに、車はタイヤをきしませて去っていった。しっかりバランスを整えた袋の男性は、迷わず歩きはじめた。シェパードホールの階段を上り、ドアを開き、チャールズ・ゴーツィンガー教授の教室に入る。教室の学生たちが振り返り、彼が入ってくる様子をじっと見つめる。ゴーツィンガーは彼のほうを見ると、「やあ、よく帰ってきたね、バッグ。また会えてうれしいよ」と声をかけた。

1967年の冬学期にチャールズ・ゴーツィンガーの「スピーチ113 基本的説得術」のクラスを受講した学生のほとんどは普通の服装で、シャツと靴、ズボンまたはスカートを身につけていたが、1人だけ大きな袋をまとって通学していた。冬学期最初の日、この学生はごそごそと教室に入り、後ろの席に座ると、一言も口をきかなかった。

　のちに「ブラック・バッグ」と呼ばれるようになるこの学生は、毎回授業に出席した。当初、彼は沈黙を守っており、1人ずつ短いスピーチをするよう求められたときには、4分間何も言わずに学生たちの前に立ちつづけてから、席に戻っていった。その後、冬学期も終わりに近づくころには、ブラック・バッグもリラックスして、「別にイエス・キリストでも何でもないよ。袋に入っているけど、君たちと同じ普通の学生なんだ」などと、短い会話をするようになった。伝えられているところによると、ブラック・バッグにはニューイングランドなまりがあったという。

　袋に入った学生よりも興味深かったのは、彼に対するまわりの人々の反応だった。当初、ほかの学生たちは彼を無視しようとした。しかし、それは不可能であることが判明する。彼はほかの人々に何ら負担をかけていないにもかかわらず（彼はほとんど話すことすらなかった）、彼の存在そのものが教室を支配し、人々の反感を買ったようだった。彼にパンチをする学生もいれば、背中に「僕をけって」と書いた紙を貼《は》った学生もいた。ブラック・バッグがお返しに、その学生の隣に座り、相手をじっと見つめたところ、学生は傘でブラック・バッグをつつき、「あっちへ行け！」と叫んだという。

まもなくマスコミがブラック・バッグの話を聞きつけ、記者たちが大挙して教室を訪れた。ときには生徒よりも記者の数のほうが多くなったという。アメリカの大衆は、学生と同じような反応を見せた。好奇心と怒りが入り交じり、このような学生を受け入れたゴーツィンガーの解雇を求める手紙を書く人もいれば、オレゴン州立大学は独特な自由主義で知られるカリフォルニア大学バークレー校並みに堕落したと言う卒業生もいた。

ブラック・バッグはどうしてそこまで怒りを招いたのだろう？　ゴーツィンガーはひとつの仮説を立てた。「人間は常にひとつの基準枠で物事を判断している。そこへ人間の入った袋が歩いてくる。私たちの準拠枠内には、袋に入った人間などはどこにも存在しないため、これを不快に感じる」

1年後にアメリカの反対側で行われた実験は、別のヒントを提供した。ニューヨーク大学のフィリップ・ジンバルドー教授は、没個性化の概念を研究していた。この理論によれば、私たちの社会的責任感は、自己の個性の概念と強く結びついているという。したがって、群衆のなかにいたり、頭から袋をかぶって身元を明かさなかったりして、自分の個性が消え、誰かわからない状況になると、私たちはとたんに反社会的でタブーとされている行動でも気兼ねなく行うようになる。たとえば人種差別団体、クー・クラックス・クランのメンバーは暴動を起こして暴れると同時に、自分たちのアイデンティティーはフードをかぶって隠している。

ジンバルドーは、2つのグループの女子学生に無実の犠牲者のインタビューテープを聞かせ、そのあとで犠牲者に電気ショックを与えるように依頼し、この現象を実証した。ひとつ目のグループの参加者には、誰かわからないように、大きな袋（花柄の枕《まくら》カバー）をかぶってもらった。奇妙なことに、こうするとクー・クラックス・クランのメンバーのように見える。ジンバルドーは彼女たちを名前ではなく番号で呼び、暗くした小部屋に座らせると、各自のボタンは共通の端末につながっているため、誰が電気ショックのボタンを押したのかはわからないと説明した（が、これはウソだった）。2つ目のグループでは、彼女たちのアイデンティティーを強調し、袋はかぶらずに大きな名札をつけてもらい、彼女たちを名前で呼んだ。

ニューヨーク大学の女子学生たち

袋をかぶったグループは、かぶらなかったグループよりも、長く電気ショックのボタンを押した。実のところ、犠牲者の叫び声が聞こえるにもかかわらず（ただしこれは演技で、実際にショックは加えられなかった）、袋をかぶった被験者たちは押せるだけボタンを押しつづけていた。ジンバルドーが観察したところによれば、「普段は優しく、穏やかな学生たちだが、ボタンを押す機会のあった20回の試験中、20回とも犠牲者の女性にショックを与えた。しかも押していられるかぎりずっと押しつづけることもあり、犠牲者がよい人で、痛い目にあわされる理由などなくてもおかまいなしだった」という。袋をかぶったことで、（たとえそれが花柄でも）彼女たちの最も暴力的で反社会的衝動が解き放たれたのだ。

このようにジンバルドーの実験では、袋をかぶった被験者たちが他人に対して攻撃的になったが、オレゴン州立大学の場合、袋に入った学生は暴行の犠牲者になった。この違いは、どう解釈したらいいだろう？

ジンバルドーは、没個性化現象は双方向に作用すると指摘する。攻撃的な行動が可能なとき、匿名性は攻撃に対する抵抗感を弱める。また、犠牲者が匿名で人間性を奪われている場合にも、同じように犠牲者に対して暴力を行使しやすくなるというのだ。ジンバルドーによれば、ディズニーランドでは、キャラクターの着ぐるみを着た人たちが、気の毒なことに理由もなく子どもに攻撃されるケースが多数報告されているという。

だが匿名の相手でも、自分と似たアイデンティティーを共有することがわかると、それまでの姿勢が一変する。それは、オレゴン州立大学で冬学期の終わりに起こった出来事にも当てはまる。学生たちは徐々にブラック・バッグに対して好感を持つようになり、彼をいじめていた学生たちが彼の強力なサポーターとして、袋をかぶる彼の権利を積極的に守ろうとしはじめたのだ。明らかに、学生たちのなかでブラック・バッグは、変わってはいるものの認識可能なアイデンティティーを確立した。最初は彼はひとつの袋に過ぎなかったかもしれないが、みんなの袋になったのだ。なかには「もし僕の母親が彼から袋を奪おうとしたら、母をやっつけるよ」と言う学生までいた。

冬学期が終わると、ブラック・バッグは正体を明かさぬまま、ひっそりと姿を消した。現在でも、彼が誰だったのかはわかっていない。したがって、なぜ袋をかぶっていたのかも謎のままだ。一説には、オノ・ヨーコの2人目の夫、アンソニー・コックスが言った「もしみんなが大きくて黒い布の袋をかぶっていたら、世界はもっとよいところになるだろう」という暗号めいた言葉に触発されて、このとっぴな行動をとったのではないかと言われている。また、説得に関する非公式な実験として、ゴーツィンガーが誰かに依頼して、この役をやらせたという説もある。そもそもこのクラスのテーマは「説得」だったのだ。後者の説が正しいと確信したオレゴン州立大学のある教員は、適切な社会学的管理をせずに研究を行ったことに対して、ゴーツィンガーを非難した。

とはいえ、これが説得に関する実験だったのだとしたら、ブラック・バッグは誰に何を説得しようとしていたのだろうか？　ウィンストン・チャーチルの「ロシアは謎のなかのミステリーに包まれた、不可解なものである」という言葉にならって言えば、この疑問はブラック・バッグ同様、謎のなかのミステリーに包まれた不可解なものに黒い布の袋がかぶさっているといったところだろうか。

Zimbardo, P. G. (1969). "The Human Choice: Individuation, Reason, and Order Versus Deindividuation, Impulse, and Chaos." In *Nebraska Symposium on Motivation* (vol. 17), ed. W. J. Arnold & D. Levine. Lincoln: University of Nebraska Press.

ドライバーがクラクションを鳴らす条件

信号が青に変わる。あなたの片足はアクセルのすぐ上にある。しかし、前の車が動かない。数秒たち、あなたは「このバカは何をやってるんだ。どうしてこんなヤツに運転させてるんだ」と思う。さらに数秒が過ぎ、あなたはクラクションに手を伸ばす。「頼むよ。一日中付き合ってなんかいられないんだ」。誰にも聞こえないにもかかわらず、あなたは「動け！」と大声を上げる。怒りがあなたの体を走り、手からクラクションに伝わる。あなたの叫びと怒りはクラクションとなって鳴り響き、行く手をさえぎる運転手を音で攻撃する。あなたはクラクションを鳴らしつづけるが、前の車のなかでは運転手が腕時計を見ながらくすくす笑っていた。

信号が青になってもすぐに発車しない自動車の後ろについてしまった経験のある人なら、この感覚がわかるだろう。前の車の運転手は、わざと嫌がらせをしていると思ってしまいがちだ。これから紹介するとおり、この予想はあながち外れているわけではないかもしれない。

青信号になっても後ろの車がクラクションを鳴らしはじめるまで止まっているというのは、怒りの実験でよく使われる手法だ。実験室では被験者が自然な行動をとる保証はない。被験者たちは観察されているのを知っており、行儀よくしようとするからだ。しかし日常の自然な状況であれば、誰も研究者が自分のことを見ているとは思わない。そのため研究者たちは、人々の無防備な反応を研究し、どの要素が怒りをあおり、どの要素が怒りを抑えるかを調べることができる。それにこの場合、被験者たちが本気で怒りだしたら、研究者はすぐに車を発進させればいい。

初めてこの手の実験を行ったのはアンソニー・ドゥーブとアラン・グロスで、1968年のことだった。パロアルト通りとメンロパーク通りの交差点を通過しようとしたドライバーたちが、運悪く知らぬ間に被験者となった。ドゥーブとグロスは、富やステータスの高さの象徴が攻撃性の発現を抑制するか調べようとしていた。そこで2人は、青信号になっても後ろのドライバーが不快に感じるほど長く停止しつづける実験を2台の車で行った。1台は洗車して磨いたばかりの1966年型クライスラー・クラウンインペリアルの黒のハードトップ、もう1台は乗り古した灰色の1961年型ランブラーのセダンだった。そうして2人はどちらがよくクラクションを鳴らされるか記録した。

その結果、ランブラーはクラクション競争に圧勝した。ランブラーの後ろに止まったドライバーの84パーセントが、12秒以内にクラクションを鳴らしたのに対し、クライスラーの後ろに止まった車がクラクションを鳴らした割合は、50パーセントだったのだ。実のところ、クラクションすら鳴らさず、いきなりバンパーをランブラーにぶつけたドライバーも2人いた。このとき研究者は、ドライバーがクラクションを鳴らすのを待つのは賢明でないと判断し、即座に「すぐに車を発進させる」というオプションを選択した。

ドゥーブとグロスがこの研究を行って以来、多くの研究者がさまざまな方法でクラクション実験を行った。たとえば1971年にケイ・ドーが行った実験では、男女とも男性より女性のドライバーに対して、よくクラクションを鳴らすことがわかった。『女性は運転が下手』という固定観念があることからもわかるとおり、ドライバーが男性であるときよりも女性のときのほうがクラクションを鳴らしやすい」のだろう。

1975年にユタ大学が行った実験では、銃架に飾ったライフルなどの非友好的なシンボルを見せたり、「復讐《ふくしゅう》」と書かれたステッカーをバンパーに貼っていたりした場合、クラクションを鳴らされることが多かった。

1976年にはロバート・バロンが独特かつ印象的な実験を行っている。この実験では、男性の協力者が赤信号で停車したあと、後ろに別の車が止まったら、信号が変わる前に女性の協力者が2台のあいだを通り抜けて道路を渡るのだが、その際この女性には、次の４つの格好をしてもらった。ブルージーンズと白いブラウスという保守的な身なり、セクシーで露出度の高い服装、ピエロのお面をつけた格好、それに松葉《まつば》杖《づえ》をつく怪我人《けがにん》の姿だ。車に乗った協力者は、女性が通過して信号が青に変わったあと、15秒待ってから発車した。その結果、女性が松葉杖をついていたり、ピエロのお面をつけていたり、挑発的な服装をしているときのほうが、女性が保守的な服装の場合や誰も通らなかった場合よりも、後ろの車がクラクションを鳴らす割合がずっと低いことが判明した。これらの結果から、バロンは共感やユーモア、穏やかな性的興奮には、攻撃性を抑制する効果があると論じている。

実験方法が単純なこともあって、この分野の研究は人気があるが、クラクション実験だけはプロに任せておいたほうがいい。科学の名の下に、アマチュア研究者がこぞって交差点をふさぐのは、誰も望んではいないからだ。もっとも、セクシーなビキニの女性は別かもしれない。これは奨励されてもいいだろう。

Doob, A. N., & A. E. Gross（1968）. “Status of Frustrator as an Inhibitor of Horn-Honking Responses.” *Journal of Social Psychology* 76:213-18.

看守役を演じさせると人は凶暴になるか

「囚人8612、壁を背にして立て！」囚人は看守を無視した。頭がくらくらし、すべてが自分にのしかかってくるのを感じる。気が変になりそうだ。

「壁を背にして立て！」とふたたび看守が叫んだ。「頼む、誰か彼を列に戻してくれ」

すると8612は、突然看守のほうを振り返り、「よく聞け。もしこれ以上ここにいさせるなら、こんな茶番にはもう付き合えない。本気だぞ！」と言った。そして8612は仲間の囚人の腕をつかむと、「おれはここから出られないんだ」とささやいた。絶望的な口調だった。「ヤツらがおれを解放するはずがない。おまえだって出られないんだぞ！」

ほかの囚人たちは引きつった笑いを浮かべた。しかし目を見れば、にわかに動転していることがわかる。出られないって、どういうことだ？　つまりこれは本物の監獄ってことか？　彼らはそのなかに閉じこめられていた。

最初はゲームのような雰囲気だった。彼らはボランティアで、囚人と看守の格好をして、スタンフォード大学の地下室で2週間過ごすことになっていた。これはおもしろいかもしれない。そうでなくても、ひと夏のちょっと変わった経験にはなる。アイデアも害はなさそうだ。面倒なことにはならないだろう——。

偽の監獄はフィリップ・ジンバルドーのアイデアだった。先に紹介した、1968年にニューヨーク大学で女子学生に花柄の袋をかぶらせた、あのジンバルドーである。監獄実験が行われた1971年には、ジンバルドーはスタンフォード大学で教えていたが、善人を悪人に変える状況に関心を持ちつづけ、監獄に注目するようになっていた。「監獄内で暴力行為が盛んに行われるのはなぜだろう?」と彼は考えた。囚人と看守の性格に問題があるのだろうか? 監獄という権力構造そのものが、人間の最も醜い部分を引きだすのだろうか? それとも、まわりに悪影響を及ぼす問題人物のせいだろうか?

この謎を解くためジンバルドーは偽の監獄を作ることにした。そして、24人の健全な若者を雇った。いずれも犯罪歴のない善良な市民で、人格検査の結果によれば、全員がすべての項目で正常の範囲内にある人たちだった。ジンバルドーは無作為に彼らの半数を偽監獄の看守役に、もう半分を囚人役に割り当てると、2週間彼らから離れて、何が起こるか観察することにした。

囚人が悪人だから監獄の環境が悪化するのであれば、善良な人々を集めたジンバルドーの監獄では、つつがなく2週間が過ぎていくことだろう。一方、監獄生活の構造のせいで囚人たちが悪い行動をするのであれば、前者とはまったく違う結果になるはずだ。

この実験は1971年8月14日土曜日に始まった。サイレンを鳴らしながら、パトカーがパロアルト通りを駆け抜け、囚人たちを連行していった。心配そうに見つめる隣人たちの前で、警察官は「おとなしくこっちへ来るんだ」と言いながら、きょとんとした学生たちをパトカーに乗せた。「本当に逮捕されるんじゃないだろうな？」と彼らは不安になった。本物の警察官が迎えにくるとは聞いていなかったからだ。そして、スタンフォード大学心理学部に到着して初めて「やっぱりこれも実験の一部なんだ」と理解した。これはジンバルドーのアイデアで、警察が迎えに行けば、囚人役のボランティアたちも、すぐに役に入り込めるだろうと考えたのだ。一方、警察はベトナム戦争反対デモ以来、スタンフォード大学経営陣との緊張関係が高まっていたことから、和解の意味で協力した。

監獄はいくつかの研究室のドアに鉄格子《てつごうし》を取り付けて作った。そして、掃除用具置き場を独房にした。カーキ色の制服を着てミラー・サングラスをかけた看守たちが、囚人に紹介された。「これからおまえたちはただの番号だ」と彼らは囚人に告げた。「私たちのことは『看守殿』と呼ぶように。わかったか？」

囚人たちは服を脱ぎ、デオドラントスプレーをかけられた。シラミ取りの代わりである。続いて、スモック（訳注　丈が尻あたりまでの上着）と頭にフィットするストッキング・キャップ、足首に巻く鎖を渡された。スモックは下着をつけずに着用したため、大事な部分を隠そうとすると歩き方がぎこちなくなり、囚人たちに屈辱感を与えた。ストッキング・キャップは頭髪を剃《そ》る代わりにかぶらされた。鎖は、自由を奪われたことを思いだすためのものだった。

初日はキャンプのような雰囲気だった。身体的暴力は禁止、囚人を逃亡させないことという最低限の指示しか受けていなかった看守たちは、どう行動していいかわからなかった。一方の囚人たちは、看守よりもくつろいだ様子で、点呼の際に冗談を言い合ったりしていた。

しかしまもなく看守も役に慣れてきた。午前2時には囚人をベッドからたたき起こし、「中庭」（実際には研究室の外の廊下）で点呼を取るように命じた。「起床だ！　急げ！　壁を背にして立て！」と看守が叫び、寝ぼけまなこの囚人たちはこれに従った。

翌朝、囚人たちが仕返しをした。反乱を起こしたのだ。彼らはベッドを監房のドアに立てかけ、「こんなのは監獄じゃない。ただのシミュレーションだ！」とヤジを飛

点呼を行う看守

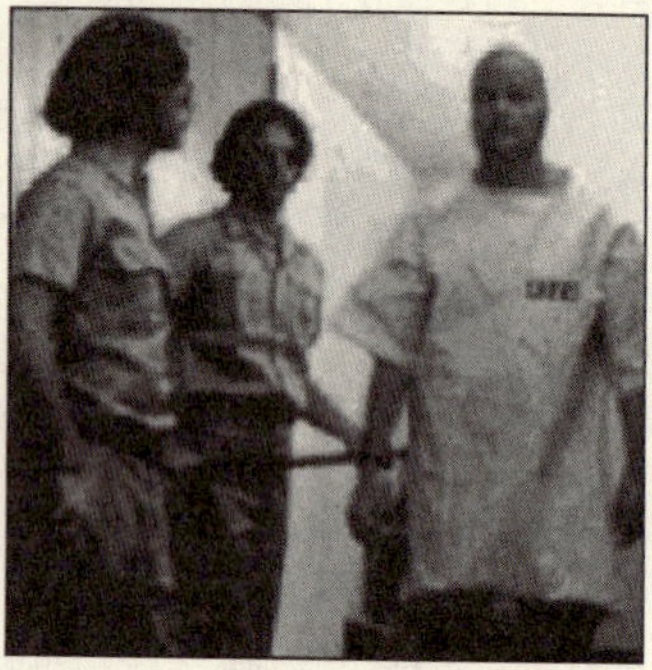

看守はカーキ色の制服を、囚人はスモックを着た

ばした。

急に主導権を奪われ面目を失った看守たちは、断固たる態度に出た。彼らは消火器を囚人に向けて発射し、非番の看守も加勢して囚人たちの気勢をそいだ。この瞬間、サマーキャンプは終わった。看守たちは囚人たちを裸にし、中庭に集め、飛び上がって足を開き頭の上で手をたたくジャンピング・ジャックや、腹筋、腕立て伏せをさせた。そして、暴動の首謀者である囚人８６１２を独房に放り込み、自分の行いを反省させた。

二度と暴動を起こさせないよう、看守たちは囚人たちのわずかな自由を奪った。無作為に囚人を裸にして所持品検査を行い、トイレの使用も禁止したため、囚人たちはバケツで用を足さなければならなくなった。すぐに監房内に悪臭が漂うようになる。さらに看守は囚人たちを分裂させるため、心理的戦略を導入した。権威にたてつく囚人たちにトラブルメーカーのレッテルを貼り、囚人たちの生活環境を悪化させた責任を押しつけ、その一方で、善良な囚人のために特権的監房を作ったのだ。

これは明らかに8612にとって過酷すぎた。8612は腹痛と頭痛を訴えるようになり、監獄から出してくれるよう、研究者たちに懇願した。しかし研究者たちは同情を示さず、ジンバルドーは8612に取引を持ちかけた。ほかの囚人たちの情報を提供すれば、これ以上、看守に虐待《ぎゃくたい》させないというのだ。放心状態で混乱していた8612は、よろよろと監房に戻った。ほかの囚人たちに、自分はここから出られない、これは本物の監獄だと冒頭のように言ったのは、このときである。

その夜、8612は手がつけられなくなった。8612は「もうウンザリだ。本気で頭にきた。わからないのか？　おれはここから出たいんだ！」と叫びはじめ、ジンバルドーはしぶしぶ8612の釈放に応じた。こうしてわずか36時間で、最初の囚人が去っていった。

実験開始から6日目の金曜日の午後まで時間を進めよう。ジンバルドーに呼ばれて、クリスティーナ・マスラックがこの監獄に立ち寄った。当時マスラックは、スタンフォード大学で博士課程を修了したばかりで、ジンバルドーとロマンチックな関係にあった。この2人はその後結婚し、現在も夫婦である。マスラックは、参加者の数人にインタビューし、この実験段階での彼らの考えと感じていることを記録することになっていた。

マスラックが到着したとき、監獄は静かだった。看守は休憩中で、囚人たちは監房にいた。ジンバルドーに会うと、彼は興奮した様子で、その週の出来事をマスラックに説明し、「この心理学実験は興味が尽きないよ」と熱心に語った。

8612の釈放以来すっかり権力の魅力に取りつかれた看守たちは、徐々に囚人への嫌がらせをエスカレートさせていった。身体的暴行こそ加えなかったものの、看守たちは暴言を吐き、囚人に屈辱を与え、眠りを妨害し、食事や布団《ふとん》などの必需品を与えなくなった。自分たちの行動が間違っていることはわかっていたらしく、彼らはそれを隠そうとした。囚人たちに「面会は必要ない。ここは天国のようだ」という家族あての手紙を書かせ、しかも激しい虐待は夜勤のときに行っていた。夜なら研究者たちも見ていないと思ったのだ。

一方、囚人たちはこの実験に打ちひしがれたかのように、ますます受け身になっていった。8612に続いてさらに4人の囚人が正気とは思えない行動をとるようになり、研究者たちは彼らも釈放することにした。そのうちの1人は、全身にストレス性の発疹《ほっしん》が出たという。

中庭ではちょうど「点呼」が始まろうとしていて、ジンバルドーはマスラックにぜひ見ていくように勧めた。看守のなかで最も意地が悪く、ジョン・ウェインというニックネームで呼ばれていた18歳の金髪の青年が、警棒で自分の手をたたきながら、大声で囚人に悪態をつき、大またで行ったり来たりしている様子を見たマスラックはゾッとした。その後、彼女はトイレ競争も目撃することとなる。フードをかぶらされ、鎖につながれた囚人たちが、一列縦隊で動物のようにトイレへ連れて行かれるのだ。「彼らに、なんて恐ろしいことをさせているの！」とマスラックが大声を上げた。激怒した彼女は、この修羅場を招いたジンバルドーを非難した。どうして彼はこのような状況を見過ごすことができるのだろう？　ジンバルドーは弁解した。ここで行われている心理学実験がいかに重要なものか、彼女にはわからないのだろう。2人の議論は堂々巡りだった。しかし口論したおかげで、ジンバルドーはやっと監獄の実情を認識し、呆然《ぼうぜん》とした。マスラックが正しかったことに気づいたのだ。確かに監獄は修羅場と化し、たった6日間で、ごく普通の大学生を、サディストの看守とそれにされるがままの囚人に変えてしまっていた。被験者たちと同じく、ジンバルドー自身も環境による負の心理に毒されていたのだ。もうやめさせなければ——。

当然ながら、翌朝実験が終わって、囚人たちはホッとした。一方、看守たちは残念がった。彼らのほとんどが、新しい役割をかなり気に入っていたのだ。

ごく短期間で社会的役割が人間を圧倒することを示したスタンフォード大学の監獄実験は、そのドラマ性により、歴史上最も有名な心理学実験となった。知名度で比肩《ひけん》し得るのは、ミルグラムの服従実験くらいだろう。どちらの実験も、文化的に深い影響をもたらした。両実験から着想を得て、数々の本や演劇、映画などが作られたが、なかでも、この実験を参考に作られた2001年のドイツ映画『es（エス）』や服従実験を再現し、賞を獲得した2006年の映画『Atrocity』がよく知られている。また、ロサンゼルスのバンド、スタンフォード・プリズン・エクスペリメントやフランスのパンクバンド、ミルグラムのように、これらの実験に関連した名前をつけたロックバンドもある。ちなみにミルグラムは『450ボルト』というCDを発表している。

さらにこの2つの実験は、個人的なレベルでもより深く結びついていた。くしくもミルグラムとジンバルドーは、ブロンクスのジェームズ・モンロー高校の4年生のとき、同じクラスだったのだ。２人とも状況心理学者になったのは、いずれも貧しい家に育った野心的な子どもで、自分たちの生活を形作る外的影響力をよく自覚していたからだと、ジンバルドーは述べている。また、彼の記憶によれば、ミルグラムは高校で最も優秀な生徒と目されており、一方、人気投票では４年生男子のなかで自分が１番だったという。彼らが最も過激な生徒と最も監獄に行きそうな生徒に選ばれていたとしても、それは的を射ていたと言えるだろう。

Zimbardo, P. (2007). *The Lucifer Effect: Understanding How Good People Turn Evil.* New York: Random House.

人間が集団になると無責任になる理由

あなたは何の変哲もない小さな事務室にいる。実験者の助手がマイクのついたヘッドホンを手渡し、それをつけるように促した。あなたがヘッドホンをつけると、彼は親指を立てて合図した。助手は部屋を去り、あなたは１人になった。するとまもなくヘッドホンから主任研究員の声が聞こえてきた。

こんにちは、皆さん。ようこそお越しくださいました。今日、6人の皆さんにここにお集まりいただいたのは、大学生活に関する個人的な悩みを話し合っていただくためです。私たちは、ニューヨークという都会の環境に学生の皆さんがどう適応しているのか、大変興味を持っています。できるだけ皆さんが不快な思いをされないよう、いくつか対策を講じました。まず、すでにお気づきのとおり、今日の話し合いは皆さんが直接顔を合わさず、内部通話装置を介して行います。また第三者が聞いていると、気おくれする方がいらっしゃるかもしれませんが、私は皆さんの最初の話し合いには加わらず、代わりに話し合いの進行は機械のシステムが行いますので、ご心配は要りません。各参加者は2分間発言が許されます。どなたかが話しているときは、ほかのマイクはすべて遮断されます。そして2分経過すると、自動的に次の方のマイクに切り替わります。こうして皆さんに何度かマイクを回したあとで、皆さんに自由に話し合っていただきたいと思います。もし手順について何もご質問がないようでしたら、私はヘッドホンのスイッチを切りますので、話し合いを始めてください。

あなたは椅子《いす》に腰を下ろし、何を話そうか考える。するとヘッドホンから別の参加者の声が聞こえてきた。「皆さん、こんにちは。どうやら最初に話すのは僕みたいです」

男性は感じのよい若者で、少し緊張しているようだった。彼は大都市での暮らしに慣れるうえで直面している、いくつかの問題について語った。そして特に大きな問題は、試験などのストレスによって発作を起こしやすくなったことだと、いかにも調子の悪そうな声で告白した。持ち時間の2分が終わり、次の人物にマイクが渡った。このように話し合いは進み、ほかの全員が話し終え、あなたの番が来た。あなたはルームメイトとの問題や学業と人付き合いを両立させるプレッシャーについて話した。あなたの番が終わると、また最初の男性のマイクに移った。

彼が話していると、急に声が大きくなり、ろれつが回らなくなった。「ぼ、僕が、必要だと思うのは……だ、誰か、て、手を貸して……本当にやばいんだ……手を貸してくれたら……きっと助かる……」

「どうしよう。発作が起こったんだ」とあなたは思う。さまざまな考えが頭を駆けめぐる。「彼は助けを必要としているんだ。実験者に言ったほうがいいだろうか？　それとも、もう誰か言ったかな？」こうして悩んでいるあいだも、ヘッドホンからは男性の苦しそうな声が聞こえてくる。

「もし誰か、ちょっと、て、手を貸して……くれたら……誰か助けて……ハァ、ハァ、ハァ」

心臓が高鳴る。誰かが助けてあげなければ。しかし心のどこかで、あなたはちゅうちょする。絶対もう誰かが助けに行っているはずだ。その場面に最後に駆けつけるなんて、みっともない。邪魔になるだけだ。

苦しそうな息づかいが聞こえてくる。「死んじゃうよ……助けて……発作が……」。あなたはパニック状態になると同時に、無力さを感じる。ただ「どうしよう？　どうしよう？」と迷うばかりだ。

1968年にコロンビア大学で、これと同じようなシチュエーションが13回繰り返された。いずれの被験者も1人でとまどいながら、急いで出て行って若者を助けようか、誰かほかの人が助けるのを待とうか真剣に悩んだ。

だが実際には、緊急事態は起きていなかった。それにこれは、大学生活に関する話し合いではなかった。発作を起こした若者の声も、ほかの参加者の声も、すべてテープレコーダーから流されていた。大学生活に関する問題を話し合うために参加したつもりが、彼らはジョン・ダーリーとビッブ・ラタネの「緊急時における傍観者の介入」実験の被験者にされていたのだ。

ダーリーとラタネは、無反応な傍観者という興味深い現象を調べていた。大勢の人々が緊急事態が発生しているのを目撃していながら、誰ひとりとして手を差し伸べようとしないのはなぜなのだろうか？　この実験を思いつく直接のきっかけとなったのは、大々的に報道された1964年のキティ・ジェノビーズ殺人事件だった。彼女は午前3時にアパートに戻ったところを、ナイフを持った男に襲われた。彼女は叫んで助けを求めたが、建物の外で何度も刺され、そして強姦《ごうかん》された。暴行は30分続いたという。その間アパートの部屋の電気がつき、住民は物音の原因を確かめようと窓から外を見た。だが、助けに来た者は1人もいなかったのだ。

ジェノビーズ殺人事件は激しい世論を巻き起こした。彼女を見殺しにした人たちは、冷淡で血も涙もないと言って非難された。しかしダーリーとラタネは、目撃者が無反応だったのは、個人の心理とはほとんど関係がないのではないかと考えた。むしろ原因は集団心理にあると考えた2人は、実験でこの説を立証することにした。

2人は被験者たちに、2人1組または（冒頭で紹介したように）6人1組のグループで話し合いを行うと信じさせた。2人1組のグループでは、相手が発作を起こすとすぐに、被験者は例外なく部屋を飛びだして、研究者を呼びに行った。彼らは（彼らが信じていたとおりであれば）ほかに相手の声を聞いた人はいないのだから、自分がどうにかしなければならないとわかっていた。しかし6人1組のグループと信じ込まされた被験者は、まったく異なる反応をした。行動を起こす前にためらったのだ。おとなしく座ったまま、ほかの人が助けに行くのではないかと考え、どうしようか迷っていた。被験者の38パーセントは、最後まで部屋を離れなかった。キティ・ジェノビーズ殺人事件と同じく、彼らも無反応な傍観者になったのだ。

この実験が示した現象は、「責任の分散」と呼ばれている。団体のなかにいると、誰かが緊急事態に陥っている場面に直面しても、まわりを見まわして「ほかの人が助けるだろう」と考える。誰ひとりとして直接責任を感じる人はおらず、その結果、誰も何もしないのだ。

1968年にダーリーとラタネがその結果を発表すると、科学界はこの研究を非常に重要な研究としてたたえた。それから数十年、強盗や誘拐、襲われる女性、倒れて口から血を流す地下鉄の乗客、動脈を損傷して血が噴きだす男性など、偽《にせ》の緊急事態を演出して、ほかの研究者たちもこの実験をさまざまな形で発展させた。私たちが思いつくような衝撃的な緊急事態は、恐れおののく民衆のためと称して、すでにどこかで社会心理学者が試していることだろう。

これらの研究のおかげで、私たちは集団心理や責任の分散現象について、多くのことを学んだ。しかし、予期せぬ結果も招いた。無反応な傍観者だけでなく、人々が懐疑的になる恐れも出てきたのだ。これは1986年にロバート・マッカウンとノーバート・カーが行った実験中に明らかになった。2人は模擬裁判を行っていたのだが、そのとき陪審員の1人を演じていた心理学部の学生が、てんかんの発作を起こした。これは本物の発作だった。だが、部屋にいた学生はダーリーとラタネの実験のことをよく知っており、ほとんどの人がこれも実験の一部だと勘違いし、その多くが、救急救命士が到着してもなお陪審員役の学生は演技をしていると思い込んでいたのだ。幸い発作を起こした学生は助かり、事なきを得た。

この出来事からわかったのは、人通りの多い道で転んで脚を折ったり大怪我をしたりして、雑踏のなかで助けが必要になった場合、あなたがとっぴな心理学実験の一環で演技をしているのではなく、本当に危険な状態にあることに誰かが気づいてくれる前に、出血多量で死んでしまう可能性もあるということだ。

Darley, J. M., & B. Latané (1968). "Bystander Intervention in Emergencies: Diffusion of Responsibility." *Journal of Personality and Social Psychology* 8(4): 377-83.

第10章　人の最後を科学する

ついに最後までたどり着いた。といっても、この本の終わりという意味ではない。少なくともまだちょっと早い。私たちがたどり着いた最後は、この章のテーマとしての「最後」である。

それが生命の終わりであれ、世界の終わりであれ、こと「最後」に関しては、昔から宗教と科学が熾烈《しれつ》な縄張り争いを繰り広げてきた。初期の実験では、この争いが墓地で行われることもあった。19世紀には、牧師が遺体を土に返すと、科学者に雇われた強盗が頻繁に墓を暴《あば》き、遺体を取り出して手押し車にのせ、医学研究室に運び込んでしまうため、愛する家族の遺体を掘り返されないよう、多くの遺族が夜通し墓場で祈りを捧《ささ》げた。

今や科学者が関心を示すのは、死の解剖学的側面だけではなくなった。心理学者は、死が私たちの人生における行動にどんな動機を与えるかを研究し、薬理学者は、薬によって死のプロセスを変える方法を模索している。これらの研究はすべてサナトロジー（死亡学）と呼ばれる幅広い学際的分野にまとめられる。ちなみにこの名称は、ギリシャ語で死を意味する「タナトス」に由来する。

ある意味、これらの研究は、本書の冒頭で紹介したフランケンシュタインの実験の対極にあるとも言える。たくさんの遺体を用いるが、いずれの研究も生命の力を理解しようとしている。ここで顕微鏡の下に置かれるのは、死および死が私たちの人生に投げかける影である。

墜落中のプロペラ機で保険の申込書に記入させる

プロペラ機がよく晴れた空を飛んでいた。機内では乗客が座席で本を読んだり、窓の外を眺めたりしている。誰もが無事に目的地に着くものと思っていた。ところが突然、機体が左に激しく傾く。片方のプロペラの回転が減速する。パイロットはなんとか立て直そうとするが、機体はゆっくり旋回しながら降下してゆく。コックピットでパイロットが地上の航空管制官に大声で呼びかける声が、乗客にも聞こえる。「緊急着陸が必要だ。繰り返す。緊急着陸だ！」乗客は指の関節が白くなるほどしっかりと、ひじ掛けを握っている。後ろのほうで、女性が叫びだした。「みんな死ぬんだわ！　みんな死ぬのよ！」

このような緊急事態に直面したら、あなたはどう反応するだろうか？　どうしたら生き残れるか、最適な方法を落ち着いて理性的に考えられるだろうか？　それともヒステリックに泣き叫ぶだろうか？　アメリカ陸軍にとって、これは単なる学術的関心以上のテーマだった。軍隊では、銃撃を受けても兵士たちが分別を失わないか確認する必要があった。そこで１９６０年代前半に、心理学者のミッチェル・バークン、ヒルトン・ビアレック、リチャード・カーン、カン・ヤギを雇って、「心理的ストレス下の行動低下」現象を研究させた。平均的な兵士が自分は死ぬと思った時点で、どれだけ行動に悪影響が及ぶか、また恐怖心をかき立てられるような状況下でも、効率よく行動するための技術を兵士が習得できるかを陸軍は知りたがっていた。

実際に死ぬか生きるかという状況で、人々がどう行動するか確認する方法はひとつしかない。彼らを命が危ないと思うほど怖がらせるのだ。研究者たちの淡泊な表現を借りれば、「死の恐怖を実験的に喚起する」ということになる。カリフォルニア州中部にあるハンター・リゲット軍用地で基礎訓練中の兵士たちが被験者となった。当然ながら兵士たちは誰も、これから起こる恐ろしい出来事が実験の一部だとは聞いていなかった。

研究者たちが考案した最初の恐怖喚起状況は、世にも恐ろしい空飛ぶ実験室だった。兵士の一行を乗せた小型プロペラ機が巡航高度に達すると、突然機体が傾き、プロペラが失速する。ヘッドホンからは、管制塔と通信するパイロットの声が聞こえる。「何かおかしい。緊急着陸が必要だ」。飛行機は空港に引き返すため旋回する。地上で待ちかまえる救急車と消防車が兵士の目に入る。この時点で、恐怖心の塊が兵士たちののど元まで込み上げてきているはずだ。だが、ここから事態はさらに悪化する。着陸装置が作動しないため、海上に不時着水させるとパイロットが告げるのだ。

恐怖を喚起する状況を作り上げたところで、次に研究者たちはその状況下での兵士たちの能力を測定するタスクを導入する。やや場違いだが、これは保険の申込書に必要事項を記入するというタスクだった。スチュワードが用紙を配りながら、軍の手続き上、全員がこの申込書に記入する必要があると説明した。全員が亡《な》くなった場合に備えて、軍としては確実に損害を補塡《ほてん》できるようにしておきたいというのだ。申込書は小型の缶に入れて、胴体着陸する前に投下するという。

言われたとおり、兵士たちは座席で前屈《まえかが》みになりながら、鉛筆を片手に難しい法律用語の解読に取りかかる。「この申込書の文章を理解するのはかなり難しい」と思ったに違いない。彼らは死が差し迫っていて集中できないため、難解に感じるのだろうと思ったかもしれないが、実は、この用紙はわざとわかりにくく書かれていた。研究者たちに言わせれば、これは「人間工学を無視した意図的悪文」だった。

兵士たちが申込書を書き終えると、パイロットはプロペラ機の向きを変え、「こちら機長。今の緊急事態は冗談だ」と言って、無事に着陸した。

機上の兵士たちが記入した保険申込書と、地上の教室で対照群が記入したものとを比較すると、前者のほうが明らかに間違いが多かった。しかし、本物の恐怖を演出しようとした研究者たちにとっては残念なことに、その間、兵士のほとんどが単に「安定感がない」と感じていただけだった。申込書に記入することで気がまぎれて、兵士たちはかえって落ち着きを取り戻したのかもしれない。それとも頭から急降下でもしないかぎり、彼らから真の恐怖は引きだせないのだろうか。そのうえ被験者の4人に1人は、この不測の事態が本当でないことを見抜いていた。飛行経験のある兵士たちは何かがおかしいと感じており、そのうちの1人が、前のグループの被験者の1人がエチケット袋の裏に、この実験について書き残した決定的な証拠を見つけたのだ。

研究者たちは動じることなく、最初から計画を立て直し、3つの新しい状況を考案した。いずれも「核時代の戦争」訓練中の事故という設定だった。兵士たちは人里離れた地方の前哨《ぜんしょう》基地に連れて行かれ、そこに取り残される。彼らの任務は、頭上を1機でも飛行機が通ったら、無線で軍司令部に連絡することだと指揮官が説明する。うんざりしながらも兵士たちは長く退屈な1日に備える。もっとも、退屈な時間は長くは続かなかった。

気温38度の猛暑のなか、兵士たちが汗をかきながら座っていると、突然無線が鳴った。割り振られたグループによって、各兵士は次の3つの警告のうちのいずれかを聞いた。ひとつ目は兵士のまわりで森林火災が起こっているというもの、2つ目は放射能事故が起き、兵士のいる地域に死の灰が降るというもの、3つ目は誤発射された砲弾が兵士のほうに向かっているというものだった。「これは訓練ではない」と軍司令部は強調した。「これは訓練ではない。作戦は中止。至急ヘリコプターを手配するので、現在地を無線で連絡せよ」

兵士は命令通り連絡しようとするが、よりによってこのタイミングで送信機が壊れていることに気づく。動揺する兵士に、まるで故障を承知しているかのように軍司令部が別の命令を下す。「無線機を修理し、現在地を連絡せよ」。追い詰められた状況下での能力の測定に採用されたのは、無線の修理というタスクだった。兵士たちが修理の際に参考にできるよう、各無線機の外側には印刷された配線図が貼《は》ってあった。しかし実のところ、この図は「マッコーリー機械能力テストの視覚追跡試験の問題に手を加えて、配線図のように見せかけたもの」だった。

3つの状況のうち、放射能の警告は格段に兵士の反応が悪かった。それは、具体的な脅威が目に見えなかったためだろう。研究者たちは「もし怪我《けが》をするなら、もうしているだろうから、残る問題は指揮官と連絡をとることだけだといった反応がよく見られた」と指摘している。さらに兵士の多くは、驚くほど放射能の危険性に関する知識が乏しかった。どうやら、この若者たちは科学の授業を注意深く聞いていなかったらしい。

森林火災の警告は放射能より関心を引いた。警告を聞くとすぐに大半の兵士は立ち上がり、地平線をチェックし、約300ヤード（約270メートル）先で煙がもうもうと吹きだしているのを確認した。ちなみにこれは、発煙弾による煙だった。2人の兵士がパニックになり逃げだしたが、大半の兵士は冷静に無線を直しはじめた。彼らによると、火が近づいてきてから逃げればいいと思っていたらしい。

恐怖喚起コンテストで圧勝したのは、誤発射した砲弾だった。無線で「砲弾が向かっている。砲弾が目標地域外に着弾する！」という警告を聞いた数秒後、近くで砲弾が爆発した。兵士たちは地面に伏せて防弾チョッキを身につけ、無線に向かって叫んだ。数人は無線が壊れていることがわかっても、まだ叫びつづけていた。さらに数発砲弾が爆発すると、その場にとどまって送信機を直せという無線からの声をまったく無視して、約半数の兵士が走って逃げたという。

この実験から得た教訓は明らかだろう。もし最大限の恐怖を与えたいのなら、繊細さは必要なく、大音量で爆発する爆弾が最適ということだ。

さらに、これらの実験は、ほかの兵士の訓練に役立てるため、ストレス下でも効率的に行動した兵士たちの心理学的特徴を観察するという目的があった。この点については、あまり明確な結果が得られなかった。研究者たちの見解では、実地経験と知識が豊富な者ほど、ストレス下でも冷静でいられたという。また、最も優秀だった兵士たちは、どんなタスクをする際にも、それに「没頭する」能力を発揮した。彼らは「悪影響や身体的損傷に対する恐怖に関連するイメージを軽減する」ことによって、脅威に心を奪われることなく冷静でいられたのだ。

もちろん兵士以外の人たちの優先事項は若干異なる。彼らの目標は、同じ場所に残って命令を遂行しつづけることではなく、生き残ることにある。そのため、放射能や森林火災、砲弾が飛んでくる最初の兆候が見えた瞬間に逃げだしたり、墜落する飛行機内で叫んだりするという選択肢も残されているのだ。

Berkun, M. M., H. M. Bialek, R. P. Kern, & K. Yagi (1962). "Experimental Studies of Psychological Stress in Man." *Psychological Monographs: General and Applied* 76 (15, whole no. 534): 1-39.

銃殺刑直前の死刑囚の心拍数を測る

１９３８年10月31日午前6時30分、銃殺刑を受けるべく部屋に入ってきたジョン・ディーリングの顔には、何の感情も浮かんでいなかった。執行官が死刑執行令状を読み上げるのを、ディーリングは改まったそぶりも見せずにたばこを吸いながら聞いていた。たばこを吸い終わると、刑務所の石壁の前に置かれた椅子《いす》に腰掛けた。看守がディーリングの頭にフードをかぶせ、胸に標的のマークを留める。そして刑務所の医師スティーブン・H・ベズリーが前に歩み出て、ディーリングの両手首に電子感知器を取り付けると、部屋の反対側で、心電計が静かにディーリングの鼓動を記録しはじめた。

ディーリングは通常の死刑囚とは違っていた。1938年8月1日に、ユタ州のビジネスマン、オリバー・メレディスの殺人容疑で警察が彼を逮捕し、起訴すると、ディーリングはすぐに罪を認めた。ディーリングはメレディスの自動車を盗もうとして、逆上したわけではなく冷静に彼を撃ったのだと説明した。しかしディーリングは、自分の行為およびそれまでの人生を悔やんでいた。そして「お役所的な手続きや法廷での無駄話抜き」で、国が速やかに自分を殺してくれるよう懇願した。彼の望みは叶《かな》い、逮捕からわずか3カ月で、刑が執行されることになった。

人生最後の数週間、ディーリングは模範的市民になろうとした。子どもたちにもっとチャンスを与えるべきだと公言し、「公園や体育館をもっと作ってほしい」と手紙を書いた。「子どもたちが健全な活動に集中できるように、遊びの施設を増やしてあげるべきだ。自分にはできなかったが、子どもたちが能力を伸ばせる機会を与えてやってほしい」

罪滅ぼしのため、ディーリングは自分の体をユタ大学医学部に提供。彼の死後、彼の目は冷凍にされてサンフランシスコに空輸され、全盲患者の視力回復のために使われることになっていた。

最後にベズリー医師の依頼で、ディーリングはある実験に参加することに同意して

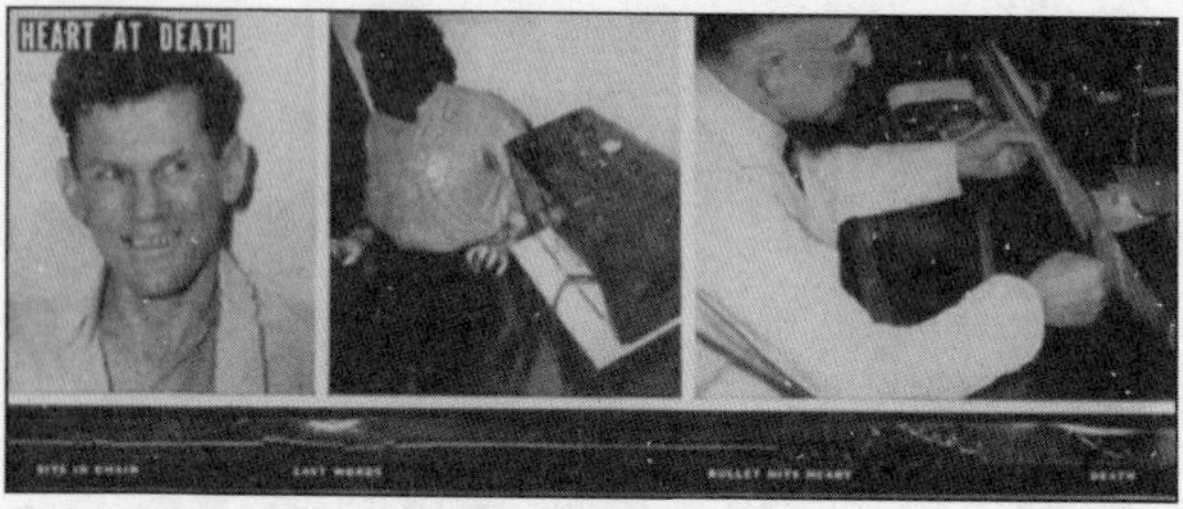

（左）死刑執行を待ちながらほほ笑むジョン・ディーリング。（中央）フードをかぶせられて標的を取り付けられ、電子感知器につながれた様子。（右）ディーリングの心拍数を検証するベズリー博士。（下）弾丸が人間の心臓に当たったときの影響を示す心電図の値。

いた。処刑の瞬間の彼の鼓動を記録するのだ。このような実験は史上初だった。病的好奇心を満足させるだけでなく、この実験から、恐怖が心臓に及ぼす影響と、心臓が損傷を受けてからどのくらいで死亡するかについて、貴重な情報が得られるとベズリーは確信していた。

死刑当日、ディーリングは、仲間の囚人たちが鉄格子《てつごうし》をたたいて騒ぎ立てるなか、銃撃隊のもとへ平然と歩いていった。ディーリングは椅子に腰掛けると、手首に電子感知器をつけられた。

ディーリングはまったく無表情だったものの、心電図はすぐに彼の心臓が削岩機のように激しく鼓動していることを暴露した。安静時の平均心拍数は1分間に72回だが、それをはるかに上回る毎分120回に達していたのだ。

執行官がディーリングに最後に何か言いたいことがあるか尋ねると、突然また心拍数が上がった。「刑務所長が私にとても親切にしてくれたことに感謝したいと思います。さようなら。幸運をお祈りします」と答えると、ディーリングは小声で「さあ、やってくれ」と言った。

執行官は発砲を命じた。ディーリングの心拍数は毎分180回まで上がった。そして、4発の銃弾が彼の胸に穴を開け、ディーリングは椅子の背にたたきつけられた。ひとつは直接心臓の右側に当たっていた。彼の心臓は4秒間けいれんし、一瞬置いてまたけいれんした。その後、脈拍はゆっくり減速し、最初の銃弾が当たってから15・6秒後にディーリングの心臓は止まった。

しかし心臓が鼓動しなくなってからも、椅子の上で身もだえながら、呼吸は約1分間続いていた。そして心臓停止後134・4秒後に死の判定が下された。午前6時48分のことだった。

翌日、ハロウィーンの晩にオーソン・ウェルズが放送したラジオドラマ『宇宙戦争』が引き起こした大パニックとともに、この残酷な実験の話題が全米の紙面を飾った。ベズリーはマスコミを介して、ディーリングへ、ある種の賛辞を送った。「彼は平静を保っていました。心電図が、彼の堂々とした態度の裏で脈打っていた本当の感情を物語っています。彼は死を恐れていたのです」

ベズリーの草分け的実験のおかげで、今では科学者たちも確証を持って、銃撃されそうになると心臓が高鳴ると言えるようになった。

Midgley, L. (December 4, 1938). "You Can't Be Brave Facing Death." *Albuquerque Journal*:19.

末期患者にLSDを投与する

1960年代前半には、LSDの効果が幅広く試されていた。ネコやイヌ、魚、ハツカネズミ、ネズミ、ヒヒ、チンパンジー、クモ、ハト、さらにすでに見てきたように、ゾウまでもがLSDを打たれた。大学生や囚人、医師、芸術家、官僚、兵士、そして何万人もの精神障害者もLSDを摂取し、もはやLSDを試していないグループはほとんど残っていないほどだった。しかし、シカゴにあるマウント・サイナイ病院のエリック・カースト博士は、今考えれば当然と思われるグループを思いついた。彼らがＬＳＤの恩恵を受けられるかもしれないからだけでなく、彼らにはもう失うものはほとんど残っていなかったからである。彼らとは末期患者だった。

末期の患者たちは、しばしば目前に迫った死のことで頭がいっぱいになってしまうことに、カーストは気づいていた。理想としては、残りの人生を友人たちや家族とともに最大限有意義に過ごすよう努力すべきところだが、落ち込んで引きこもってしまうのだ。カーストは注意深く「干渉は許されると思われる」と記している。

こうしてカーストは、死にゆく患者たちへのＬＳＤの影響を研究するための実験を企図した。ＬＳＤの投与で彼らの病気が治るという幻想を抱いていたわけではなく、その点についてはすべての被験者にも理解してもらった。むしろカーストは、死に直面するという経験がＬＳＤによってどう変わるかに興味があった。ＬＳＤを使うと、自分を取り巻く宇宙との一体感が得られると伝えられており、カーストはこれを「楽しくて、広々とした感覚」と表現している。ＬＳＤによって末期患者たちは、自分の運命を受け入れやすくなり、迫り来る死への恐怖が軽減されるのではないだろうか——。

カーストの実験に80人の患者が参加した。いずれも余命数週間から数カ月と宣告されていた。カーストは各患者に１００マイクログラムずつＬＳＤを皮下注射し、影響を観察した。恐怖や動揺など、恐ろしい幻覚を見ている兆候が表れたら、カーストは即座に抗精神病薬のクロルプロマジンを与えて患者を眠らせた。LSDを投与してから8～10時間後までに、ほとんどの患者が抗精神病剤を与えられた。その後3週間、カーストは毎日患者の話を聞き、診断しながら、患者の気分や生と死に対する姿勢、どんな痛みを訴えるかを注意深く観察した。

結果は期待の持てるものだった。研究対象となった80人の患者のうち、72人がこの経験から洞察力を得たと答え、58人は心地よいと感じ、68人（85パーセント）はまた投与してほしいと言った。

患者たちの生きることに対する姿勢も改善された兆候が見られた。カーストは、実験前、実験中、そして実験後に患者の心の状態が、①「死にたい。もう人生から得るものはない」、②「生きていたいが、だからといって生きることに意味があるわけではない」、③「人生は素晴らしい。死を恐れてはいない」の3つのうちのどれに当てはまるか尋ねた。実験前ではほとんど全員が①を選んだが、LSDの影響下にあるときには、③と回答した患者が最も多かった。たとえがんで余命幾ばくもなくても、LSDでハイになっていれば、人生はバラ色に見えるようだ。その後1カ月で、患者の気分は②に落ち着いた。

カーストはLSDのおかげで、患者が自分の体と和解できると記している。患者はいつもの痛みを感じつつも、以前ほど心配ばかりしなくなった。LSDは体の痛みを直接和らげることはないが、不快症状に悩む患者の気をまぎらわすことならできるのだ。

また、カーストはまったく予想していなかった興味深い効果も発見した。患者同士が仲間意識を持ち、コミュニティーのようになったのだ。患者たちはまるで秘密結社のメンバーのように、相手をひじでつついて、「アレ、やってみた？ どうだった？」などと言っては、この経験を「知らない」まわりの人たちよりも、何か優越感があるかのようにふるまった。彼らは末期患者病棟のなかのクールな一団になったのだ。

カーストは全面的にLSDを支持した。

この研究結果から、LSDは多くの末期患者がまわりの環境や家族に目を向ける手助けとなるだけでなく、さまざまな経験の繊細さや美的なニュアンスを称賛する能力を高めることを示唆《しさ》しているように思われる……無気力でうつ状態だった患者が、自分とは無縁と思っていた深い愛情を発見して、感動の涙を流した。刹那《せつな》的ではかない経験だが、この幸福感は単調で孤独な患者たちの生活に好ましい変化をもたらし、その後、患者たちは実験の日々を思いだし、同じように晴れ晴れした気持ちになることもあった。

カーストに続いて、数々の研究者たちが類似した実験を行った。ロサンゼルスの精神科医シドニー・コーエンは、一握りの末期患者にLSDを打った。噂《うわさ》によれば、そのうちの1人は作家のオルダス・ハクスリーだったという（ハクスリーが死の床で、妻のローラにLSDを注射してもらったことは確かだ。彼が最後に書いた言葉は「LSDを100mm（原文ママ）筋肉注射してくれ」というメモだったと言われている。問題はLSDを提供したのがコーエンだったかどうかだ）。1962年に行われた、聖金曜日の礼拝に参加した神学生に幻覚性物質シロシビンを与えるというマーシュ・チャペルの奇跡実験を企図したことで有名なウォルター・パンケが、60年代後半にメリーランドのスプリング・グローブ州立病院で、LSDと末期の患者に関する、より大規模で組織的な実験を行った。そしてパンケもコーエンも、カーストが発見したのと同じような結果を報告している。

1970～80年代になると、幻覚性薬剤を使用した研究への資金が枯渇《こかつ》した。しかし最近になってようやく、この分野の実験を再開できるよう医師たちがロビー活動を始めたため、いずれLSDなどの薬を末期患者に処方できるようになるかもしれない。

一方で、死に向かう経験を、よりよい経験にすることに関心のある医療関係者たちは、規制薬物を使わない方法も研究してきた。なかでも末期患者に音楽を聴かせる、ミュージック・サナトロジーと呼ばれる方法は支持を得ている。いまわの際《きわ》に人気のある音楽は「グレゴリオ聖歌」とハープの演奏だという。

ミュージック・サナトロジーとLSDは、相互補完的治療法のように思える。もしLSDがふたたび合法化されることがあれば、相乗効果の研究も行われることだろう。しかし、ハープの演奏ではなく、ロックバンド、グレイトフル・デッドの曲のほうが適しているかもしれない（訳注　グレイトフル・デッドのバンド名は、「感謝する死者」の寓話に由来している）。

Kast, E. (Summer 1966). "LSD and the Dying Patient." *Chicago Medical School Quarterly* 26:80-87.

「魂」の重量を計測する

男性が横たわっている。顔の筋肉がけいれんする以外は、まったく動かない。息をするたびに痰《たん》がからんだような低い音がする。彼が寝ているベッドは上皿棹秤《さおばかり》の巨大な皿にのせられており、2人の医師が棹の動きを細かく観察している。突然男性の呼吸音が止まった。医師たちは秤から目を上げ、お互いに顔を見合わせた。「ご臨終か?」と1人がささやいた。すると、それを確認するかのように、はっきりと音を立てて秤の棹が下の棒に当たった。

悲しみや長年の重荷で魂が重くなるというたとえを使うことがあるが、20世紀の初め、マサチューセッツ州へイバリルの医師ダンカン・マクドゥーガルは、この話を文字通りに解釈した。マクドゥーガルは、もし魂というものが存在するなら、何らかの物質を主成分としているはずであり、物質であるなら重さがあるはずで、重さがあるなら測定できるはずだと推論した。

しかし具体的にどうすれば魂の重さを量れるだろうか? マクドゥーガルは単純明快な手段を提案した。死にそうな人を秤に乗せて、死亡時の前後の体重を比べるのだ。もし2つの測定値に説明のつかない差が生じれば、肉体を離れた魂の重さということになる。そうなれば証明完了だ。

1900年、マクドゥーガルは近所にあった肺病患者の収容施設、カリス・フリーホームに打診し、そこで実験を行う許可を得た。まもなく、結核患者が人生最後の数時間に入ろうとしていると、医師から連絡があった。マクドゥーガルたちはこの末期患者のベッドを患者ごとフェアバンクス社製の秤にのせた。これはもともと絹を量るための秤だったが、今回の実験用にマクドゥーガルは念には念を入れて、1オンス（約28グラム）の10分の1まで正確に目盛りを振っていた。マクドゥーガルはときどき患者を検査し、鼓動を聞き、脈を測った。そして死を待っているあいだ定期的に秤の目盛りを確認し、患者が1時間に1オンスの割合で軽くなっていることをマクドゥーガルは発見した。

3時間40分経過後、ついに患者が息を引きとった。その瞬間、「棹の端が急に下がり、音を立てて一番下の棒に当たると、跳ね返ってくることもなく、そこにとどまった。このとき失われた重さを確認したところ、4分の3オンス（約21グラム）だった」とマクドゥーガルは記している。

マクドゥーガルは、突然重量が減った理由として考えられる別の要因をすべて排除していった。患者が死の瞬間に排便や排尿をしていたとしても、排泄物《はいせつぶつ》もベッドの上に残るので、重さは変わらないはずである。急激に皮膚や肺から水分が蒸発したというのも考えがたい。肺から吐きだされた空気の分だけ重量が減った可能性も検証するため、マクドゥーガルはベッドに横たわり、できるだけたくさん息を吐き、別の医師

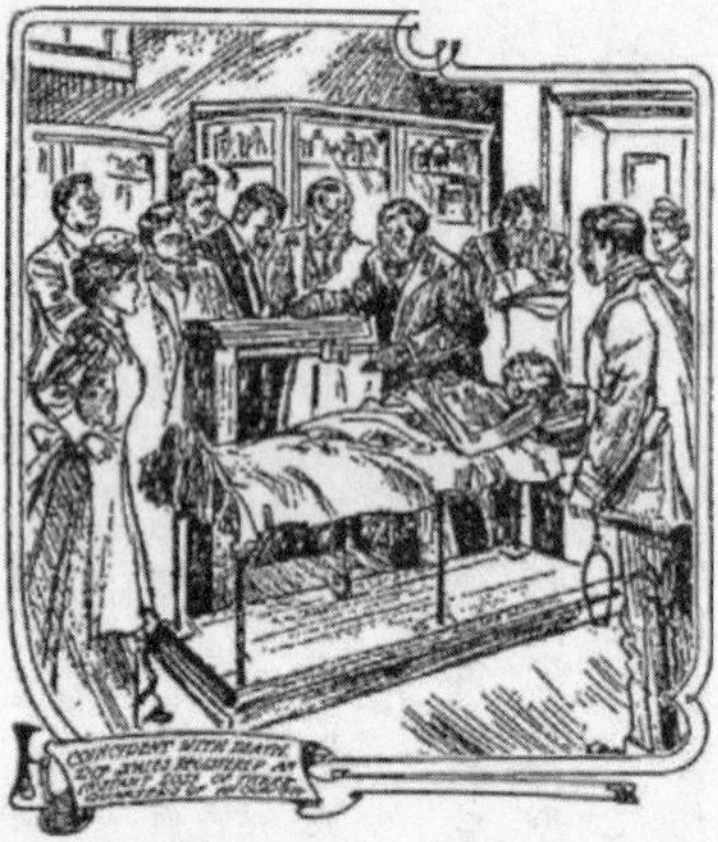

「死と同時に、秤は一瞬にして４分の３オンスの減少を記録した」

に秤の目盛りを確認してもらったところ、秤の棹はまったく動かなかった。こうして残る可能性はひとつになったと、マクドゥーガルは断言した。４分の３オンスは魂の重さなのだと。

その後数カ月のあいだに、さらに５人の体重を測定したところ、同じような結果が得られた。しかしマクドゥーガル本人も認めているとおり、いくつかの手違いがあり、データの信頼性は損なわれた。たとえばあるケースでは、彼の研究に反対している人々に実験を邪魔された。マクドゥーガルは彼らが反対した理由を詳しく公表しなかったが、反対した人たちが誰だったのかは想像がつく。魂は無形の信仰の対象であり、科学者が秤にのせて量れるようなものではないと信じる多くの宗教団体が彼の研究に敵意を示していたため、そうした団体のひとつだったのではないだろうか。またマクドゥーガルが秤を調整しているときに、患者が亡くなってしまったケースもあった。

ただし、マクドゥーガルは望ましい結果を得られなくても、自分の理論を曲げるような科学者ではなかった。ある患者では、重量の減少が死の1分後に起こったのだが、マクドゥーガルは悪びれもせず、これは生前この患者が怠惰な性格だったためだと論じた。この男性の魂は彼の性格同様、あまり活発ではなかったため、肉体から旅立つ際にもぐずぐずしていたというのだ。

その後、15匹のイヌで同じ実験を行ったところ、死亡時に体重の減少は観察されなかった。この矛盾についても、マクドゥーガルは言い逃れをしている。ただ単にイヌには魂がないと結論づけたのだ。

1907年に研究結果を発表すると、マスコミは注目したが、同業者である科学者からは、あまり高い評価を得られなかった。イギリスに拠点を置く権威ある医学雑誌『*Lancet*』は、マクドゥーガルの発見は「彼の秤、または助手を務めた友人たちの独特なバイアス」によるものだとして取り合わなかった。

マクドゥーガル同様、精神物理学に関心のある人々でさえ、彼の研究結果には懐疑的だった。アメリカ心霊研究学会の会員であるヘリワード・カーリントンは、「死に付帯する状況はほとんど解明されておらず、人体の重量は、生きているときでさえ非常に多様である。そのため、これらの事実自体は確立されるべきであるが、それに対する（マクドゥーガルの）解釈が科学的に受け入れられるためには、まず信憑性《しんぴょうせい》のある証拠を多数提示しなければならない」とアドバイスしている。

ところが、こう警告したカーリントン自身が、マクドゥーガルよりもさらに過激な実験を提案した。死刑囚を被験者に使うことを思いついたのだ。電気椅子を秤にのせ、肺から水分が逃げないように、死刑囚の頭にガラスの覆《おお》いをかぶせる。「それから電流を流し、死の瞬間の体重の減少を確認する」。しかしカーリントンの提案が刑務所長に受け入れられることはなかった。

科学界の主流派のほとんどはマクドゥーガルの研究を無視しつづけたが、オレゴンの牧羊業者、ルイス・ホランダーのような人々が同系統の研究を続けた。

2001年にホランダーは、11頭のヒツジ（と1頭のヤギ）をビニールで包み、死亡時の体重を量った。ビニールで包むのは「排尿や排便、その他の水分の損失分」をとどめておくためだった。驚いたことに、ホランダーによると、死の瞬間に重量が18～780グラム増加したという。この増加分の重さがどこからきたのか、ホランダーは推論しなかった。ちなみに彼がこの研究結果を発表したのは、みずから「説明不能の異常現象に関する厳格な研究に捧げる」と的確にうたった「*Journal of Scientific*

Exploration」誌だった。

マクドゥーガルの実験は、科学的には関心を引かなかったものの、魂に重さがあるという考えは民間伝承となって生きつづけ、ハリウッド映画のタイトルにもなった。ショーン・ペンとベニチオ・デル・トロが主演したこの映画は、脚本家が4分の3オンス（マクドゥーガルが測定した魂の重さ）をメートル法に換算して『21グラム』と名付けられ、2003年に公開された。もちろん映画の内容は彼の実験とは何の関係もないが、それでもマクドゥーガルは有名になれて喜んだことだろう。

1920年、マクドゥーガルは肺がんのため54歳で帰らぬ人となったが、他人の魂の重さを量っておきながら、どういうわけか自分の魂の重さを量る手配はしていなかった。しかしながらマクドゥーガルは、最期《さいご》の瞬間まで死のプロセスに関心を持ちつづけていたらしく、病気に屈した自分の体を詳しく観察していた。地元紙に載ったマクドゥーガルの死亡記事によると、彼は自分の死を「これまで観察してきたどんなものよりも興味深い」と語ったという。

MacDougall, D.（April 1907）. "Hypothesis Concerning Soul Substance Together with Experimental Evidence of the Existence of Such Substance." *American Medicine* 2(4): 240-43.

「予言」が外れたときに信者はどう振る舞うか

真夜中まで、あと10分。14人が腰掛けたまま、時計を見つめている。秒針が不気味にゆっくりと回る。人々はいつでも外に出られるように、しっかりとオーバーコートをつかんでいる。

「チャールズ。合い言葉は覚えている?」と人々の前に座っている細身の中年女性が尋ねる。

「ええ、ドロシー。もう100回も練習したじゃないですか」

「念のため、もう1回やりましょう」

チャールズはため息をついてうなずくと、「わかりました。午前零時になったら宇宙人がドアをノックします。そこで私が応対して、『質問は?』と聞きます」と言ってドロシー・マーティンを見る。

「宇宙人は『私はポーターです』と言います」とマーティン。

「そうしたら私は『私は自分自身のポーターです』と言います」

マーティンは満足してうなずく。ふたたび部屋に静寂が訪れ、人々は長針が12時に近づくのを見つめながら、ひたすら待ちつづける。

6分経過した。マーティンは落ち着かない様子で座りなおすと、両手をぎゅっと握りしめ、祈るように上を見つめている。そして、親しみを込めて「今のところすべて計画通りに進んでいるわ！」と言うと、人々は感謝の気持ちを込めてうなずいた。

分針はまもなく真夜中を指す。部屋のなかの緊張感は、まるで物理的存在のように、全員の上にのしかかっている。分針はさらに近づき、ついに「12」の文字に重なった。時計の鐘の音が部屋に響きわたる。ドアの音を聞こうと、誰もが息をひそめた。しかし何も聞こえない。

数分経過した。だが誰もドアをノックしない。グループのメンバーたちが、説明を求めてマーティンのほうを見る。マーティンは下を向いたまま、じっと考え込んでいる。そしてついに彼女が沈黙を破った。「少し遅れているようです」

1954年9月下旬、アメリカの新聞は不吉なニュースを報じた。ちょうど3カ月後の12月21日の朝、大洪水によって北極圏からメキシコ湾に至る巨大な湖ができ、シカゴやデトロイトなど、中西部のあらゆる都市が津波で破壊されるという。そしてこの大変動によって、ワシントン州からチリまで、南北アメリカ大陸の西海岸が水没。

世界の大半が同様の大災害に見舞われ、地球上のほとんどの人々が死亡するというのだ。

この恐ろしい予言の情報源は何だったのだろう？　大学の研究チームだろうか、それとも一匹狼《おおかみ》の科学者だろうか？　それはこのどちらでもなく、ドロシー・マーティンというシカゴに住む53歳の女性だった。なお、彼女自身はこの大惨事について、クラリオン星（訳注　地球と似た軌道上を回り、太陽をはさんで地球の反対側にあるという、噂やSF小説に登場する架空の惑星）から来た宇宙人に聞いたという。

マスコミはこの予言を大げさな冗談として扱ったが、ミネソタ大学の若き心理学教授レオン・フェスティンガーは興味を持った。ドロシー・マーティンは間違いなく自分の予言に確信を持っており、少数の信者たちも信じきっていた。彼らは世間の嘲笑《ちょうしょう》も顧みず、危機が迫っていると世界中に警告した。しかし、これほど確信している自分たちの予測が外れたら、マーティンと信者たちはどうするのだろう？　これは「信仰の反証」に関する自然実験のチャンスであることに、フェスティンガーは気づいた。そして、この現象は自分たちの目で見て調査すべきだと判断した。

さっそくフェスティンガーは、2人の社会心理学者（ヘンリー・リーケンとスタンレー・シャクター）と2人の大学院生とともに、『ミッション・インポッシブル』ばりのチームを作り上げた。彼らのミッションは、信者を装《よそお》ってマーティンのグループに潜入し、グループのメンバーの行動をできるかぎり詳しく記録し、12月21日の世界が終わらなかった瞬間に立ち会うというもので、全員が積極的にこのミッションを受け入れた。彼らはグループの反応を、直接目撃したかったのだ。

フェスティンガーは成り行きを独自に予想していた。彼の仮説によれば、予言が完全に外れても、グループの信念はみじんも揺るがず、むしろ強化され、さらに多くのメンバーを勧誘するようになるはずだった。なぜフェスティンガーはこのような予想をしたのだろう？　それは彼が「認知的不協和」と呼ばれる理論を展開していたからだった。

人間は、自分の持つ複数の信念が互いに矛盾しないように両立させようとすると、フェスティンガーは主張する。両立できない信念（不協和の認識）は、心的緊張をもたらす。たとえば、あなたの信念体系が世界は終わっているはずだと告げているのに、実際には終わっていなかった場合、あなたはこの矛盾を解消しなければならない。簡単な方法は、証明されなかった信念を捨てることだが、もしすでにこの信念に深く身を投じている場合（たとえば仕事を辞め、配偶者も捨て、精神病院に閉じこめられる危険を冒してまで信念を貫いている場合など）、間違っていることを認めるのは容易ではない。矛盾するようだが、この場合には、より多くの信者を引き入れることで、自分の信念を強化するほうが簡単だ。誰かほかの人とあなたの信念を共有することは、自分の信念に1票獲得するのと同じだからだ。するとにわかに、また自分が正しいように思えてくる。フェスティンガーは「より多くの人々が、この信念体系が正しいと説得されるほど、その信念は正しくなければならなくなる」と記している。

フェスティンガーのチームは、マーティンのグループに潜入すべく、ミッションを開始した。これには知恵を絞る必要があった。マーティンとその信者たちはきわめて孤立主義だったからだ。彼らは新たなメンバーを求めておらず、申込書に記入すれば仲間に入れるわけではなかった。そこでフェスティンガーのチームの面々は、彼らの哲学に訴えかけるような入会理由を考えだし、それぞれマーティンのグループに接触した。ある女子大学院生は、悲惨な洪水の夢を見たあと新聞でこの予言を読んだと伝えた。別のメンバーは、砂漠で宇宙人のようなミステリアスな人物に出会ったと話した。これらの作り話は功を奏し、まもなくフェスティンガーのチームの全員が温かくマーティンのグループに迎え入れられた。

だが、ひとつだけ問題があった。こうした物語を携えて、メンバーが大挙してグループに加わったことにより、彼らの信念を強化してしまったのだ。マーティンは宇宙人が指示を伝えるために、これらの人々を送ってきたと判断し、より一層、自分の信念に没頭した。つまりフェスティンガーたちは、自分たちの存在を通して、成り行きを変えてしまったわけだ。

フェスティンガーたちはマーティンの自宅から数ブロック先にあるホテルの一室を拠点にし、入れ代わり立ち代わり彼女のグループに合流した。潜入したメンバーたちは、マーティンのところで起こった出来事について、可能なときに事細かにメモをとった。時には（怪しまれない頻度で）トイレに立って必死に書き留めたり、ホテルに戻るとすぐに覚えていることをすべてテープレコーダーに吹き込んだりした。

彼らにとって最も難しかったのは、グループ内で中立的立場を保つことだった。マーティンのイデオロギーは「常に疑念をかき立てた」と彼らは記している。「みんな何を考えているんだ！」と叫びたくなることもしばしばだったという。しかし彼らは、どんなことにも笑顔で付き合わなければならなかった。

マーティンの信念体系は、キリスト教とニューエイジの神秘主義、そして安価な小説雑誌に載っているSF小説をまぜこぜにしたもので、クラリオン星からのメッセージを受信していると主張していた。クラリオン星では、体が自動的に外気に適応し、人々は雪を食べ、誰も死んだことはないのだという。メッセージは〝サナンダ〟の魂を通して彼女に伝えられているそうだが、サナンダは名前こそ違うが、明らかにイエス・キリストのことだった。マーティンはトランス状態でメッセージを受信し、宇宙人が彼女の手を使って紙切れに言葉を書いた。このプロセスは自動書記と呼ばれていた。

マーティンは信者たちに、12月21日に大洪水が起きて地球の大半が破壊されるが、その前に宇宙人が宇宙船から降りてきて、真の信者である彼女たちを助けてくれると語った。彼女はこの救出時間を21日の真夜中に設定したが、宇宙船はそれより早く来ると予想していた。そのためマーティンは定期的に信者を外にやり、宇宙船がさまよっていないか空を確認する「円盤偵察」をさせた。また、宇宙船内で金属に触れるとやけどをするので、ファスナーやベルトのバックルなどの金属を体から離して、準備を整えておくように信者たちを促した。マーティンはその理由を一度も説明しなかったが、宇宙人の発達した技術のためであると全員に信じさせていた。

12月21日が近づくにつれて、マーティンたちにいたずらを仕掛ける人々が増えていったが、彼らがそれにあまりにも単純に引っかかるのには、さすがのフェスティンガーたちも驚きを隠せなかった。どれほどばかばかしく、すぐに見抜けるようなトリックにも、マーティンとその信者たちは必ずと言っていいほど引っかかった。あるとき

「宇宙から来たキャプテン・ビデオ」と名乗る若い男性が電話をかけてきて、正午に宇宙船で彼らを迎えに行くと言った。するとグループのメンバーは、素直にそろって外に出て、雪のなか宇宙船を待った。また、少年たちが電話をかけてきて、自分たちの家の浴室で洪水が起きたので見にきてほしいと言ったときには、マーティンは宇宙人が少年に変装していると思い込み、全員を送り込んだ。ほぼ唯一《ゆいいつ》誘いにのらなかったのは、ある記者が彼らを「世界の終わりカクテルパーティー」に招待したときだけだった。

12月20日を迎え、徐々に緊張感が高まっていった。彼らはマーティンの自宅のリビングに集まり、真夜中になるのを待った。だが、待てど暮らせど宇宙人は現れなかった。そして午前0時30分、誰かがドアをノックし、リビングはにわかに色めきたった。信者の1人が玄関まで応対に出るとき、後ろからマーティンが呼びかけ、合い言葉を覚えているか確認した。彼はうなずくと、玄関に向かった。しかし彼はすぐに戻ってきた。ノックの主はいたずらをしにきた少年たちだった。そして午前2時30分、ついにマーティンは、サナンダから別のメッセージを受信したと発表した。この宇宙人は、彼らを待たせたことを謝罪しているわけではなかった。彼がはるばるクラリオン星からビームで送ってきた重要なメッセージは、彼らにコーヒーでも飲んで一服してほしいというものだった。

マーティンの信者たちがコーヒーを飲みながらうろうろ歩きまわるあいだ、潜入したフェスティンガーのメンバーたちは、宇宙船が現れなかったことについて、彼らがどう感じているのか探りを入れた。彼らの多くが、宇宙人が彼らを連れ去ってくれるという予言にすべてを託していた。彼らは仕事を辞め、財産も使い果たしていたのだ。地球に取り残された彼らは、これからどうするのだろう？　誰も口を開かず、気まずい緊張感が漂っていた。がっかりした様子で、ぼんやりと歩きまわるメンバーもいた。誰もが当惑し、なぜ何も起こらないのか、マーティンの説明を待った。そして午前4時45分、彼女はついに期待に応《こた》えた。クラリオン星から新しいメッセージが届いたというのだ。

汝《なんじ》らは死の口から解放された。かつて地球にこれほどの力が放たれたことはない。地球が誕生して以来、今ほど善良な力と光が存在したことはない。今この部屋を満たしているこの善良な力と光は、地球全体を満たす。

これはどういう意味だろう？　マーティンの説明によれば、彼らは世界を救ったらしい！　熱心に信念を貫いたおかげで災難を回避できたため、宇宙船は来なかったのだ。まもなく第2のメッセージが届いた。喜びと救済の「クリスマス・メッセージ」を全世界に届けてほしいという。この偉大なる救済について、地球上のすべての人に知らせる必要があるというのだ。

これはフェスティンガーの予想通りだった。予言が完全に外れても、信者の信仰はまったく揺らがなかった。それどころか、信念を強化し、グループは新たなメンバーを探しはじめた。以前は伝道をためらっていたマーティンと信者たちも、12月21日の朝には記者たちに電話をかけ、マスコミの注目をあおろうとした。また、マーティンは自分のメッセージが入ったテープを提供し、記者発表を行った。そのあと、彼ら全員が芝生の上でクリスマスキャロルを歌った。これは隣人に喜びのメッセージを伝えると同時に、宇宙船の注意を引くための最後の試みでもあった。

しかしながら、多大なる努力をしたにもかかわらず、新たなメンバーは1人も得られなかった。どうやら彼らは人を改宗させるのが苦手なようだ。研究者たちはこう記している。

約1週間、彼らは全米の新聞をにぎわした。彼らの思想は一般大衆の興味をそそり、真剣に興味を持った市民が何百人も彼らを訪ねたり、電話をしたり、手紙を送ったりしたという。また、寄付の申し出もあった（ただし、グループは毎回断っていた）。こうしたさまざまな出来事が重なり、彼らはメンバーを増やす素晴らしい機会に恵まれた。彼らがもっと有能であれば、信念の否定は終わりではなく、始まりの前兆となっていただろう。

科学実験の一環として、否定的な立場からすべての出来事を観察するよそ者が、メンバーのかなりの割合を占めていたことも、当然ながらグループの能率を下げていた。フェスティンガーの研究から、信仰の弾力性に関する不気味な教訓が得られる。どんな事実や証拠、論理をもってしても、考えを変えない人と議論したことはないだろうか？　ドロシー・マーティンと信者たちのケースから、そのような場合は努力しても無駄だということがわかる。信念は否定されても、簡単に生き残れるからだ。そのうえ、信念は否定された結果、さらに強くなることもある。フェスティンガーは、多くの宗教が広まったのは、否定がきっかけだった可能性があることを暗に示唆している。

では、１９５４年に世界が終わりを迎えなかった結果、どうなったのだろう？　フエスティンガーとリーケン、シャクターは、「予言が外れるとき」と題する論文を発表した。そこでは、マーティンのプライバシーを守り、自分たちが訴えられないようにするため、マーティンをマリアン・キーチと呼び、（シカゴではなく）架空の都市レークシティーを舞台にすべての出来事を描いた。それでも、ドロシー・マーティンが同研究の被験者だったことを秘密にしておくのは難しかった。その論文に登場するマリアン・キーチからのクリスマスのメッセージは、1954年に数々の新聞に掲載されたドロシー・マーティンのクリスマス・メッセージと一字一句同じだったからだ。マーティンはニューエイジの予言者としてキャリアを続けた。名前をシスター・テドラに変え、南米を旅し、「アビー・オブ・セブン・レイズ」という名の小さな宗教センターを設立した。彼女は洪水が来ると予言しつづけ、そのときにはアトランティス大陸が海底から隆起すると言っていたが、だんだん予言した出来事が起こる日付を特定しないようになった。その後、アメリカに戻ったマーティンは、1988年に亡《な》くなった。もっとも、彼女ならついに宇宙船が迎えにきたと言うだろうが。

Festinger, L., H. W. Riecken, & S. Schachter (1956). *When Prophecy Fails: A Social and Psychological Study of a Modern Group that Predicted the Destruction of the World*. New York: Harper Torchbooks.

核戦争を生き延びる動物は何か

それは世界の終わりだった。爆弾が投下された。水平線にキノコ雲が出現し、消えていった。ついに人類の文明は、放射能を浴びた黒こげの廃墟《はいきょ》だけを残して消え去った。しかし、ある生き物だけが生き延びた。煙の上がるがれきのあいだをはいまわり、残骸《ざんがい》の山に登り、勝利を祝して触角を振る。そう、彼らはゴキブリだ。

核戦争が起こったら、ゴキブリだけが生き残るという話はよく耳にする。しかし、この発想はどこから来ているのだろう？ ただ単にゴキブリがどんな状況でも生き延びるほど強そうに見えるために、そう言われるようになったのだろうか？ それとも実際にゴキブリに放射線を当てて、何ラドまでなら耐えられるか確認したからなのだろうか？

もう皆さんはお見通しかもしれない。そのとおり、ゴキブリに放射線を浴びせた人がいたのだ。1959年、マサチューセッツ州ナティックにある兵站《へいたん》研究工学センター（現在のアメリカ陸軍兵士研究開発技術センター）で、（D・R・Aとマーサの）ウォートン夫妻が、この問題に特化した実験を行った。ポリエチレンの袋に20～25匹ずつゴキブリ（ペリプラネタ・アメリカーナ）を詰め、ゴキブリが空気を吸えるように、袋に呼吸用のストローを挿し、ベルトコンベヤーにのせて200万電子ボルトのファンデグラフ電子加速器に通した。こうしてゴキブリはグループごとに異なる量の放射線にさらされた。その後、ウォートン夫妻は各ゴキブリをビーカーに入れ、ピュリナ社製のドライ・ドッグフード「ドッグチャウ」を与え（ゴキブリはドッグチャウが大好きらしい）、どれだけ生きるか観察した。

驚いたことに、前評判が高かったにもかかわらず、ゴキブリたちはさほど活躍しなかった。人間なら1000ラド被ばくすれば死に至るが、同じ量をゴキブリにさらすと、無精子症になった。つまり、仮にゴキブリが核爆弾から生き延びたとしても、大して繁殖はできないのだ。ゴキブリたちは1万ラドで気絶し、4万ラドで死亡した。これらの被ばく量は人間の致死量をはるかに超えているが、ゴキブリが確実に終末後の地球を支配するには不十分だ。ゴキブリは放射能より強いという伝説は、つまるところ伝説に過ぎなかったらしい。

では、本物の放射線の王は何なのだろう？

それは、ハブロ・ブラコンという寄生バチの一種だと判明した。1953年のR・

L・サリバンとD・S・グロッシュの実験によると、なんとこのハチを確実に殺すには18万ラドもの放射線が必要だった。したがって、T・S・エリオットの詩は、こう書き換えることができるだろう。「爆発音でもゴキブリの立てるシューシューという音でもなく、世界はブンブンというハチの羽音とともに終わる」

Wharton, D. R. A., & M. L. Wharton (1959). "The Effect of Radiation on the Longevity of the Cockroach, *Periplaneta americana*, as Affected by Dose, Age, Sex and Food Intake." *Radiation Research* 11:600-15.

謝辞

この本を書く機会を与えてくれたうえに、数々の改良を加えてくれた担当編集者のステーシア・デッカーと、私同様テレビ番組『ＬＯＳＴ』のファンでもあるエージェントのアリチュカ・ピステクに感謝の言葉を贈りたい。

また、私が横道にそれずに予定通り脱稿できたのは、毎週原稿を読んで、感想や意見を聞かせてくれたサリー・リチャーズの功績に負うところが大きい。

そして、数カ月間執筆活動を続けられたのは、家族と友人たちの愛情とサポートのおかげだった。ビバリーへ、君がいなかったら、この本は決して仕上がらなかっただろう。お母さん、お父さん、2人の子どもとして生まれることができて、信じられないくらいラッキーだったと思っているよ。テッド、君はいつもコーヒーブレイクに誘ってくれたね。チャーリー、君には非常にお世話になっていて、何から感謝していいかわからないくらいだ。カースティン、ベン、アストリッド、ピッパ、なかなか会えなくて残念だけれど、マラウイで応援してくれているのは知っているよ。ブー、君は甘えん坊の子ネコだから、自分がどれだけ大切な存在かはわかっているよね。

私が本書執筆のために休職中、フローラ・ストリーターがmuseumofhoaxes.comの管理をしてくれて、非常に助かった。また、同サイトの常連であるアネット・ハドソン（Nettie）、ロイナ・ストリーター（Madmouse）、サラ・カーカム（Smerk）、アンバー・ベルケン（Tru）、ウィリアム・ホワイト（Charybdis）も、私がゾウを追いかけているあいだサイトを盛り上げてくれて、本当にありがとう。

訳者あとがき

この本の翻訳のお話をいただいたとき、「私もちょうどこういう本が読みたかったんだ」と思いました。というのも、以前秘書として理化学研究所に勤めていたとき、科学をネタにしたジョークやちょっと変わった研究の話をときどき耳にしたのですが、わかりやすく説明してもらえば、門外漢の私が聞いてもとてもおもしろかったからです。

理系離れや科学リテラシーの低下が叫ばれて久しい昨今ですが、まえがきにもあるとおり、この本は専門的な科学知識がなくても十分理解できるように書かれています。実験の手法はさまざまで、発想もとっぴですが、本書で紹介している研究の多くは、「どうしたら死んだ人を生き返らせられるか（第1章「死体に電気を流すとどうなるか」「人工的に血液を循環させれば死人を甦《よみがえ》らせることができる？」など）、記憶はどうやって作られるのか（第3章「記憶は口から摂取できるか」）、よい母親の条件は何か（第7章「布製お母さんと金網製お母さん」）、なぜ多くの人々がホロコーストに加担したのか（第9章「なぜドイツ人はユダヤ人の強制収容に反対しなかったのか」）など、一般の人々も抱くような疑問に端を発しています。さらには、自分で自分をくすぐってもくすぐったくないのはなぜか（第2章「『くすぐったい』のは気のせい？」）、子どもにモーツァルトを聞かせると本当に賢くなるのか（第2章「モーツァルトを聴くと知能が上がる？」）、ダイエットに失敗すると、どうしてリバウンドするのか（第3章「頭から離れないシロクマ」）といった身近な疑問にも答えてくれます。

また、単なる実験の紹介にとどまらず、ユーモアを交えながら科学者の人柄や研究の背景に触れているのも、この本の魅力のひとつでしょう。冷戦時代の熾烈《しれつ》な技術競争やサイケデリック・カルチャー、ノーベル賞を夢見るエリート博士や地球が滅亡すると信じていた人々などの様子を思い描きながら読むと、一層楽しんでいただけるのではないかと思います。

一見変わった実験ばかりですが、各分野に大きな影響をもたらした重要な研究も紹介されています。たとえばショッピングセンターの迷子実験（第3章「記憶の移植は可能か」）で、いかに簡単にニセの記憶が作られるかを証明した心理学者のエリザベス・ロフタスは、著書『抑圧された記憶の神話』のなかで、近年アメリカで増加している、幼児期に受けた性的虐待《ぎゃくたい》を理由に家族を訴えるケースのなかには、虐待の事実など存在しないにもかかわらず、カウンセリングを受けるうちに偽りの記憶が作り上げられてしまった例があると指摘。ロフタスは法廷でも活躍し、20世紀で最も影響力のある女性心理学者にも選ばれています。

また、翻訳していて特に印象的だったのは、魂の重さを量ろうとしたダンカン・マクドゥーガル医師が、自分の死を「これまで観察してきたどんなものよりも興味深い」と語ったというエピソードでした。もしそのとき何か発見したとしても、亡《な》くなってしまえば発表もできないわけですが、そんな名誉欲や死の恐怖をも超越し、衰えてゆく自分の肉体をつぶさに観察しつづけたことを思うと、感銘さえ覚えます。これこそ純粋な探究心と言えるのではないでしょうか。

もっとも、探究心では著者のアレックス・バーザも負けてはいません。みずから〝館長〟を務めるウェブサイト museumofhoaxes.com は、中世の昔から現在に至るまで、本当にあったいかさまや都市伝説、いかがわしい事件やエイプリルフールのいたずらトップ100など、ウソにまつわる膨大な数のエピソードを集めて紹介しています。ウソを暴《あば》くのも、科学者が研究を行ってさまざまな謎《なぞ》を解くのに似ているかもしれませんね。ちなみに、同ウェブサイトの記事をまとめた著書『ウソの歴史博物館』

（小林浩子訳、文春文庫、２００６年）も出版されています。

最後になりましたが、本書の翻訳に際しましては、株式会社トランネットの近谷浩二様、小澤大介様、株式会社エクスナレッジの編集者小泉伸夫様に多大なるお力添えをいただきました。この場をお借りして心よりお礼申し上げます。

プレシ南日子

２００９年7月

参考文献

本書で各節の終わりに挙げた参考文献は割愛した。また、それ以外には特記すべき参考文献のない節もある。

第1章 フランケンシュタインの実験室

■死体に電気を流すとどうなるか

Farrar, W. V. (1973). "Andrew Ure, F. R. S., and the Philosophy of Manufactures." *Notes and Records of the Royal Society of London* 27(2): 299-324.

London Times (January 22, 1803), page 3, column D.

London Times (February 15, 1803), page 3, column C.

Morus, I. R. (1998). *Frankenstein's Children: Electricity, Exhibition, and Experiment in Early-Nineteenth-Century London.* New Haven, CT: Princeton University Press. 125-52.

Pera, M. (1991). *The Ambiguous Frog: The Galvani-Volta Controversy on Animal Electricity.* Translated by Jonathan Mandelbaum. New Haven, CT: Princeton University Press.

■死んだ子ネコをよみがえらせる

Finger, S., & M. B. Law (1998). "Karl August Weinhold and his 'Science' in the era of Mary Shelley's Frankenstein: Experiments on Electricity and the Restoration of Life." *Journal of the History of Medicine and Allied Sciences* 53:161-80.

■電気から生命を創る

Crosse, C. (1857). *Memorials, scientific and literary, of Andrew Crosse, the electrician.* Longman: 353-60.

Haining, P. (1979). *The Man Who Was Frankenstein.* London: Frederick Muller.

Miller, S. L. (1953). "A Production of Amino Acids under Possible Primitive Earth Conditions." *Science* 117(3046): 528-29.

Secord, J. A. (1988). "Extraordinary Experiment: Electricity and the Creation of Life in Victorian England." In *The Uses of Experiment,* Gooding, D., T. Pinch, & S. Schaffer. Cambridge: Cambridge University Press. 337-83.

■ギロチン後の頭部に意識はあるか

Brown-Séquard, É. (1858). L'encephale, après avoir completement perdu ses fonctions et ses propriétes vitales peut les recouvrer sous l'influence de sang charge d'oxygene. *Journal de la physiologie de l'homme et des animaux.* Paris: Tome Premier. 117-22.

Brukhonenko, S. (1929). Expériences avec la tête isolée du chien II: Résultats des experiences. *Journal de physiologie et de pathologie générale* 27(1): 65-79.

Experiments in the Revival of Organisms (1940). Soviet Film Agency. http://www.archive.org/details/Experime1940で閲覧可能。

Hecht, J. M. (1997). French Scientific Materialism and the Liturgy of Death: The Invention of a Secular Version of Catholic Last Rites (1876-1914). *French Historical Studies* 20(4): 703-35.

Loye, P. (1888). *La mort par la décapitation.* Paris: Bureaux du Progrès Médical.

"An Outrage Against Humanity" (January 5, 1885). *Galveston Daily News*: 3.

Shaw, G. B. (March 17, 1929). Shaw will sich köpfen lassen, wenn . . . Ein Privatbrief des Dichters über ein neues, abschreckendes Tierexperiment. *Berliner Tageblatt*: 1.

■ヒトとサルは交配可能か

Patterson, N., et al. (2006). "Genetic evidence for complex speciation of humans and chimpanzees." *Nature* 441 (7097): 1103-8.

■人工的に血液を循環させれば死人をよみがえらせることができる?

"Cornish Readies Life Machine" (May 15, 1947). *Oakland Tribune*: 16.

"Dr. Cornish, Chemist, Dies at 59" (March 6, 1963). *Oakland Tribune*: 1-2.

Ford, J. E. (February 1935). "Can Science Raise the Dead?" *Popular Science Monthly* 126 (2): 11-13, 108.

Life Returns (1935). Scienart Pictures. Alpha VideoよりDVD発売中:http://www.oldies.com.

Shuster, E. (March 16, 1934). "Life-Giving Fluid Is Injected into Dead Dog's Veins and Breath Breathed into Lungs to Restore Life to Him." *The Burlington (N. C.) Daily Times-News*: 8.

■「頭部移植」された双頭のイヌ

Mosby, A. (April 26, 1959). "Two-Headed Russian Dog Displayed for Reporters." *Nevada State Journal*: 8.

■目が覚めたら別の体に移植されていたサル

Fallaci, O. (November 28, 1967). "The Dead Body & the Living Brain." *Look*: 99-108.

White, R. J., et al. (1996). "The isolation and transplantation of the brain. An historical perspective emphasizing the surgical solutions to the design of these classical models." *Neurological Research* 18(3): 194-203.

第2章　「感覚」ほど信じられないものはない

■「くすぐったい」のは気のせい？

Harris, C. R. (1999). "The Mystery of Ticklish Laughter." *American Scientist* 87(4): 344-48.

■たくさんチップをもらうには「スキンシップ」が有効？

Hornik, J. (1992). "Tactile Stimulation and Consumer Response." *The Journal of Consumer Research* 19(3): 449-58.

Ovesen, L. (2004). "The Midas touch and other tipping stunts." *European Journal of Cancer Prevention* 13:465-66.

Silverthorne, C. (1972). "The Effects of Tactile Stimulation on Visual Experience." *Journal of Social Psychology* 88:153-54.

Stephen, R., & R. L. Zweigenhaft (1986). "The Effect on Tipping of a Waitress Touching Male and Female Customers." *Journal of Social Psychology* 126:141-42.

■ワインの専門家は赤く染めた白ワインを見抜けるか

Sage, A. (January 14, 2002). "Cheeky little test exposes wine 'experts' as weak and flat." *Times* (London).

Zwerdling, D. (August 2004). "Shattered Myths." *Gourmet*: 72-74, 126.

■コカ・コーラ好きはペプシを見抜けるか

Thompson, C. (October 26, 2003). "There's a Sucker Born in Every Medial Prefrontal Cortex." *New York Times Magazine*: 54-57.

■共同生活する女性の生理の周期がそろう?

Horn, M. (1999). *Rebels in White Gloves: Coming of Age with Hillary's Class, Wellesley '69*. New York: Times Books. 123-32.

Stern, K., & M. K. McClintock (1998). "Regulation of Ovulation by Human Pheromones." *Nature* 392:177-79.

Wright, K. (1994). "The Sniff of Legend; Human Pheromones? Chemical Sex Attractants? And a Sixth Sense Organ in the Nose? What Are We, Animals?" *Discover* 15(4): 60-68.

■「お金を使いたくなる香水」が実在する?

Kleinfield, N. R. (October 25, 1992). "The Smell of Money." *New York Times*: VI, 8.

Trivedi, B. (2006). "The Hard Smell." *New Scientist* 192(2582): 36-39.

■チーズの香りと体臭がかぎ分けられない

De Araujo, I. E., E. T. Rolls, M. I. Velazco, C. Margot, & I. Cayeux (2005). "Cognitive Modulation of Olfactory Processing." *Neuron* 46(4): 671-79.

Slosson, E. E. (1899). "A Lecture Experiment in Hallucinations." *Psychological Review* 6:407-8.

■目に見えないゴリラ

Simons, D. J., & D. T. Levin (1998). "Failure to Detect Changes to People During a Real-World Interaction." *Psychonomic Bulletin & Review* 5(4): 644-49.

■モーツァルトを聴くと知能が上がる?

Bangerter, A., & C. Heath (2004). "The Mozart Effect: Tracking the Evolution of a Scientific Legend." *British Journal of Social Psychology* 43:605-23.

Chabris, C. F. (1999). "Prelude or Requiem for the 'Mozart Effect'?" *Nature* 400(6747): 826-27.

Hetland, L. (2000). "Listening to Music Enhances Spatial-Temporal Reasoning: Evidence for the 'Mozart Effect.'" *Journal of Aesthetic Education* 34(3/4): 105-48.

■パーティーで客が声を張り上げるのはいつ?

Lebo, C. P., K. S. Oliphant, & J. Garrett (1967). "Acoustic Trauma from Rock-and-Roll Music." *California Medicine* 107(5): 378-80.

MacLean, W. R. (1959). "On the Acoustics of Cocktail Parties." *The Journal of the Acoustical Society of America* 31(1): 79-80.

第3章　記憶の話

■電気刺激で失われた記憶はよみがえるか

Loftus, E. F., & G. R. Loftus (1980). "On the Permanence of Stored Information in the Human

Brain." *American Psychologist* 35(5): 409-20.

Penfield, W. (1958). "Some Mechanisms of Consciousness Discovered during Electrical Stimulation of the Brain." *Proceedings of the National Academy of Sciences of the United States of America* 44(2): 51-66.

Valenstein, E. S. (1973). *Brain Control: A Critical Examination of Brain Stimulation and Psychosurgery*. New York: John Wiley & Sons. 108-14.

■「ゾウは忘れない」は本当か

Markowitz, H., M. Schmidt, L. Nadal, & L. Squier (1975). "Do Elephants Ever Forget?" *Journal of Applied Behavior Analysis*. 8(3): 333-35.

Rensch, B. (1956). "Increase of Learning Capability with Increase of Brain-Size." *The American Naturalist* 90(851): 81-95.

■ウエイトレスの驚異的な記憶力

Ingram, J. (2000). *The Barmaid's Brain: And Other Strange Tales from Science*. New York: W. H. Freeman and Company. (『天に梯子を架ける方法——科学奇想物語』中村和幸訳、紀伊國屋書店、２０００年)

■環境は記憶に影響するか

Godden, D., & A. Baddeley (1980). "When Does Context Influence Recognition Memory?" *British Journal of Psychology* 71:99-104.

Koens, F., O. T. J. T. Cate, & E. J. F. M. Custers (2003). "Context-Dependent Memory in a

Meaningful Environment for Medical Education: In the Classroom and at the Bedside." *Advances in Health Sciences Education* 8:155-65.

■記憶は口から摂取できるか

Bird, J. (March 28, 1964). "The Worm Learns." *Saturday Evening Post*: 66-67.

Gratzer, W. (2000). *The Undergrowth of Science: Delusion, Self-Deception and Human Frailty.* New York: Oxford University Press. 57-64.

Rilling, M. (1996). "The Mystery of the Vanished Citations: James McConnell's Forgotten 1960s Quest for Planarian Learning, a Biochemical Engram, and Celebrity." *American Psychologist* 51 (6): 589-98.

Travis, G. D. L. (1981). "Replicating Replication? Aspects of the Social Construction of Learning in Planarian Worms." *Social Studies of Science* 11(1): 11-32.

Ungar, G., L. Galvan, & G. Chapouthier (1972). "Evidence for Chemical Coding of Color Discrimination in Goldfish Brain." *Experientia* 28(9): 1026-27.

■人間の記憶を完全に消去することは可能か

Cameron, D. E. (1960). "Production of Differential Amnesia as a Factor in the Treatment of Schizophrenia." *Comprehensive Psychiatry* 1:26-34.

Collins, A. (1997). *In the sleep room: The Story of the CIA Brainwashing Experiments in Canada.* Toronto: Key Porter Books.

Gillmor, D. (1987). *I Swear by Apollo: Dr. Ewen Cameron and the CIA-Brainwashing Ex-*

periments. Montreal: Eden Press.
Marks, J. (1979). *The Search for the 'Manchurian Candidate': The CIA and Mind Control.* New York: Times Books. Chapter 8.

■頭から離れないシロクマ

Wegner, D. M. (1989). *White Bears and Other Unwanted Thoughts: Suppression, Obsession, and the Psychology of Mental Control.* New York: Viking.
Wegner, D. M., & D. J. Schneider (2003). "The White Bear Story." *Psychological Inquiry* 14(3&4): 326-29.

■記憶の移植は可能か

Loftus, E. F., & K. Ketcham (1996). *The Myth of Repressed Memory: False Memories and Allegations of Sexual Abuse.* New York: St. Martin's Griffin. (『抑圧された記憶の神話――偽りの性的虐待の記憶をめぐって』仲真紀子訳、誠信書房、２０００年)
Neimark, J. (1996). "The Diva of Disclosure." *Psychology Today* 29(1): 48-52,78,80.

第４章　睡眠の話

Martin, P. (2004). *Counting Sheep: The Science and Pleasures of Sleep and Dreams.* New York: St. Martin's Press. (『人生、寝たもの勝ち』奥原由希子訳、ソニーマガジンズ、２００４年)

■「睡眠学習法」その起源

"Deeper. . . Deeper. . . Dee. . ." (March 20, 1950). *Time*: 77.

Elliott, C. R. (1947). "An Experimental Study of the Retention of Auditory Material Presented During Sleep." 未発表修士論文。 University of North Carolina.

Emmons, W. H., & C. W. Simon (1956). "The Non-Recall of Material Presented during Sleep." *The American Journal of Psychology* 69(1): 76-81.

Fox, B. H., & J. S. Robbin (1952). "The Retention of Material Presented during Sleep." *Journal of Experimental Psychology* 43:75-79.

"He Teaches Frogs to Lose Hangups." (December 17, 1972). *The Daily Review* (Hayward, Calif.): 14.

"Learning while you sleep method eases home work." (September 6, 1955). *Albuquerque Journal*: 26.

■11日間起きつづけるとどうなるか

De Manaceine, M. (1894) "Quelques observations expérimentales sur l'influence de l'insomnie absolue." *Archives Italiennes de biologie* 21:322-25.

Dement, W. C. (1974). *Some Must Watch While Some Must Sleep*. San Francisco: W. H. Freeman. (『夜明かしする人、眠る人』大熊輝雄訳、みすず書房、１９７５年)

Patrick, G. T. W., & J. A. Gilbert (1896). "On the Effects of Loss of Sleep." *The Psychological Review* 3(5): 469-83.

■ネコの夢遊病

Brown, C. (February 2, 2003). "The Man Who Mistook His Wife for a Deer." *New York Times*

Magazine: 34-41, 53, 72, 79, 82, 83.
Jouvet, M. (1967). "The States of Sleep." *Scientific American* 216(2): 62-72.
Hendricks, J. C., A. R. Morrison, & G. L. Mann (1982). "Different behaviors during paradoxical sleep without atonia depend on pontine lesion site." *Brain Research* 239:81-105.
Henley, K., & A. R. Morrison (1974). "A re-evaluation of the effects of lesions of the pontine tegmentum and locus coeruleus on phenomena of paradoxical sleep in the cat." *Acta Neurobiologiae Experimentalis* 34:215-32.

■刺激的な映像は夢に影響を与えるか

"Sweet Dreams Are Made of Cheese." (September 25, 2005). British Cheese Board press release. http://www.cheeseboard.co.uk/news.cfm?page_id=240 にて閲覧可能。
Tauber, E. S., H. P. Roffwarg, & J. Herman (1968). "The effects of longstanding perceptual alterations on the hallucinatory content of dreams." *Psychophysiology* 5:219.

第5章　動物の話

■LSDを打たれたゾウ

Conley, C. (August 4, 1962). "Shot of Drug Kills Tusko." *Daily Oklahoman*: 1-2.
"Elephant Dies from New Drug" (August 5, 1962). *Appleton Post-Crescent*: A2.
"Fatal Research: Drug Kills Elephant Guinea Pig" (August 4, 1962). *Long Beach Press-Telegram*: B12.

Harwood, P. D. (1963). "Therapeutic Dosage in Small and Large Mammals." *Science* 139(3555): 684-85.

Koella, W. P., R. F. Beaulieu, & J. R. Bergen (1964). "Stereotyped behavior and cyclic changes in response produced by LSD in goats." *International Journal of Neuropharmacology* 3:397-403.

Lemov, R. (2005). *World as Laboratory: Experiments with Mice, Mazes, and Men.* New York: Hill and Wang. Chapter 10.

"LSD Related Death of an Elephant" (August 16, 2002). *Erowid.* http: //www. erowid. org/chemicals/lsd/lsd_history4.shtml にて閲覧可能。

"The Maestro of 'Mind-Control' Continues to Haunt America." *Freedom Magazine.* http://www. freedommag.org/english/la/issue02/Page12.htm にて閲覧可能。

Siegel, R. K. (1984). "LSD-Induced Effects in Elephants: Comparisons with Musth Behavior." *Bulletin of he Psychonomic Society* 22(1): 53-56.

Siegel, R. K., & M. E. Jarvik (1975). "Drug-Induced Hallucinations in Animals and Man." In Siegel, R. K. & West, L. J., eds. *Hallucinations.* New York: John Wiley & Sons. 81-161.

Witt, P. N., C. F. Reed, & D. B. Peakall (1968). *A Spider's Web: Problems in Regulatory Biology.* New York: Springer-Verlag.

■ゴキブリの徒競走

Rajecki, D. W., W. Ickes, C. Corcoran, & K. Lenerz (1977). "Social Facilitation of Human Performance: Mere Presence Effects." *Journal of Social Psychology* 102:297-310.

Worringham, C. J., & D. M. Messick (1983). "Social Facilitation of Running: An Unobtrusive Study." *Journal of Social Psychology* 121:23-29.

■目が合うとそらしたくなる理由

Ellsworth, P. C., J. M. Carlsmith, & A. Henson (1972). "The Stare as a Stimulus to Flight in Human Subjects: A Series of Field Experiments." *Journal of Personality and Social Psychology* 21(3): 302-11.

■七面鳥は面喰い？

Carbaugh, B. T., M. W. Schein, & E. B. Hale (1962). "Effects of Morphological Variations of Chicken Models on Sexual Responses of Cocks." *Animal Behaviour* 10:235-38.

Davis, K. (2001). *More Than a Meal: The Turkey in History, Myth, Ritual, and Reality.* New York: Lantern Books.

Schreiner, L., & A. Kling (1953). "Behavioral Changes Following Rhinencephalic Injury in Cat." *Journal of Neurophysiology* 16:643-59.

Stimuli Releasing Sexual Behavior of Domestic Turkeys (1958). M. W. Schein & E. B. Hale 制作。

■「闘牛士」になった脳外科医

Horgan, J. (October 2005). "The Forgotten Era of Brain Chips." *Scientific American* 293(4): 66-73.

Osmundsen, J. A. (May 17, 1965). "'Matador' with a Radio Stops Wired Bull." *New York Times*:1, 20.

Valenstein, E. S. (1973). *Brain Control: A Critical Examination of Brain Stimulation and*

Psychosurgery. New York: John Wiley & Sons. 99.

第6章　恋愛の話

■ナンパされたければ閉店間近がおすすめ

Madey, S. F., M. Simo, D. Dillworth, D. Kemper, A. Toczynski, & A. Perella (1996). "They Do Get More Attractive at Closing Time, but Only When You Are Not in a Relationship." *Basic and Applied Social Psychology* 18(4): 387-93.

Nida, S. A., & J. Koon (1983). "They get better looking at closing time around here, too." *Psychological Reports* 52:657-58.

Sprecher, S., J. DeLamater, N. Neuman, M. Neuman, P. Kahn, D. Orbuch, & K. McKinney (1984). "Asking Questions in Bars: The Girls (and Boys) May Not Get Prettier at Closing Time and Other Interesting Results." *Personality and Social Psychology Bulletin* 10:482-88.

■同性愛者「探知機」

Clarke, S. (1999). "Justifying deception in social science research." *Journal of Applied Philosophy* 16(2): 151-66.

■世界初、セックス中の心拍数計測実験

Bartlett, R. G. (1956). "Physiologic responses during coitus." *Journal of Applied Physiology* 9:469-72.

■性的指向を変える快楽ボタン

Heath, R. G. (1972). "Pleasure and Brain Activity in Man." *The Journal of Nervous and Mental Disease* 154(1): 3-18.

Olds, J., & P. Milner (1954). "Positive Reinforcement Produced by Electrical Stimulation of Septal Area and Other Regions of Rat Brain." *Journal of Comparative and Physiological Psychology* 47: 419-27.

■なぜ女性は誘いを断り、男は簡単に乗るのか

Clark, R. D. (1990). "The Impact of AIDS on Gender Differences in Willingness to Engage in Casual Sex." *Journal of Applied Social Psychology* 20(9): 771-82.

Clark, R. D., & E. Hatfield (2003). "Love in the Afternoon." *Psychological Inquiry* 14(3&4): 227-31.

■ペニスは精子をかきだす「スコップ」である

Gallup, G. G., & R. L. Burch (2004). "Semen Displacement as a Sperm Competition Strategy in Humans." *Evolutionary Psychology* 2:12-23.

Gallup, G. G., R. L. Burch, & S. M. Platek (2002). "Does Semen Have Antidepressant Properties?" *Archives of Sexual Behavior* 31(3): 289-93.

第7章　赤ちゃんの話

Sułek, A. (1989). "The Experiment of Psammetichus: Fact, Fiction, and Model to Follow." *Journal of the History of Ideas* 50(4): 645-51.

■赤ちゃんに恐怖を植えつける

Benjamin, L. T., J. L. Whitaker, R. M. Ramsey, & D. R. Zeve (2007). "John B. Watson's Alleged Sex Research: An Appraisal of the Evidence." *American Psychologist* 62(2): 131-39.

Cornwell, D., & S. Hobbs (1976). "The strange saga of Little Albert." *New Society*. March 18:602-4.

Harris, B. (February 1979). "Whatever Happened to Little Albert?" *American Psychologist* 34(2): 151-60.

Magoun, H. W. (1981). "John B. Watson and the Study of Human Sexual Behavior." *Journal of Sex Research* 17(4): 368-78.

Watson, J. B., & R. R. Watson (December 1921). "Studies in Infant Psychology." *Scientific Monthly* 13(6): 493-515.

■食べたいものだけ食べさせるとどうなるか

Davis, C. M. (1935). "Self-Selection of Food by Children." *The American Journal of Nursing* 35(5): 403-10.

Davis, C. M. (1939). "Results of the self-selection of diets by young children." *Canadian Medical Association Journal* 41(3): 257-61.

Munro, N. (1966). "A Review of the 1928 Research by Clara Davis." *Journal of Home Economics* 58(8): 655-58.

■チンパンジーを人間と一緒に育てるとどうなるか

Benjamin, L. T., Jr., & D. Bruce (1982). "From Bottle-Fed Chimp to Bottlenose Dolphin: A

Contemporary Appraisal of Winthrop Kellogg." *The Psychological Record* 32:461-82.

■自家製「子守機」で育てられた赤ちゃん

Benjamin, L. T., Jr., & E. Nielsen-Gammon (1999). "B. F. Skinner and Psychotechnology: The Case of the Heir Conditioner." *Review of General Psychology* 3(3): 155-67.

Capshew, J. H. (October 1993). "Engineering Behavior: Project Pigeon, World War II, and the Conditioning of B. F. Skinner." *Technology and Culture* 34(4): 835-57.

Skinner, B. F. (March 1979). "My Experience with the Baby-Tender." *Psychology Today*:29-31, 34, 37-38,40.

■布製お母さんと金網製お母さん

Blum, D. (2002). *Love at Goon Park: Harry Harlow and the Science of Affection.* New York: Perseus Publishing. (『愛を科学で測った男——異端の心理学者ハリー・ハーロウとサル実験の真実』藤澤隆史・藤澤玲子訳、白揚社、２０１４年)

Harlow, H. F., & S. J. Suomi (1970). "Nature of Love—Simplified." *American Psychologist* 25(2): 161-68.

Mason, W. A. (1978). "Social Experience and Primate Cognitive Development." In Burghardt, G. M., & M. Bekoff, eds. *The Development of Behavior: Comparative and Evolutionary Aspects.* New York: Garland Publishing. 233-51.

■究極の赤ちゃん映画

Wright, S. H. (May 17, 2006). "Media Lab Project Explores Language Acquisition." *MIT Tech*

Talk 50(27): 4.

第8章　トイレは最高の読書室

Kira, A. (1976). *The Bathroom.* New York: The Viking Press.(『THE BATHROOM——バス・トイレ空間の人間科学』紀谷文樹訳・監修、TOTO出版、1989年)

■トイレのスペースインベーダー

Koocher, G.P. (1977). "Bathroom Behavior and Human Dignity." *Journal of Personality and Social Psychology* 35(2): 120-21.

Middlemist, R.D., E.S. Knowles, & C.F. Matter (1977). "What to Do and What to Report: A Reply to Koocher." *Journal of Personality and Social Psychology* 35(2): 122-24.

■男のおならはガス総量が多く、女性は濃度が濃い

Tomlin, J. C. Lowis, & N. W. Read (1991). "Investigation of normal flatus production in healthy volunteers." *Gut* 32:665-69.

第9章　ハイド氏の作り方

■なぜドイツ人はユダヤ人の強制収容に反対しなかったのか

Blass, T. (2004). *The Man Who Shocked the World: The Life and Legacy of Stanley Milgram.* New York: Basic Books.(『服従実験とは何だったのか——スタンレー・ミルグラムの生涯と遺産』野島久雄・藍澤美紀訳、誠信書房、2008年)

Masserman, J. H., S. Wechkin, & W. Terris (December 1964). "'Altruistic' Behavior in Rhesus Monkeys." *American Journal of Psychiatry* 121:584-85.

■人は「匿名」になると残酷になる

Riley, J. (March 17, 1967). "Saga of the Barefoot Bag on Campus." *Life*: 72A-72B.

Zajonc, R. B. (1968). "Attitudinal Effects of Mere Exposure." *Journal of Personality and Social Psychology,* Monograph Supplement 9(2, Part 2): 1-27.

■ドライバーがクラクションを鳴らす条件

Baron, R. A. (1976). "The Reduction of Human Aggression: A Field Study of the Influence of Incompatible Reactions." *Journal of Applied Social Psychology* 6(3): 260-74.

Deaux, K. K. (1971). "Honking at the Intersection: A Replication and Extension." *Journal of Social Psychology* 84:159-60.

Turner, C. W., J. F. Layton, & L. S. Simons (1975). "Naturalistic Studies of Aggressive Behavior: Aggressive Stimuli, Victim Visibility, and Horn Honking." *Journal of Personality and Social Psychology* 31(6): 1098-1107.

■看守役を演じさせると人は凶暴になるか

Haney C., C. Banks, & P. Zimbardo (1973). "A Study of Prisoners and Guards in a Simulated Prison." *Naval Research Reviews* 30:4-17.

Zimbardo, P. G. (2004). "A Situationist Perspective on the Psychology of Evil: Understanding How Good People Are Transformed into Perpetrators." In A. G. Miller, ed., *The Social*

Psychology of Good and Evil. New York: Guilford Press. 21-50.

Zimbardo, P. G., C. Maslach, & C. Haney (1999). "Reflections on the Stanford Prison Experiment: Genesis, Transformations, Consequences." In T. Blass, ed., *Obedience to Authority: Current Perspectives on the Milgram Paradigm*. Mahwah, NJ: Erlbaum. 193-237.

■人間が集団になると無責任になる理由

MacCoun, R. J., & N. L. Kerr (1987). "Suspicion in the Psychological Laboratory: Kelman's Prophecy Revisited." *American Psychologist* 42:199.

Schwartz, S. H., & A. Gottlieb (1976). "Bystander Reactions to a Violent Theft: Crime in Jerusalem." *Journal of Personality and Social Psychology* 34(6): 1188-99.

Shotland, R. L., & W. D. Heinold (1985). "Bystander Response to Arterial Bleeding: Helping Skills, the Decision-Making Process, and Differentiating the Helping Response." *Journal of Personality and Social Psychology* 49(2): 347-56.

Shotland, R. L., & M. K. Straw (1976). "Bystander Response to an Assault: When a Man Attacks a Woman." *Journal of Personality and Social Psychology* 34(5): 990-99.

第10章　人の最後を科学する

■墜落中のプロペラ機で保険の申込書に記入させる

Korn, J. H. (1997). *Illusions of Reality: A History of Deception in Social Psychology*. New York: State University of New York Press. 62-66.

■銃殺刑直前の死刑囚の心拍数を測る

“Heart at Death” (November 14, 1938). *Life*: 20.

■末期患者にＬＳＤを投与する

Alsop, S. (1974). “The Right to Die with Dignity.” *Good Housekeeping* 179(2): 69,130,132.

Cohen, S. (1965). “LSD and the Anguish of Dying.” *Harper’s Magazine* 231:69-78.

Phifer, B. (1977). “A Review of the Research and Theological Implications of the Use of Psychedelic Drugs with Terminal Cancer Patients.” *Journal of Drug Issues* 7(3): 287-92.

■「魂」の重量を計測する

Carrington, H. (1908). *The Coming Science*. Boston: Small, Maynard & Company.

MacDougall, D. (July, 1907). “Hypothesis Concerning Soul Substance.” *American Medicine*, New Series, 2(7): 395-97.

“Plan to Weigh Souls: Physician Proposes Experiment with Death Chair” (March 12, 1907). *Washington Post*: 3.

Roach, M. (2005). *Spook: Science Tackles the Afterlife*. New York: W. W. Norton & Company. (『霊魂だけが知っている』殿村直子訳、日本放送出版協会、２００６年)

“Soul Has Weight, Physician Thinks” (March 11, 1907). *New York Times*: 5.

“Weight of the Soul: Experiments Made with Dying Men Arouse Sharp Comment” (August 3, 1910). *Washington Post* (reprinted from the *Lancet*): 2.

■「予言」が外れたときに信者はどう振る舞うか

"Chicago Unworried by Dire Prediction of Flood Tomorrow" (December 20, 1954). *Mexia Daily News*: 1.

Dawson, L. L. (1999). "When Prophecy Fails and Faith Persists: A Theoretical Overview." *Nova Religio* 3:60-82.

■核戦争を生き延びる動物は何か

Berenbaum, M. (2001). "Rad Roaches." *American Entomologist* 47(3): 132-33.

Sullivan, R. L., & D. S. Grosch (1953). "The radiation tolerance of an adult wasp." *Nucleonics* 11 (3): 21-23.

p. 267: Gordon G. Gallup Jr. 提供

p. 285, 287: Davis, C. M. (1928). "Self-Selection of Diet by Newly Weaned Infants: An Experimental Study." *American Journal of Diseases of Children* 36(4): 653, 660 より

p. 308: ともに The Harlow Primate Laboratory, University of Wisconsin-Madison 提供

p. 310: William Mason 提供

p. 328: Paul Rozin 提供

p. 336: Ulrich Maschwitz 教授撮影、許可を得て転載

p. 353: 映画『Obedience』より。Copyright © 1968 by Stanley Milgram. © 1993 更新 Alexandra Milgram, Penn State 配給。Alexandra Milgram 提供

p. 354 左: 著作権 Eric Kroll、許可を得て転載

p. 354 右: *Chicago Daily News*. TV News. December 13-20. Cover より

p. 368, 380: いずれも Philip Zimbardo 提供

p. 404: *Life Magazine*. November 14, 1938. 20 より

p. 414: McMahon, H. I. (September 26, 1911). "The Search for the Soul." *Stevens Point Daily Journal*: 5 より

図版出典一覧

p. 26: The National Library of Medicine 提供
p. 28: Figuier, L. (1868). *Les Merveilles de la Science* 1:653 より
p. 36: Stallybrass, O. (1967). "How Faraday produced living animalculae: Andrew Crosse and the story of a myth." *Proceedings of the Royal Institution of Great Britain* 41:609 より
p. 42: Brukhonenko, S. S., & S. Tchetchuline (1929). "Expériences avec la tête isolée du chien." *Journal de physiologie et de pathologie générale* 27 (1): 42 より
p. 46: Nancy Burson 制作、許可を得て転載
p. 50: Ford, J. E. (1935). "Can Science Raise the Dead?" *Popular Science Monthly* 126(2): 12 より
pp. 52-53: 映画『Life Returns』(1935. Scienart Pictures) より
p. 55: Demikhov, V. P. (1962). *Experimental Transplantation of Vital Organs*. Consultants Bureau. New York より
p. 59: James T. Hansen 撮影、*Look magazine*. Doris Hansen 提供。Library of Congress
p. 66, 68: Christine Harris 博士提供
p. 96: Daniel Simons 博士提供
p. 116: Penfield, W. (1958). "Some Mechanisms of Consciousness Discovered during Electrical Stimulation of the Brain." *Proceedings of the National Academy of Sciences* 44(2): 55 より
p. 187: http://www.sciencemag.org/feature/data/1050057.shl 掲載の補足資料より
p. 203: David Orr 提供
p. 208: ともに Robert Zajonc 提供
p. 217: Bill Roberts 提供
pp. 220-221: Schein, M. W., & E. B. Hale (1965). "Stimuli eliciting sexual behavior," *in Sex and Behavior*. Beach, F. A., ed. New York: John Wiley & Sons. 451 より
p. 235: Deling Ren 撮影、許可を得て転載
p. 249: Boas, E. P., & E. F. Goldschmidt (1932). *The Heart Rate*. Charles C. Thomas. Springfield, Illinois より

この作品は二〇〇九年八月エクスナレッジより刊行された。

Title : ELEPHANTS ON ACID : And Other Bizarre Experiments
Author : Alex Boese

Published by special arrangement with
Houghton Mifflin Harcourt Publishing Company, Massachusetts
through Tuttle-Mori Agency, Inc., Tokyo

狂気《きょうき》の科学者《かがくしゃ》たち

新潮文庫　シ－38－27

Published 2019 in Japan
by Shinchosha Company

令和元年十月一日発行

訳者　プレシ南日子《なびこ》

発行者　佐藤隆信

発行所　株式会社新潮社

郵便番号　一六二―八七一一
東京都新宿区矢来町七一
電話　編集部(〇三)三二六六―五四四〇
　　　読者係(〇三)三二六六―五一一一
https://www.shinchosha.co.jp

価格はカバーに表示してあります。

乱丁・落丁本は、ご面倒ですが小社読者係宛ご送付ください。送料小社負担にてお取替えいたします。

印刷・錦明印刷株式会社　製本・錦明印刷株式会社

ISBN978-4-10-220016-2 C0140